职业教育·道路运输类专业教材

土质与土力学

（第3版）

余 训 主 编

易金华 何伟军 副主编

李 涛 主 审

人民交通出版社

北京

内 容 提 要

  本教材是以党的二十大报告中关于职业教育的重要指示精神为引领,根据专业教学标准对职业技能的培养要求和目标而编写的。本教材共分为七个模块:模块 1 为土的基本知识;模块 2 为土的工程性质及工程分类;模块 3 为地基中的应力计算;模块 4 为地基沉降计算;模块 5 为地基承载力;模块 6 为土压力及土坡稳定性分析;模块 7 为土工常规试验。本书还包括一个附录,主要介绍道路运输类、铁道运输类、水上运输类、城市轨道交通类、土建施工类等专业与本教材相关的规范和规程。

  本教材不仅可以作为高等职业院校道路运输类专业教材,也可以作为铁道运输类、水上运输类、城市轨道交通类、土建施工类专业的参考教材,还可以作为试验检测工程师、监理工程师、(一级、二级)建造师、(一级、二级)造价师等"1 + X"职业技能等级证书考试辅助教材。

  本教材配套教学课件,教师可通过加入职教路桥教学研讨 2 群(QQ:927111427)免费获取。

图书在版编目(CIP)数据

土质与土力学 / 余训主编. — 3 版. — 北京 : 人民交通出版社股份有限公司, 2025. 8. — ISBN 978-7 -114-20544-6

Ⅰ. P642. 1;TU43

中国国家版本馆 CIP 数据核字第 2025WV1617 号

  Tuzhi yu Tulixue

书 名	:土质与土力学(第 3 版)
著 作 者	:余 训
责任编辑	:陈虹宇
责任校对	:龙 雪
责任印制	:张 凯
出版发行	:人民交通出版社
地 址	:(100011)北京市朝阳区安定门外外馆斜街 3 号
网 址	:http://www.ccpcl.com.cn
销售电话	:(010)85285911
总 经 销	:人民交通出版社发行部
经 销	:各地新华书店
印 刷	:北京印匠彩色印刷有限公司
开 本	:787 × 1092 1/16
印 张	:13.5
字 数	:329 千
版 次	:2002 年 8 月 第 1 版 2005 年 8 月 第 2 版 2025 年 8 月 第 3 版
印 次	:2025 年 8 月 第 3 版 第 1 次印刷 总第 37 次印刷
书 号	:ISBN 978-7-114-20544-6
定 价	:38.00 元

(有印刷、装订质量问题的图书,由本社负责调换)

第3版前言

《土质与土力学》自 2002 年出版以来,得到一线教师的广泛认可和一致好评,累计销量超过 10 万册,本教材第 1 版和第 2 版由孟祥波副教授主编。本教材第 3 版,即本次修订,由余训老师担任主编。

本次修订组建了以校企为核心的多元教材编写团队,包括多年从事土力学教学的一线教师、多年在施工一线工作的高级工程师、多年从事检测工作的工程师。修订过程基于校企双元合作、工学一体化人才培养模式,对接职业岗位能力要求,突出实用性和实践性,坚持以职业能力为本位,以应用为目的,以必需、够用为度。

一、本次修订的主要内容

(1)将第 2 版教材中以章节体现的内容,修订为以模块化方式组织教学内容。

(2)将第 2 版教材的内容进行归并和整合,修订为:模块 1 土的基本知识、模块 2 土的工程性质及工程分类、模块 3 地基中的应力计算、模块 4 地基沉降计算、模块 5 地基承载力、模块 6 土压力及土坡稳定性分析、模块 7 土工常规试验。

(3)在第 2 版教材的基础上新增土的强度指标——加州承载比(CBR)值,改良土试验,土工常规试验的原理、操作及要点、结果处理,以及与铁道运输类、水上运输类、城市轨道交通类专业有关内容。

(4)各模块开头增加"工程背景引入"。

(5)教材新增"案例"部分,并在解答案例后增加"交流与讨论"。

(6)为满足学有余力学生的需求,在第 2 版教材的基础上增加"开阔视野"。

(7)删除已废止的规范与规程内容,采用国家及行业的最新规范与规程。

二、本版教材的主要特色

(1)教材内容更符合学生认知规律。

人的认知过程可以分为三个阶段:感知阶段、理解阶段、应用阶段。本教材先简单介绍土的工程定义、土的形成过程等知识,让学生对工程用土有一定的感知,然后通过各类指标让学生对土的工程性质有一定的理解,再引导学生用理解的知识解决地基中应力、地基沉降、地基承载力、土压力和土坡稳定性等实际问题。

(2)创设学习情境,激发学生探索的兴趣。

本课程是一门专业基础课,知识相对抽象,教材采用符合工作实际的"工程背景引入"将学生带入实践,引发学生思考,紧接着展开深入而详尽的解答过程,进行全面而细致的分析与探讨,力求解决问题,激发学生的探索兴趣。

(3)基于岗位能力要求新增部分内容。

虽然《公路土工试验规程》(JTG 3430—2020)中有部分土工试验结果处理的内容,但是不全面,对学生和教师的参考价值有限。例如,颗粒分析试验结果的处理方法只有干筛法,没有水洗法,本次修订增加了水洗法内容;承载比(CBR值)试验只有表格计算部分,而最终结果处理部分空缺,本次修订增加结果处理内容;为了积极响应《中华人民共和国环境保护法》,工程中的不良土不能弃之不用,否则将造成多方面的环境危害。不良土改良后再利用是工程建设的发展趋势,因此本教材增加改良土的试验内容。

(4)校企双元合作,构建理实一体的教材内容。

本教材的编写团队深入企业进行调研,湖南省路桥建设集团有限责任公司和长沙路桥建设有限公司对教材大纲提出了宝贵意见,并提供了工程实训视频拍摄场地和素材。长沙理工检测咨询有限责任公司和湖南联智科技股份有限公司为土工试验提供了实际案例。

(5)"互联网+教材"新形态一体化教材。

本教材配有数字化平台(https://mooc1.chaoxing.com/course/241071371.html),提供配套数字化资源,包括课件、工地实操视频等。工地实操视频为实地拍摄,有利于学生了解施工一线实际情况,真正面向实际应用,紧扣工程实际。

本教材由湖南交通职业技术学院余训担任主编,湖南交通职业技术学院易金华、长沙路桥建设有限公司何伟军高级工程师担任副主编,上海城建职业技术学院李涛教授担任主审。具体工作分工为:模块1、模块2、模块3、模块4、模块7、附录由余训编写(模块2、模块7由长沙路桥建设有限公司何伟军高级工程师修改),模块5、模块6由易金华编写(模块6由何伟军修改),湖南交通职业技术学院王勇、麻昌和、鲁敏芝、黄鹤、赵光文五位老师参与视频录制。

在此感谢行业专家对教材内容提出的宝贵意见,感谢广西交通职业技术学院盘霞、包头职业技术学院包建业两位老师对教材的框架和编写思路提出的宝贵意见。

由于编者水平有限,教材中难免存在不足之处,欢迎读者通过邮箱(292854616@qq.com)与我们联系,以便及时修正。

编　者
2024 年 7 月

本教材配套数字资源索引

序号	资源位置	资源名称	资源类型	页码
1	模块1	土的三相组成	微课视频	002
2	模块2	土的物理性质指标	微课视频	016
3		土的物理状态指标	微课视频	022
4		土的压缩性	微课视频	034
5		土的力学性质	微课视频	037
6	模块3	土中自重应力的计算	微课视频	050
7		基底压力分布与计算	微课视频	052
8		土中附加应力计算（一）	微课视频	056
9		土中附加应力计算（二）	微课视频	063
10		土中附加应力计算（三）	微课视频	065
11	模块4	分层总和法计算地基最终沉降	微课视频	072
12	模块6	静止土压力	微课视频	100
13		朗金土压力理论	微课视频	103
14		库仑土压力理论	微课视频	111
15		无黏性土坡的稳定分析	微课视频	119
16		黏性土土坡稳定分析	微课视频	119

序号	资源位置	资源名称	资源类型	页码
17	模块7	土的颗粒分析试验	微课视频	128
18		土的颗粒分析试验数据处理	微课视频	133
19		土的天然密度、含水率试验	微课视频	134
20		土的天然密度、含水率试验数据处理	微课视频	135
21		土的界限含水率试验(路桥专业)	微课视频	138
22		土的界限含水率试验(铁道、城市轨道专业)	微课视频	138
23		土的界限含水率试验数据处理(路桥专业)	微课视频	143
24		土的界限含水率试验数据处理(铁道、城市轨道专业)	微课视频	143
25		土的击实试验	微课视频	145
26		土的击实试验数据处理	微课视频	149
27		土的承载比(CBR 值)试验	微课视频	152
28		土的承载比 CBR 试验数据处理	微课视频	160
29		改良土的无侧限抗压强度试验	微课视频	171

资源使用说明：

1. 扫描封面二维码,注意每个码只可激活一次;

2. 长按弹出界面的二维码关注"交通教育出版"微信公众号并自动绑定资源;

3. 公众号弹出"购买成功"通知,点击"查看详情",进入后即可查看资源;

4. 也可进入"交通教育出版"微信公众号,点击下方菜单"用户服务—图书增值",选择已绑定的教材进行观看。

目录

模块1

土的基本知识

📖 学习目标

1. 概述土的概念及土的成因;
2. 叙述土的三相组成及各相对土的工程性质的影响;
3. 依据土的结构特征区分不同结构的土在工程中的优劣;
4. 对土的颗粒级配进行测定和数据处理,并且依据试验结果判定土的级配优劣。

◎ 工程背景引入

  某项目第7合同段根据勘探所获资料、已收集到的区域地质及颗粒分析试验所得数据,可知该段的土质情况如下:

  (1)多为风化形成的土。强风化层以黄褐色为主,岩质极软,手可捏碎或掰断,岩体破碎,多呈碎块状,夹泥,一般厚5~15m;中风化层岩质极软,岩体较破碎,呈褐黄色,附泥膜,一般厚2~4m;微风化层岩质极软,岩体较完整,岩芯多呈柱状、长柱状、饼状。

  (2)在山坡、坡脚及沟谷中局部有粒径为20~80mm的碎石土,有些山坡地段有粒径为0.05~40mm的黏性土。

  (3)分布比较广泛的粉质黏土,粒径小于0.075mm的颗粒占比50%以上。

  【启发思考】 从"工程背景引入"资料中可知第7合同段土质情况,工程中土是如何定义的? 土是怎样形成的? 土的粒径怎样定义? 土的颗粒级配如何测定? 如何判定土的级配优劣?

  【重点点拨】 本模块详细介绍了土的定义和成因,土的三相组成,固相中有关土的粒径,土的颗粒级配等概念,土的颗粒级配的测定方法和结果处理,土的级配良好的判断依据。

1.1 土的概念及土的成因

土是由不同成因的岩石,在长期的自然历史过程中,经各种物理、化学、生物风化作用后,以不同的搬运方式,在不同的地点沉积下来,以固体颗粒为骨架,内含孔隙水和气的分散集合体。

经物理风化作用、性质未发生改变的矿物称为原生矿物,这类矿物的化学性质稳定,具有较强的抗水性和抗风化能力,亲水性弱。由这类矿物组成的土粒一般较粗大,是砂类土和砾类土的主要组成矿物。砂类土和砾类土属于粗粒土,也称为无黏性土。

由化学风化作用后所形成的新矿物称为次生矿物。次生矿物按其与水的作用程度可分为易溶的、难溶的和不溶的,次生矿物的水溶性对土的性质有着重要的影响。有些次生矿物颗粒非常小,是形成黏性土的主要组成部分,而由于其性质特殊,使黏性土具有一系列特殊的物理力学性质。

除上述的矿物外,土中还常含有生物形成的腐殖质、泥炭和生物残骸,统称为有机质其颗粒很小,具有很大的比表面积,对土的工程性质影响也很大。

可见,土是自然历史的产物,是一种极其复杂的工程材料。从土的生成方式可知,土不仅具有多孔性和分散性,而且具有易变性和复杂性,这些特性均会影响土的工程性质。

1.2 土的三相组成

图 1-1　土的三相组成
注:s 表示 Soil 固相,w 表示 Water 液相,a 表示 Air 气相。

微课:土的
三相组成

土是由固相(Soil)、液相(Water)和气相(Air)三相所组成的松散颗粒的集合体,如图 1-1 所示。固相部分为土粒,固相物质包括无机矿物颗粒和有机质。土粒之间有许多孔隙,在孔隙中,除了空气外,还存在部分水,或孔隙完全被水充满。

当土由土粒、空气和水组成时,土为固相、气相和液相组成的三相体系。固体 + 液体 + 气体为湿土。此时,黏性土多为可塑状态。

当土由土粒和空气组成时,固体 + 气体(液体 = 0)为干土。此时,黏性土呈干硬状态,砂类土呈松散状态。

当土由土粒和水组成时,固体 + 液体(气体 = 0)为饱和土。此时,粉细砂或粉土遇强烈地震,可发生液化,从而使工程遭受破坏;黏性土地基受建筑荷载作用发生沉降需几十年才能稳定。

1.2.1 土的固相及颗粒级配分析

土的固相即土中固体颗粒、粒间胶结物和有机物,可以采用颗粒大小、矿物成分和颗粒形状三要素表示固体颗粒的基本特征,这些特征共同决定土的工程性质。

颗粒大小的变化、矿物成分的不同以及颗粒形状的差异都可使土具有完全不同的性质。但三者之间存在一定的联系,这种联系是在土的生成过程中自然形成的。例如,巨粒类和粗粒类土中的卵石、砾和砂大多为浑圆或棱角状的颗粒,强度大且具有较强的透水性,没有黏性;细粒类土中的黏粒则是片状或针状的黏粒矿物,具有黏性、可塑性,透水性很弱。其中颗粒大小是评价固体颗粒最重要的因素。

1. 土粒粒组和分界粒径

土是由大小不同的颗粒所组成的。土粒的大小通常以其平均直径表示,称为粒径,亦称粒度。土的粒径一般是连续变化的,为了描述方便,实际工程中常将工程性质相近的一定尺寸范围的土粒划分为一组,称为粒组。粒组不同,其性质也不同。根据《公路土工试验规程》(JTG 3430—2020),粒组分为:巨粒组、粗粒组和细粒组。各粒组又可以细分为:漂石(块石)、卵石(小块石)、砾(角砾)、砂、粉粒、黏粒,如图1-2所示。以砾和砂为主要组成成分的土称为粗粒土。以粉粒、黏粒为主的土,称为细粒土。粒组间分界线的划分应使粒组界限与粒组性质的变化相适应,并按一定比例递减。每个粒组的区间内,常以其粒径的上、下限给粒组命名,各组内还可细分为若干亚组,在模块2的2.6.2《公路土工试验规程》(JTG 3430—2020)分类法中详细介绍。

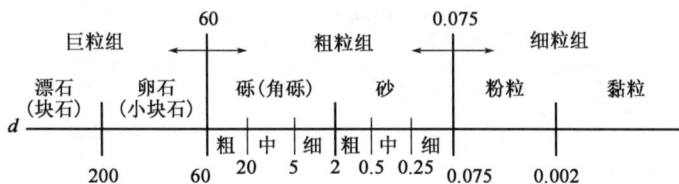

图1-2 土的分界粒径(单位:mm)

关于粒组的名称,已被我国目前工程地质学界广泛采用。至于粒组的粒径界限值,至今没有完全统一的标准,各个国家,甚至一个国家各个部门也有不同的规定,例如《土的工程分类标准》(GB/T 50145—2007)中规定粉粒和黏粒的粒径界限值为0.005mm,而《公路土工试验规程》(JTG 3430—2020)中的规定是0.002mm。但总的来看,仍可认为大同小异,具体见附录I-1~I-6。

2. 土的颗粒级配分析

土颗粒的大小相差悬殊,有大到几十厘米的漂石,也有小于几微米的黏粒,同时由于土颗粒的形状往往是不规则的,因此很难直接测量其大小,故只能用间接的方法定量地描述土颗粒的大小及各种颗粒的相对含量。土中各个粒组的相对含量,称土的颗粒级配,是各粒组中的干土质量与干土总质量之比,一般用百分比表示。土的颗粒级配直接影响土的性质,如土的密实度、透水性、强度、压缩性等。要确定各粒组的相对含量,需要将各粒组分离开,再分别称重。这就是工程中常用的颗粒分析方法。在土工试验中,最常用的颗粒分析试验方法有筛分法和密度计法两种方法。

图1-3 摇筛机和标准筛

筛分法(干筛法和水洗筛分法)适用于粒径 $0.075 \sim 60mm$ 的土。干筛法适用于无黏聚性的土。水筛法适用于含有黏土粒的砂砾土。干筛法利用一套孔径大小不同的标准筛由上至下按照由粗到细的顺序排列好,将称过质量(取样量取决于土中最大颗粒粒径的大小)的干土装入顶层筛,盖上盖子在摇筛机上充分摇筛,分别称重留在各级筛上的土粒,然后计算小于某粒径的土粒含量。摇筛机和标准筛如图1-3所示。水洗筛分法是将风干土(取样数取决于土中最大颗粒粒径的大小)用清水浸润后,冲洗过 $0.075mm$ 的筛,然后将筛上洗净的砂砾烘干称量,再如干筛法一样进行筛分试验。

密度计法(沉降分析法)适用于粒径小于 $0.075mm$ 的细粒土。密度计法的基本原理是斯托克斯(Stokes)定理:球状的细颗粒在水中下沉的速度与粒径的平方成正比,即大小不同的土颗粒在水中下沉的速度不同,大颗粒下沉快而小颗粒下沉慢。试验中采用密度计测量不同时刻的溶液密度,可以计算小于某一粒径的土颗粒质量占土总质量的百分数。若土中同时含有粒径大于或等于 $0.075mm$ 的土颗粒,则需要联合采用筛分法和密度计法进行试验。现举例说明如何整理和描述颗粒分析试验的成果。

【例1-1】 某项目第7合同段路基风干土颗粒质量为515g,采用筛分法得到试验结果,见表1-1。由于粒径小于 $0.075mm$ 的土颗粒质量超过总质量的10%,需要进行密度计法试验,取粒径小于 $0.075mm$ 土颗粒30g,密度计法试验结果见表1-2。试计算并绘制颗粒级配曲线。

【例1-1】筛分法试验结果   表1-1

筛孔直径 d(mm)	分计筛余土颗粒质量(g)
10.00	0
5.00	25.0
2.00	35.0
1.00	40.0
0.50	35.0
0.25	75.0
0.075	110.0

【例1-1】密度计法试验结果   表1-2

颗粒直径 d(mm)	小于该粒径土颗粒质量(g)
0.075	30.0
0.050	23.5
0.020	12.5
0.005	3.3
0.002	2.0

【解】 (1)筛分法试验结果数据处理。

土颗粒总质量为515g,用515g减去各粒径累计筛余质量计算各筛小于该孔径土颗粒质量,见表1-3第四列。

【例1-1】筛分法试验结果数据处理   表1-3

孔径 d (mm)	分计筛余土粒质量 (g)	累计筛余土粒质量 (g)	小于该孔径土粒质量 (g)	小于该孔径土粒质量占总质量的百分数(%)
10	0	0	515	100.0
5	25.0	25.0	490	95.1
2	35.0	60.0	455	88.3
1	40.0	100.0	415	80.6
0.5	35.0	135.0	380	73.8
0.25	75.0	210.0	305	59.2
0.075	110.0	320.0	195	37.9

再将小于该孔径的土颗粒质量分别除以515g获得小于该粒径土粒质量占总质量的百分数,见表1-3最后一列。可见粒径小于0.075mm的土颗粒质量占总质量的37.9%。

(2)密度计法试验结果数据处理。

密度计法总土粒质量为30g,先将小于各粒径土粒质量分别除以30g,获得小于该粒径的土粒质量占总质量(30g)的百分数,见表1-4第三列;再将第三列数据乘以37.9%,得到小于该粒径土颗粒质量占总质量(515g)的百分数,见表1-4最后一列。

【例1-1】沉降分析法试验结果数据处理   表1-4

颗粒直径 d (mm)	小于该孔径土粒质量 (g)	小于该孔径土粒质量占30g土质量的百分数(%)	小于该孔径土粒质量占总质量的百分数(%)
0.075	30	100	37.9
0.05	23.5	78.3	29.7
0.02	12.5	41.7	15.8
0.005	3.3	11.0	4.2
0.002	2.0	6.7	2.5

(3)绘制颗粒级配曲线。

将表1-3与表1-4第一列的粒径 d 值和最后一列的百分数值分别合并,构成一组数据,以粒径 d 为横坐标,采用对数坐标,以小于该粒径的土粒质量占总质量的百分数为纵坐标,采用普通坐标,绘制所有试验数据点,再过所有的数据点绘制一条曲线,即得到颗粒级配曲线,如图1-4所示。

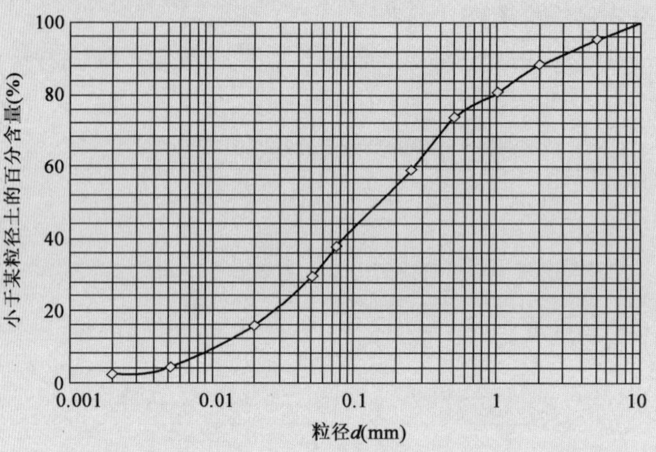

图1-4 【例1-1】的颗粒级配曲线

【例1-2】 某项目第7合同段路基风干土为3577.0g,水洗烘干后得到粒径大于0.075mm土粒质量为1611.0g(粒径小于0.075mm土粒不要求进行颗粒分析)。筛分法得到的试验结果见表1-5。试计算并绘制颗粒级配曲线。

【例1-2】筛分法得到的试验结果   表1-5

粗筛分析		细筛分析	
孔径 d(mm)	分计筛余土粒质量(g)	孔径 d(mm)	分计筛余土粒质量(g)
60	—	2.000	0.0
40	0.0	1.000	140.0
20	180.0	0.500	177.0
10	220.0	0.250	165.0
5	258.0	0.075	201.0
2	270.0	—	—

【解】 (1)粗筛分析试验结果数据处理。

水洗前土粒总质量为3577.0g,粗筛分析用3577.0g减去各粒径累计筛余质量,计算各筛小于该孔径土粒质量,见表1-6第四列;再用小于该孔径土粒质量分别除以3577.0g,获得小于该粒径土粒质量占总质量的百分数,见表1-6最后一列。

【例1-2】粗筛分析试验结果数据处理   表1-6

孔径 d (mm)	分计筛余土粒质量 (g)	累计筛余土粒质量 (g)	小于该孔径土粒质量 (g)	小于该孔径土粒质量占总质量的百分数(%)
60	—	—	—	
40	0	0	3577	100.0
20	180	180	3397	95.0
10	220	400	3177	88.8
5	258	658	2919	81.6
2	270	928	2649	74.1

（2）细筛分析试验结果数据处理。

由表1-6第四列最后一行可知,粒径小于2mm土粒的质量为2649g,用2649g减去各粒径累计筛余质量,计算各筛小于该孔径土粒质量,见表1-7第4列;再用小于该孔径土粒质量分别除以2649g,获得小于该粒径土粒质量百分数,见表1-7最后一列。然后用小于该孔径土粒质量百分数分别乘以74.1%,获得小于该粒径土粒质量占总质量的百分数,见表1-7最后一列。

【例1-2】细筛分析试验结果数据处理　　　　　　　　　　表1-7

孔径 d（mm）	分计筛余土粒质量(g)	累计筛余土粒质量(g)	小于该孔径土粒质量(g)	小于该孔径土粒质量百分数(%)	小于该孔径土粒质量占总质量的百分数(%)
2	0	0	2649	100.0	74.1
1	140	140	2509	94.7	70.1
0.5	177	317	2332	88.0	65.2
0.25	165	482	2167	81.8	60.6
0.075	201	683	1966	74.2	55.0

（3）绘制颗粒级配曲线。

将表1-6与表1-7第一列的粒径 d 值和最后一列的百分数值分别合并,构成一组数据,以筛孔孔径 d 为横坐标(采用对数坐标),以小于该粒径的土粒质量占总质量的百分数为纵坐标(采用普通坐标),绘制所有试验数据点,再过所有的数据点绘制一条曲线,即得到颗粒级配曲线,如图1-5所示。

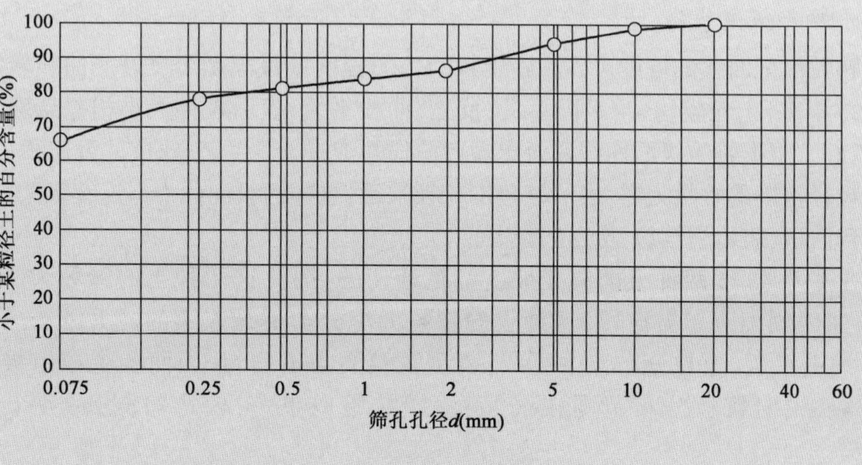

图1-5　【例1-2】的颗粒级配曲线

交流与讨论

【例1-1】选用的是干筛法。【例1-2】选用的是水洗筛分法，计算时要考虑还原水洗前土样的状况，无论是粗筛分析还是细筛分析，计算总质量为水洗前土样的质量。

整理试验结果时，应注意最大粒径的选取，应对应标准筛的尺寸，且土中所有颗粒均应小于该粒径，因此对应级配曲线的第一个点的纵坐标应为100%。颗粒级配曲线应通过所有的数据点。

颗粒级配曲线绘制采用半对数坐标法。横坐标采用对数坐标的优点是能够把粒径相差千万倍的粗、细颗粒尺寸都表示出来。

土的颗粒级配曲线是工程常用的曲线之一，从该曲线可以直观地了解土的粗细、颗粒大小、各粒组含量、粒径分布的均匀程度和级配优劣。土的颗粒级配曲线是土分类定名的重要依据。颗粒级配曲线的用途如下。

3. 土的工程分类依据

土的颗粒级配曲线可以确定土的粗细及各粒组相对含量。土的粗细常用土的平均粒径 d_{50} 表示，d_{50} 是指土中大于此粒径和小于此粒径的土的含量均占50%。例如，从【例1-1】图1-4的级配曲线上可以看到平均粒径约为0.14mm，从【例1-2】图1-5的级配曲线上可看到平均粒径约小于0.075mm，从而能够判断出【例1-2】中的土样比【例1-1】中的土样更细。根据《土的工程分类标准》（GB/T 50145—2007）并查图1-4和表1-3、表1-4可以确定【例1-1】的土样中各粒组占总质量的百分数分别为：砾粒（>2mm）为11.7%，砂粒（2~0.075mm）为50.4%，粉粒（0.075~0.005mm）为33.7%，黏粒（<0.005mm）为4.2%，可以依次进行土的工程分类定名。

4. 评价颗粒级配优劣

通过颗粒级配曲线的坡度可以判断土粒的均匀程度或级配是否良好。曲线较陡，表示粒径大小相差不多，土粒较均匀，级配不良；反之，曲线平缓，表示粒径大小相差悬殊，土粒不均匀，级配良好。根据颗粒级配曲线是否出现台阶段可判断土粒大小分布是否连续。出现台阶段说明该粒径范围的含量为零，表示该范围粒径缺乏，这样的级配称为不连续级配；反之，曲线没有出现台阶段，表示连续级配或正常级配。

在图1-6中，a、b 两种土的曲线坡度都是渐变的，因此这两种土的颗粒大小分布是连续的；c 土曲线则出现了台阶段，这种土的颗粒大小分布不是连续的。另外与 a 土曲线相比 b 土曲线更平缓，土粒分布范围更广，表示颗粒大小不均匀，因而各个粒组级配良好；a 土曲线较陡，说明粒径分布范围较窄，表示颗粒组成单一，较均匀，此时各个粒组级配不良。

上述只是根据曲线形状定性评价，为了定量判断土颗粒级配情况，工程常采用不均匀系数 C_u 和曲率系数 C_c 两个指标分别定量地描述级配曲线的坡度和形状。

不均匀系数：

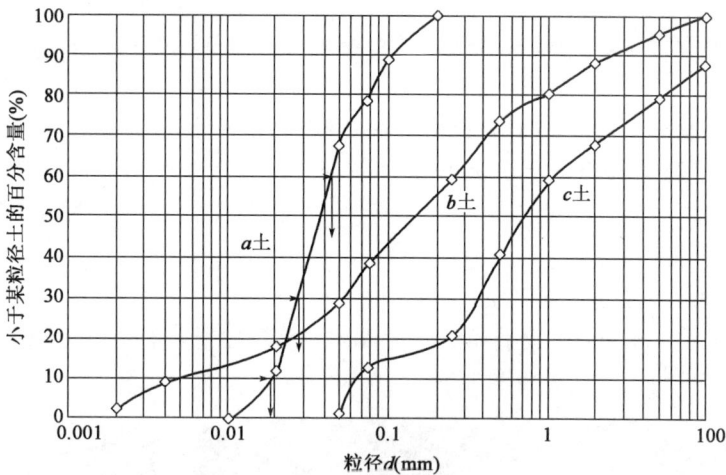

图 1-6 a、b、c 三种土颗粒级配曲线

$$C_u = \frac{d_{60}}{d_{10}} \tag{1-1}$$

曲率系数：

$$C_c = \frac{d_{30}^2}{d_{60}d_{10}} \tag{1-2}$$

式中：d_{10}、d_{30}、d_{60}——土的特征粒径（mm），在土的级配曲线上，小于该粒径的土粒质量分别为总土质量的 10%、30%、60%。

土的级配是否良好的判断标准如下：

（1）不均匀系数 C_u 反映大小不同粒组的分布情况。C_u 越大，表示土粒大小的分布范围越大，颗粒大小越不均匀，其级配越良好，作为填方工程的土料时，越容易获得较大的密实度。曲线系数 C_c 表征的是分布曲线上的土粒分布形状，反映曲线的整体形状，或反映分布曲线的斜率是否连续。当分布曲线呈台阶状时，说明粒度不连续，即主要由大颗粒和小颗粒组成，缺少中间颗粒，表明土的级配不好，其工程性质也较差。

（2）工程中把 $C_u < 5$ 的土看作均粒土，级配不良；把 $C_u \geq 5$ 的土看作不均粒土，级配良好。当级配连续时，C_c 的范围一般为 1~3；$C_c < 1$ 或 $C_c > 3$ 均表示级配不连续。因此，$C_u \geq 5$ 且 $C_c = 1 \sim 3$ 的土，为级配良好的土；不能同时满足上述两项要求的土，为级配不良的土。a、b、c 三种土颗粒级配曲线计算结果见表 1-8。

a、b、c 三种土颗粒级配曲线计算结果　　　　　　　　　　　　表 1-8

土样编号	d_{10}（mm）	d_{30}（mm）	d_{60}（mm）	C_u	C_c	级配情况
a	0.019	0.029	0.044	2.32	1.01	不良（均匀）
b	0.005	0.052	0.263	52.60	2.06	良好（平顺）
c	0.065	0.038	1.040	16.00	0.02	不良（不连续）

根据《土的工程分类标准》(GB/T 50145—2007),粒径小于 0.005mm 的颗粒为黏粒(在《公路土工试验规程》中粒径小于 0.002mm 的粒径为黏粒),其中主要成分是岩石经化学风化生成的黏性土矿物。常见的黏性土矿物有高岭石、伊利石和蒙脱石,如图 1-7 所示。黏性土矿物具有一些典型特征:

(1)黏性土颗粒多呈片状或针状。

(2)比表面积大。比表面积是指单位质量或体积的颗粒所具有的表面积之和,单位为 m^2/g 或 m/cm^3。比如,伊利石的比表面积为 $65 \sim 100m^2/g$。

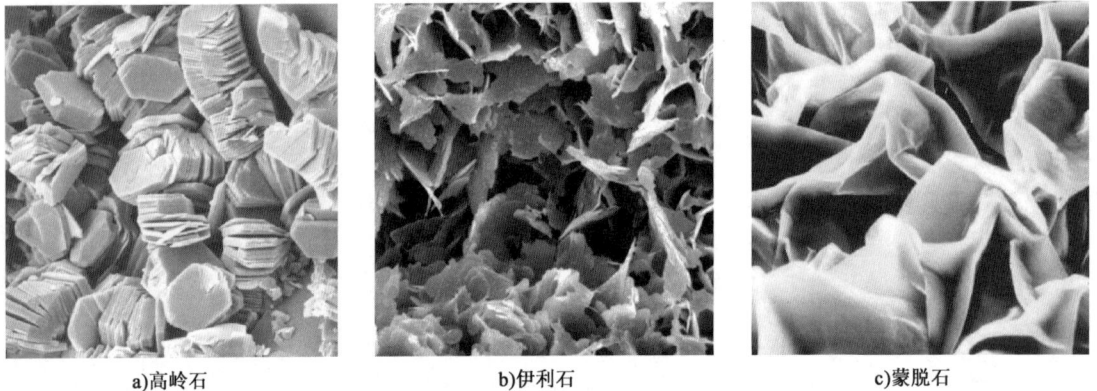

a)高岭石　　　　　　　　b)伊利石　　　　　　　　c)蒙脱石

图1-7　高岭石、伊利石和蒙脱石

土的性质的差别常常通过土粒表面与水的相互作用体现出来。比如,黏性土颗粒遇水呈现黏性、可塑性,而砂土遇水则不具有这种性质。因此,比表面积越大,土颗粒表面与水的相互作用越强。

1.2.2　土的液相

土的液相指固体颗粒之间的水及溶解物,其含量及性质明显地影响土(尤其是黏性土)的性质。比如,增加黏性土中的水可使土的状态由坚硬状态变为可塑状态,直至呈流动状态的土浆。土中的水可分为下列几类,如图 1-8 所示。

1. 结合水

结合水是指受土粒表面引力的作用附着于土粒表面的水,不服从水力学规律,不传递静水压力,不能任意流动,其冰点低于 0℃。按照水吸附于土粒表面的强弱,结合水又分为强结合水和弱结合水两种,如图 1-9 所示。

(1)强结合水。

通常把最靠近土粒表面的一层水称为强结合水。强结合水与土粒之间的相互作用非常强,其水分子与水化离子在土粒表面紧密排列。强结合水的性质接近固体,不传递静水压力,密度大于 $1g/cm^3$,具有很大的黏滞性、弹性和一定的抗剪强度,冰点可达到零下几十摄氏度。

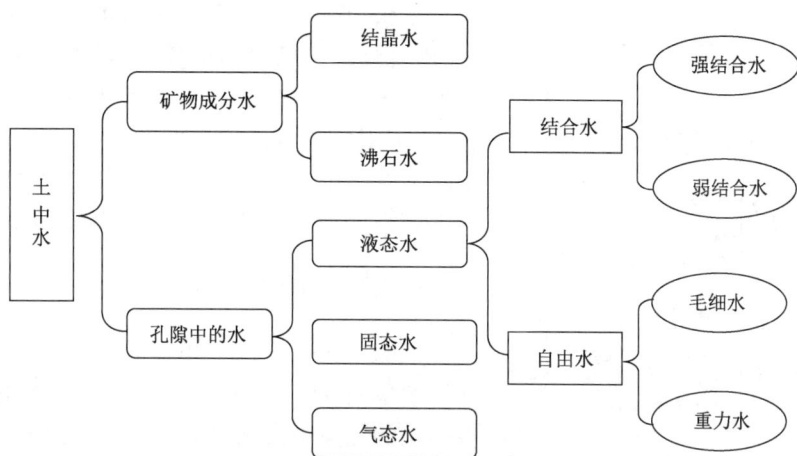

图 1-8　土中水的组成

（2）弱结合水。

土粒表面的引力随着离开土粒表面距离的增大而迅速减小。距土粒表面稍远的地方,水分子虽仍定向排列,但不如强结合水排列那么严格,因此这种水有可能从较厚的水膜处缓慢地迁移到水膜较薄的地方,也可能从一个土粒上迁移到另一个土粒上,这种运动与重力无关,这层水不能传递静水压力,称为弱结合水。土颗粒与水分子相互作用如图 1-9 所示。

吸附有薄膜水的土颗粒互相靠近时,它们之间存在多种作用力,有引力,也有斥力。诸多作用力综合作用使颗粒之间产生一定的联结强度。如果外力或干缩等原因使颗粒间的距离减小,这种联结就会加强,土的强度就会增加;反之,如果土中含水率增加、薄膜水变厚使土粒距离增加,则土颗粒间的联结就会减弱,土的强度就会减小。

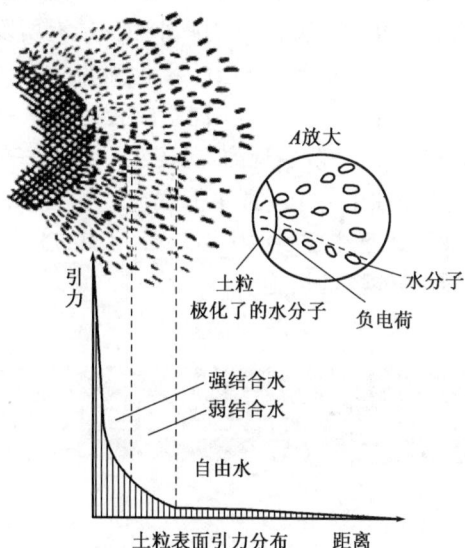

图 1-9　土颗粒与水分子相互作用

2. 自由水

自由水是指在土颗粒表面引力作用范围以外的水,其水分子无定向排列现象,它与普通水无异,受重力支配,能传递静水压力并具有溶解能力。自由水包括重力水和毛细水。

（1）重力水。

重力水在重力作用下能在土体中发生流动,它对水中的土粒及结构物都有浮托作用。地下水位以下的自由水为重力水。

（2）毛细水。

土中存在很多大小不同的孔隙,这些孔隙又连成细小的通道,即毛细管。由于受到水和空气分界处弯液面上产生的表面张力作用,土中自由水从地下水位通过土的毛细管不断上升,形

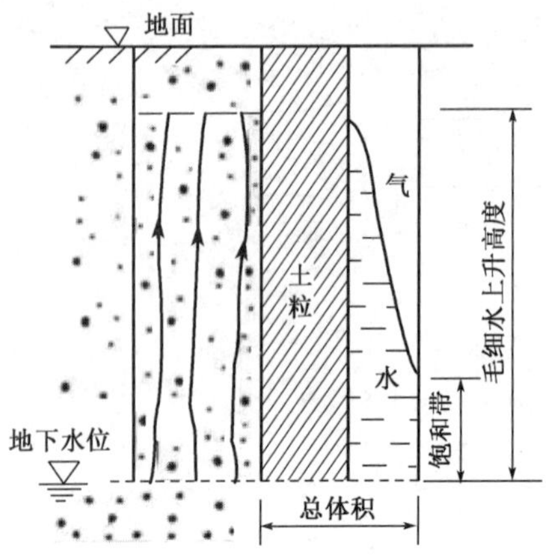

图 1-10　土中毛细水

成毛细水(图 1-10),所以毛细水不仅受到重力的支配,而且受到表面张力的支配,毛细水上升高度和速度取决于土中的孔隙和形状、粒径尺寸及水的表面张力等,可用试验方法或经验公式确定。一般来说,毛细水上升高度对卵石为零至几厘米,对砂土和粉土在数十厘米之内,对黏性土则可达数百厘米。

1.2.3　土的气相

土的气相指土的固体矿物之间的孔隙中没有被水充填的部分。土的含气量与含水率有密切关系。根据土的孔隙中占优势的是气体还是水,土的性质有很大的不同。

土中的气体可分为与大气相通的自由气体和与大气不相通的封闭气体。前者的成分与空气相似,受外荷载作用时,易被挤出土外,对土的力学性质没有很大的影响;后者在压力作用下可被压缩或溶解于水中,压力减小时又能有所复原,所以封闭气体对土的性质有一定的影响。封闭气体的存在可使土的渗透性减小,弹性增大,并能延缓土受压缩后变形随时间的发展过程。

在实际工程中,当不透水性土层中气体为封闭气泡时,土体表现为弹性和不透水性,在填土施工时,一般表现为"橡皮土",因此在用黏性土作为填料时一般要掺入透水性较好的砂土;高压缩性土层中一般可能存在可燃气体,施工时也应加以注意;在进行人工挖孔桩基施工或打井时,还应注意因深土层致密、干燥,土中气体较少(缺氧)导致安全事故的可能,此时应采取向孔内通风的措施。

1.3　土的结构与构造

1.3.1　土的结构

土的结构是指土粒的相互排列及联结形式,是在土生成过程中自然形成的。它与土粒的矿物成分、颗粒大小、形状和沉积条件有关。通常土的结构(图 1-11)可归纳为三种基本类型:单粒结构、蜂窝结构和絮状结构。

1. 单粒结构

在沉积过程中,粗矿物颗粒在自重作用下沉落形成单粒结构,每个土粒都被已下沉的颗粒所支撑,各土粒互相依靠重叠,如图 1-11a)所示。其特点是土粒间存在点与点的接触。单粒结构根据形成条件不同,可分为疏松状态和密实状态。疏松状态的单粒结构在荷载作用下,特别是在振动荷载作用下,土粒移向更稳定的位置,产生较大的变形。密实状态的单粒结构则比较稳定,力学性能较好。单粒结构常存在于粗颗粒土中,如卵石、砾、砂等。

2. 蜂窝结构

当土颗粒较细(粒径在 $0.02 \sim 0.002mm$ 区间)而轻时,在水中单个下沉,碰到已沉积的土粒,由于土粒之间的分子吸力大于颗粒自重而被吸引不再下沉,逐渐形成链环状单元,很多这样的链环在沉落中联结起来,便形成很大孔隙的蜂窝状结构,如图 1-11b) 所示。蜂窝结构常存在于粉土、黏性土等土类中。

3. 絮状结构

粒径小于 $0.005mm$ 的黏性土颗粒,细微黏粒大都呈针状或片状,质量极轻,在水中处于悬浮状态。当悬液介质发生变化时,土粒表面的弱结合水厚度减薄,黏粒互相接近,凝聚成絮状物下沉,形成孔隙较大的絮状结构,如图 1-11c) 所示。

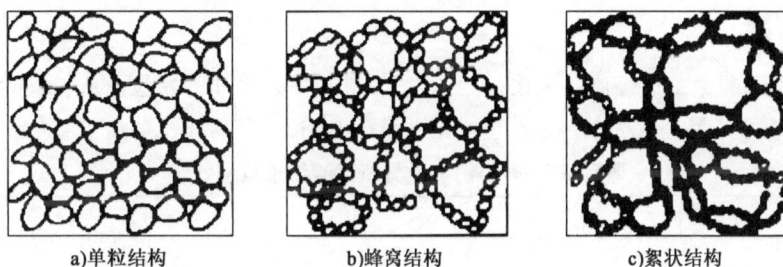

a)单粒结构　　　　　b)蜂窝结构　　　　　c)絮状结构

图 1-11　土的结构

上述三种结构中,密实的单粒结构土工程性质最好,蜂窝结构次之,絮状结构最差。后两种结构的土强度低、压缩性大,易因振动破坏天然结构,不可用作天然地基。

天然条件下任何一种土的结构并不像上述基本类型那样简单,常呈现为以某种结构为主的由上述各种结构混合起来的复合形式。当土的结构受到破坏或扰动时,不仅土粒的排列情况会改变,土粒间的联结也会不同程度地被破坏,从而影响土的工程性质。因此,现场取样时应注意保持土样的原状结构性,基坑施工中应注意保护原状土体以免其受到扰动,导致地基承载力或强度降低。

1.3.2　土的构造

同一土层中,土颗粒之间相互关系的特征称为土的构造。

1. 层状构造

土层由不同颜色、不同粒径的土组成层理。平原地区的层理通常为水平层,层状构造是细粒土的一个重要特征。

2. 分散构造

土层中土粒分布均匀,性质相近,如砂层、卵石层为分散构造。

3. 结核状构造

在细粒土中掺有粗颗粒或各种结核,如含礓石的粉质黏性土、含砾的冰碛土等,其工程性质取决于细粒土部分。

4. 裂隙状构造

土体中有很多不连续的小裂隙,有的硬塑状态与坚硬状态的黏性土为此类构造。此类土裂隙强度低,渗透性高,工程性质差。

课后思考题

[1-1] 土的三相是哪三相?土中的水有哪几种存在形态?

[1-2] 如何由颗粒级配曲线的形态以及不均匀系数和曲率系数进行土的颗粒级配评价?颗粒分析及评价有何实际工程意义?

[1-3] 土的不均匀系数越大,土的颗粒级配越差,该种说法对吗?为什么?施工时为了使填土容易压实,应尽可能选用何种级配的土料?

课后练习题

[1-1] 某工程施工进场前取3105g土样,采取水洗筛分法进行颗粒分析,试验数据见表1-9,请计算完成此表并采用半对数坐标系绘制级配曲线(图1-12),判断该土的级配状况和土的类别。

课后练习题[1-1]颗粒分析试验结果数据处理 表1-9

粗筛分析					细筛分析					
孔径 d (mm)	分计筛余土粒质量 (g)	累计筛余土粒质量 (g)	小于该孔径土粒质量 (g)	小于该孔径土粒质量百分数(%)	孔径 d (mm)	分计筛余土粒质量 (g)	累计筛余土粒质量 (g)	小于该孔径土粒质量 (g)	小于该孔径土粒质量百分数(%)	小于该孔径土粒质量占总质量的百分数(%)
60	0				2	0				
40	0				1	142				
20	170				0.5	180				
10	230				0.25	175				
5	268				0.075	220				
2	275									

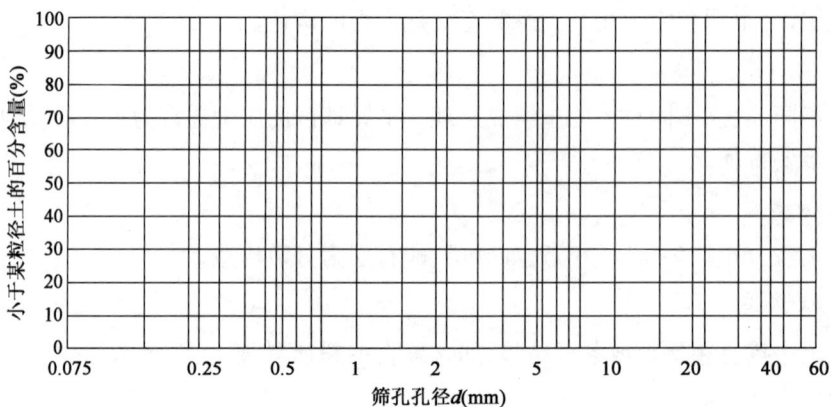

图1-12 课后练习题[1-1]级配曲线图

模块2

土的工程性质及工程分类

📖 学习目标

1. 能理解土的物理性质指标、物理状态指标的含义,土的渗透性原理;
2. 能计算土的物理性质指标、物理状态指标和力学指标;
3. 能利用土的各项指标对土进行分类;
4. 能对土的三个基本指标、土的界限含水率、土的抗剪强度指标、CBR 值进行测定。

◎ 工程背景引入

某项目第 7 合同段填方路堤根据基底地形、地质、地下水发育情况,通过天然密度试验、含水率试验、界限含水率试验、CBR 试验、直接剪切试验得出路基填料物理性质、状态指标及力学指标,见表 2-1。

路基填料性质及指标   表 2-1

土的名称	天然重度 γ （kN/m³）	液限 （%）	塑限 （%）	相对密实度	压实度≥ 96%时 最小 CBR 值	黏聚力 c （kPa）	内摩擦角 φ （°）
粉质黏性土	17	33.5	26.9	—	4.5	30	13～17
含碎石粉质黏性土	19	32.4	25.0	—	5.0	25	13～17
黏性土	18	32.2	19.3	—	8.7	20	15～20
角砾	21	—	—	0.65	—	5	21～25
碎石	21	—	—	0.70	—	5	29～32
块石	22	—	—	0.85	—	5	30～33

根据以上指标及填高确定对填方路堤做相应的处理:如填方路基应清除表土再进行填前压实,回填透水性好的材料如挖方石渣、碎石等;当位于路床部位的路基土最小强度不满足设计要求或含水率较大(进行击实试验确定)时,应采取换填挖方石渣进行处理;高填方路基基

底土质松散,应采用水稳性的填料填筑。

【启发思考】 从"工程背景引入"资料中可知第7合同段路堤填方各类指标,依据各类指标在该段路堤采取合适的施工方法。为了确保路堤填方工程质量,施工前必须测定土的哪些指标? 土的各类指标的工程定义是什么? 如何计算? 如何测定? 各类指标对施工有哪些影响?

【重点点拨】 本模块重点讲述了土的物理性质指标、物理状态指标及力学指标的工程定义,计算方法、测定方法及应用,土的渗透性、土的压缩性及其对工程的影响,适合工程用途的土的分类。

2.1 土的物理性质指标及物理状态指标

土的三相的性质与数量以及它们之间的相互作用决定了土的物理性质、物理状态、力学性质。物理性质、物理状态主要体现为干湿、轻重、软硬、松密等,这些物理性质及物理状态又决定了土的力学性质。

2.1.1 土的物理性质指标及测定方法

微课:土的物理
性质指标

土力学中,用三相之间在体积或质量上的比例关系作为反映土的物理性质的指标,这类指标统称为土的物理性质指标。为了定义土的物理性质指标,可以把土体中的三相人为分隔开,画出三相图,如图 2-1 所示,便于直观地研究三相之间的定量比例关系。在图 2-1 中,右侧标明体积 V,左侧标明质量 m,下标 s 表示土粒(Solid),w 表示水(Water),a 表示空气(Air),v 表示孔隙(Void)。在图 2-1 中,各量的含义分别为 V 表示总体积($V = V_s + V_w + V_a$),V_s 表示土粒体积,V_w 表示水体积,V_a 表示空气体积,V_v 表示孔隙体积,m 表示总质量($m = m_s + m_w$),m_s 表示土粒质量,m_w 表示水质量,m_a 表示空气质量,$m_a = 0$。

因为土由三相组成,不能以单一指标说明三相之间的比例关系,因此土的物理性质指标很多,共有 9 个,其中有 3 个基本物理性质指标需要采用试验测定,称为直接指标。其余 6 个指标则可根据这三个基本指标换算得出,称为间接换算指标。以下分别讨论各指标的定义、测定方法、应用及相互换算关系。

1. 基本物理性质指标

(1)土的天然密度 ρ 和土的天然重度 γ。

图 2-1 土的三相图

土在天然状态时单位体积的质量,称为土的天然密度,可由式(2-1)表示:

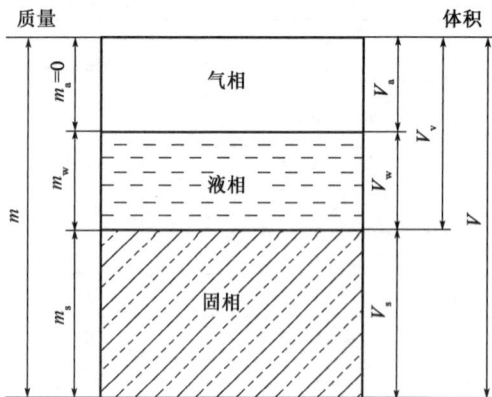

$$\rho = \frac{土的总质量}{土的总体积} = \frac{m}{V} \qquad (2\text{-}1)$$

常用单位为 g/cm³ 或 kg/m³。

单位体积所受重力,称为土的天然重度,可由式(2-2)表示:

$$\gamma = \frac{土的总重量}{土的总体积} = \frac{mg}{V} = \rho g \qquad (2\text{-}2)$$

常用单位为 kN/m³,g 一般取 10kN/m³。

在试验室,通常用环刀法测定原状土样的天然密度 ρ。环刀法是用质量固定为 m_1、容积固定为 V 的环刀,切取与环刀容积相同的原状或扰动土样,在天平上称取环刀和土样的质量 m_2,可得土样的质量 $m = m_2 - m_1$,代入式(2-1)可算得土样的天然密度 ρ。然后按式(2-2)算得天然重度 γ。

天然状态下土的密度变化范围较大,常见值在 1.60 ~ 2.20g/cm³ 区间,天然重度是描述土体重力的指标,是计算天然土层自重应力的重要参数。

(2)土粒比重 G_s。

土粒比重是土粒质量 m_s 与同体积4℃时纯水的质量之比,可由式(2-3)表示:

$$G_s = \frac{土粒质量}{同体积4℃时纯水质量} = \frac{m_s}{V_s \rho_w} = \rho_s(数值) \qquad (2\text{-}3)$$

式中:ρ_w——纯水在4℃时的密度 1g/cm³,g/cm³;

ρ_s——土粒密度,是土粒的质量 m_s 与土粒体积 V_s 之比。

土粒比重 G_s 为无量纲量,试验室常用比重瓶法测定。比重瓶法就是称取质量为 m_s 的干土粒放入已知质量的比重瓶,加水煮沸分散,再加满水,晾凉以后称取固定体积的比重瓶内加水加土粒的全部质量;然后倒掉比重瓶内的土粒和水,洗干净比重瓶,灌满水,称同体积瓶内加水的质量;由排开同体积水的质量即为浮力的原理获得土粒的体积 V_s,从而确定土粒相对密度。

土粒相对密度是土体的固有特性参数,主要取决于土粒的矿物成分,与土的孔隙大小及其中所含水量多少无关。砂土的相对密度为 2.65 ~ 2.69,黏性土的相对密度为 2.70 ~ 2.76,含有机质土的相对密度可降到 2.40 以下。若土含铁、锰等矿物较多,相对密度偏大。一般土粒相对密度变化幅度不大,如无试验资料可按经验数值选用。

(3)土的含水率 w。

土中水的质量与土粒质量之比,称为土的含水率,以百分数计,可由式(2-4)表示:

$$w = \frac{水的质量}{土粒质量} = \frac{m_w}{m_s} \times 100\% \qquad (2\text{-}4)$$

含水率反映土的干湿、软硬程度。同一类土,当含水率增大时,土体变软,强度降低。含水率对黏性土、粉土的性质影响较大,对粉砂、细砂稍有影响,对碎石土等基本没有影响。不同土的含水率可以在很大范围内变动。砂土为 0.0% ~ 40.0%,黏性土为 20.0% ~ 100.0% 以上,南方泥炭土甚至可达 300.0% ~ 600.0%。土的含水率试验室通常采用烘干法或酒精燃烧法

图 2-2 烘箱

测定。

烘干法是称取代表性天然土样质量 m，然后放入烘箱(图 2-2)加热，并保持在 105～110℃ 范围内，将土样烘干后称得干土质量 m_s，由于烘干而失去的质量为土中水的质量 m_w，于是可按式(2-4)计算土的含水率。

酒精燃烧法适用于快速简易(不适用有机土)测定含水率。称取代表性天然土样质量 m，然后放在耐热桌面上，倒入工业酒精至淹没土样，点燃酒精，熄灭后用针仔细搅拌试样，重复倒入酒精燃烧三次，冷却后称得干土质量 m_s。由于燃烧而失去的质量为土中水质量 m_w，于是可按式(2-4)计算土的含水率。

上述 ρ、G_s、w 是三个试验室直接测定的指标，也称基本物理性质指标，是确定其他物理性质指标的基础。

2. 间接换算指标

(1)土的孔隙比 e 和土的孔隙率 n。

土中孔隙的体积与土粒的体积之比，称为土的孔隙比，以小数计，可由式(2-5)表示：

$$e = \frac{孔隙的体积}{土粒的体积} = \frac{V_v}{V_s} \qquad (2-5)$$

土中孔隙的体积与土的总体积之比，称为土的孔隙率，以百分数计，可由式(2-6)表示：

$$n = \frac{孔隙的体积}{土的总体积} = \frac{V_v}{V} \qquad (2-6)$$

土的孔隙比 e 可直接反映土的密实程度，是确定地基承载力的指标之一。同一类土，孔隙比越大，土越疏松；孔隙比越小，土越密实。砂土的孔隙比为 0.4～0.8，黏性土的孔隙比为 0.6～1.5，黏性土若含大量有机质，孔隙比甚至可达 4.0 及以上。工程常用孔隙比 e 表示土体的体积变化，孔隙比 e 和孔隙率 n 反映土体松密程度。孔隙比 e 和孔隙率 n 的换算关系可由式(2-7)表示：

$$n = \frac{e}{1+e} 或 e = \frac{n}{1-n} \qquad (2-7)$$

(2)土的饱和度 S_r。

土中水的体积与孔隙体积之比，称为土的饱和度，以百分数计，也可以小数计，可由式(2-8)表示：

$$S_r = \frac{水的体积}{孔隙的体积} = \frac{V_w}{V_v} \qquad (2-8)$$

饱和度 S_r 反映土中孔隙被水充满的程度，饱和度 S_r 变化范围为 0.0～1.0。饱和度对砂土和粉土有一定的实际意义，砂土以饱和度作为湿度划分的标准，分为稍湿($0 < S_r \leq 0.5$)、潮湿($0.5 < S_r \leq 0.8$)、饱和($0.8 < S_r \leq 1.0$)。但对黏性土而言，随着含水率增加，黏性土体积膨

胀,结构也发生改变;当黏性土处于饱和状态时,其力学性质可能降低至 0;因黏粒间多为结合水(不是普通液态水),这种水的密度大于 1.00g/cm^3,饱和度也偏大,故黏性土一般不用饱和度 S_r 这一指标。

(3)土的干密度 ρ_d 和干重度 γ_d。

土粒质量与土的总体积之比,称为土的干密度,单位为 g/cm^3,可由式(2-9)表示:

$$\rho_d = \frac{土粒质量}{土的总体积} = \frac{m_s}{V} \tag{2-9}$$

土粒重量与总体积之比,称为土的干重度,单位为 kN/m^3,可由式(2-10)表示:

$$\gamma_d = \frac{土粒重量}{土的总体积} = \frac{m_s g}{V} = \rho_d g \tag{2-10}$$

土的干密度值的大小主要取决于土的结构。因为它在这一状态下与含水率无关,加之土粒部分的矿物成分又是固定的,所以土的结构,即孔隙率的大小,影响着干密度。土的孔隙比越小,土越密实,其干密度值越大。反之,干密度值越小。土的干密度常用作人工填土压实质量控制指标。土的干密度越大,表明土体压得越密实,即工程质量越好。

(4)土的饱和密度 ρ_{sat} 和饱和重度 γ_{sat}。

土中孔隙全部被水充满时的密度,即全部充满孔隙的水的质量与土粒质量之和(饱和土的质量)与土的总体积之比,称为土的饱和密度,单位为 g/cm^3,可由式(2-11)表示:

$$\rho_{sat} = \frac{饱和土的质量}{土的总体积} = \frac{m_s + m_w}{V} \tag{2-11}$$

土中孔隙全部被水充满时的重量,称为土的饱和重度,单位为 kN/m^3,可由式(2-12)表示:

$$\gamma_{sat} = \frac{饱和土的重量}{土的总体积} = \frac{m_s g + m_w g}{V} = \rho_{sat} g \tag{2-12}$$

(5)土的有效重度(浮重度)γ'。

当土浸没在水中时,土的颗粒受到水的浮力作用,土体中土粒的重量减去同体积水的重量后,即为土体淹没在水下时有效重量。土的有效重量与总体积之比,称为土的有效重度(浮重度),单位为 kN/m^3,可由式(2-13)表示:

$$\gamma' = \frac{土的有效重量}{土的总体积} = \frac{m_s g - V_s \gamma_w}{V} = \gamma_{sat} - \gamma_w \tag{2-13}$$

土的有效重度(浮重度)是计算地下水以下饱和土层自重应力的重要参数。土的 9 个物理性质指标(土的天然密度 ρ、土粒比重 G_s、含水率 w、孔隙比 e、孔隙率 n、饱和度 S_r、干密度 ρ_d、饱和密度 ρ_{sat}、有效重度 γ')并非各自独立、互不相关的。其中土的天然密度 ρ、土粒比重 G_s、含水率 w 为基本物理性质指标,必须由试验测得,其余的指标均可由三个基本指标计算得到,其换算关系见表2-2。

土物理性质指标的换算关系

表 2-2

指标名称	换算公式	指标名称	换算公式
干密度 ρ_d	$\rho_d = \dfrac{\rho}{1+w}$	饱和密度 ρ_{sat}	$\rho_{sat} = \dfrac{\rho(G_s - 1)}{G_s(1+w)} + 1$
孔隙比 ρ_d	$e = \dfrac{G_s(1+w)}{\rho} - 1$	饱和度 S_r	$S_r = \dfrac{G_s \rho w}{G_s(1+w) - \rho}$
孔隙率 n	$n = 1 - \dfrac{\rho}{G_s(1+w)}$	有效重度 γ'	$\gamma' = \dfrac{\gamma(G_s g - \gamma_w)}{G_s g(1+w)}$

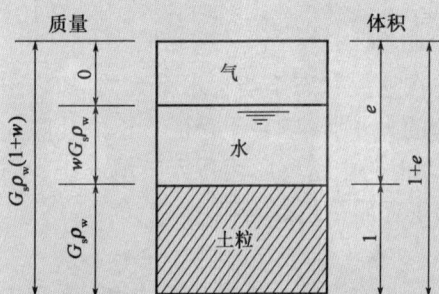

图 2-3 【例 2-1】利用三相图进行指标换算
（ρ_w 为水的密度）

【例 2-1】 试用土的三相图求解孔隙比与含水率、土粒比重和天然密度的关系。

【解】 (1) 设土的土粒体积 $V_s = 1$，如图 2-3 所示，根据孔隙比的定义得

$$孔隙体积\ V_v = V_s e = e$$

$$土体体积\ V = V_s + V_v = 1 + e$$

(2) 根据土粒比重定义 $G_s = \dfrac{m_s}{V_s \rho_w}$ 得

$$土粒质量\ m_s = G_s$$

(3) 根据含水率定义 $w = \dfrac{m_w}{m_s} \times 100\%$，得

$$水质量\ m_w = w m_s = w G_s$$

(4) 土体总质量：

$$m = m_s + m_w = G_s(1+w)$$

(5) 根据土的天然密度的定义可得

$$\rho = \frac{m}{V} = \frac{G_s(1+w)}{1+e}$$

解得孔隙比为

$$e = \frac{G_s(1+w)}{\rho} - 1$$

✎ 交流与讨论

　　土的三相体积和质量全部可由 ρ、e、w、G_s 表示，注意，这里设定 $V_s = 1$，土中各相的相对比例关系不发生改变，也可以假定其他量为 1 进行三相图换算。有了这张三相图，除了可推导出孔隙比的公式，也可以推导其他指标的公式。这种方法非常实用、有效，要求熟练掌握。

【例2-2】　某项目第 7 合同段施工中,取原状土做试验,测出其体积与质量分别为 $35.4cm^3$ 和 $67.21g$,把土样放入烘箱烘干,并在烘箱内冷却到室温后,测得质量为 $52.35g$。试求土样的 ρ(天然密度)、w(含水率)、ρ_d(干密度)、e(孔隙比)、n(孔隙率)、S_r(饱和度)、ρ_{sat}(饱和密度)、γ'(浮重度)。($G_s = 2.69$)

【解】　由

$$m = 67.21g, \quad V = 35.4cm^3, \quad m_s = 52.35g 得$$

(1)天然密度 ρ

$$\rho = \frac{m}{V} = \frac{67.21}{35.4} = 1.90(g/cm^3)$$

(2)含水率 w

$$w = \frac{m_w}{m_s} \times 100\% = \frac{m - m_s}{m_s} \times 100\% = \frac{67.21 - 52.35}{52.35} \times 100\% = 28.4\%$$

(3)干密度 ρ_d

$$\rho_d = \frac{\rho}{1 + w} = \frac{1.90}{1 + 28.4\%} = 1.48(g/cm^3)$$

(4)孔隙比 e

$$e = \frac{G_s(1 + w)}{\rho} - 1 = \frac{2.69 \times (1 + 28.4\%)}{1.90} - 1 = 0.818$$

(5)孔隙率 n

$$n = 1 - \frac{\rho}{G_s(1 + w)} = 1 - \frac{1.90}{2.69 \times (1 + 28.4\%)} = 0.550 = 55.0\%$$

(6)饱和度 S_r

$$S_r = \frac{G_s \rho w}{G_s(1 + w) - \rho} = \frac{2.69 \times 1.90 \times 28.4\%}{2.69 \times (1 + 28.4\%) - 1.90} = 0.943$$

(7)饱和密度 ρ_{sat}

$$\rho_{sat} = \frac{\rho(G_s - 1)}{G_s(1 + w)} + 1 = \frac{1.90 \times (2.69 - 1)}{2.69 \times (1 + 28.4\%)} + 1 = 1.93(g/cm^3)$$

(8)浮重度 γ'

$$\gamma' = \frac{\gamma(G_s g - \gamma_w)}{G_s g(1 + w)} = \frac{1.90 \times 10 \times (2.69 \times 10 - 10)}{2.69 \times 10 \times (1 + 28.4\%)} = 9.30(kN/m^3)$$

$$或 \gamma' = \rho_{sat} g - \gamma_w = 1.93 \times 10 - 10 = 9.30(kN/m^3)$$

交流与讨论

该例题基本是试验室测定土体的天然密度和含水率的试验过程及其计算。可见,在已知土体的天然密度、含水率和土粒比重的情况下,能够利用直接指标和间接指标换算关系求解其他 6 个物理指标,该例题给出了计算的全过程。应注意各物理量的工程单位,在指标中,w(含水率)、e(孔隙比)、n(孔隙率)、S_r(饱和度)、G_s(土粒比重)是无量纲量,在工程中或用小数或 % 表示,注意根据工程习惯采用。在三相图计算中注意质量单位 g,体积单位最好用 cm^3,计算得到的密度单位采用 g/cm^3。当依据密度确定各种重度时,为了简化计算,可近似取重力加速度 $g \approx 10 m/s^2$,其误差在工程允许范围内。

2.1.2 土的物理状态指标及评价方法

土的物理状态主要指土的密实程度和软硬程度。土的物理状态对工程力学性质具有十分重要的影响。无黏性的土的密实程度,即松密状态对其工程性质影响显著;黏性土的软硬程度,即稠度状态对工程性质影响更显著。显然,较密实、较硬的土具有较高的强度和较低的压缩性。

1. 砂土(无黏性土)的密实度及评价方法

砂土的密实状态对其工程力学性质影响很大。砂土越密实,结构就越稳定,压缩变形越小,强度越大,是良好的地基。反之,疏松的砂土,特别是饱和的粉砂、细砂,结构常处于不稳定状态,对工程有不利影响。工程上常用孔隙比 e、相对密度 D_r 和标准贯入试验 N 作为划分土密实度的标准。

(1)以孔隙比 e 为标准。

以孔隙比 e 为标准判断砂土密实状态是最简便的方法,同一土体孔隙比越大则土体越松,反之则土体越密实,根据《公路桥涵地基与基础设计规范》(JTG 3363—2019)可得表 2-3。

孔隙比密实状态评价标准　　　　　　　　表 2-3

砂土名称	密实度		
	密实	中密	松散
砂砾、粗砂、中砂	$e < 0.55$	$0.55 \leq e \leq 0.65$	$e > 0.65$
细砂	$e < 0.60$	$0.60 \leq e \leq 0.70$	$e > 0.70$
粉砂	$e < 0.60$	$0.60 \leq e \leq 0.80$	$e > 0.80$

(2)以相对密度 D_r 为标准。

由于颗粒的形状和级配对孔隙比有着极大的影响,但目前孔隙比计算没有考虑级配等因素影响,对于不同的砂土,相同孔隙比不能说明密实度也相同。因此在工程中常引入相对密实度(也称相对密度)来反映砂土的密实状态。相对密实度定义为

$$D_r = \frac{e_{max} - e}{e_{max} - e_{min}} \tag{2-14}$$

如式,$D_r = 0$,即 $e = e_{max}$,表示砂土处于最松状态;$D_r = 1$ 即 $e = e_{min}$,表示砂土处于最密实状态。理论上 D_r 的变化范围在 $[0,1]$ 之间,但正常沉积土的 D_r 很少小于 $0.2 \sim 0.3$,把颗粒状的土体压缩到 D_r 大于 0.85 也很困难。根据《铁路工程岩土分类标准》(TB 10077—2019),砂土的相对密实度评价标准见表 2-4。

砂土的相对密实度评价标准 表2-4

相对密度 D_r	密实状态
$D_r \leqslant 0.33$	松散
$0.33 < D_r \leqslant 0.4$	稍密
$0.4 < D_r \leqslant 0.67$	中密
$D_r > 0.67$	密实

（3）以标准贯入试验 N 为标准。

由于目前 e_{max} 和 e_{min} 尚难准确测定，加之要取原状砂土的土样十分困难，故对砂土 D_r 值的测定误差也很大。对此，在实际工程中，常利用标准贯入试验（SPT）或静力触探试验法确定砂土的密实程度。标准贯入试验是一种原位测试试验，采用63.5kg重的穿心锤，以76cm的固定落距锤击管状探头入土，击入15cm以后，再锤击30cm所需的锤击数计入 N。显然，锤击数 N 越大土体越密实。根据《公路桥涵地基与基础设计规范》（JTG 3363—2019）标准贯入试验密实状态评价标准见表2-5。

标准贯入试验密实状态评价标准 表2-5

标准贯入锤击数 N	密实状态
$N \leqslant 10$	松散
$10 < N \leqslant 15$	稍密
$15 < N \leqslant 30$	中密
$N > 30$	密实

📖 开阔视野

理论上，用相对密实度评价砂土松密状态，可综合反映不同土的颗粒级配、土粒形状和结构等因素影响。但是，确定相对密实度的各项指标对其计算结果均产生很大影响，而各项指标均通过试验测定，导致 D_r 的应用受到限制。

实际上，按规程方法很难准确测定理论上的 e_{max} 和 e_{min}，人为误差也较大：在静水中缓慢沉积形成的土，其天然孔隙比可能大于试验室测定的 e_{max}，造成 D_r 的计算结果为负值的不合理现象；有时存在 e 小于试验室测定的 e_{min}，导致 D_r 的计算结果大于1。对于易扰动的砂土在天然状态的孔隙比 e 很难准确测定，所以施工现场较多采用原位测试方法来判定天然砂土的松密状态。国内很多规范推荐采用标准贯入试验的锤击数 N 作为评价天然砂土的密实度的重要指标，已经得到广泛应用。

2. 黏性土的界限含水率测定及评价方法

（1）黏性土的界限含水率。

在生活中经常可以看到这样的现象：土路雨天时泥泞不堪，车辆驶过便形成车辙；而在久晴以后,土路却又异常坚硬。这些现象说明土的工程性质与其含水率有着十分密切的关系。黏性土从泥泞到坚硬经历了几个不同的物理状态:含水率很大时土是泥浆,是一种黏滞流动的液体,称为流动状态。含水率逐渐减小时,黏滞流动的特点渐渐消失而显示出可塑性,称为可塑状态。当含水率继续减小时,土的可塑性逐渐消失,从可塑状态变为半固状态。如果同时测定含水率减少过程中土的体积变化,则可发现土的体积随着含水率的减小而减小,但当含水率很小时,土的体积却不再随含水率的减小而减小了,这种状态称为固体状态。这些界限含水率的含义、状态和土中水的相应形式如图 2-4 所示。

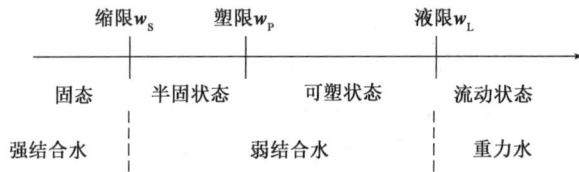

图 2-4 黏性土的稠度、界限含水率和土中水的状态

这些状态变化反映了土粒与水相互作用的结果。当土的含水率较大时,土粒被自由水隔开,土就处于流动状态;当水分减少到土粒被弱结合水隔开,土粒在外力作用下相互错动时,颗粒间的联结并不马上丧失,土处于可塑状态,此时土被认为具有可塑性。可塑性是指土体在一定含水率条件下受外力作用时形状可以发生变化,但是不产生裂缝,外力移去后仍能保持其形状的特征。弱结合水的存在是土体具有可塑性的原因。黏性土的可塑性是一个十分重要的性质,对于土木工程有着重要的意义。当水分再减少,土中只有强结合水时,按照水膜厚薄不同,土处于半固态或固态,土的体积不再随含水率的减小而减小。

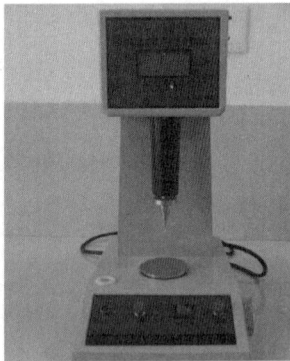

图 2-5 数显式液塑限联合测定仪

(2)土的界限含水率测定方法。

黏性土不同稠度状态的变化往往是渐变的,人为划分黏性土从一种状态转变为另一状态的分界含水率称为界限含水率,包括液限 w_L、塑限 w_P 和缩限 w_S。从流动状态过渡到可塑状态的界限含水率为液限 w_L,从可塑状态过渡到半固状态的界限含水率为塑限 w_P,从半固态过渡到固态的界限含水率为缩限 w_S,缩限工程中不常用。因而要测定液限 w_L 和塑限 w_P,就要人为规定标准试验方法。目前,国内标准多推荐采用液塑限联合测定仪(图 2-5)联合测定。

取有代表性的天然含水率或风干的土样过筛 0.5mm,制备三份不同含水率的土样调至均匀后压实装入盛土杯并抹平,采用液塑限联合测定仪测定此时落锥自由落体落入土中的深度 h,并取适量土样测定此时的含水率 w,可得三组不同含水率及对应的锥入深度数据,将三组数据点绘制在双对数坐标系中,数据点在双对数坐标系中将出现两种情况(图 2-6):在同一直线上和不在同一直线上。由规定的落锥深度即可得到液限 w_L 和塑限 w_P。

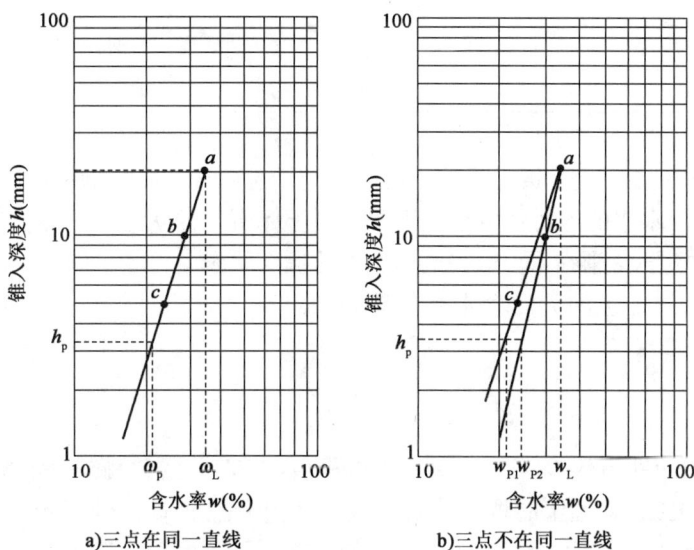

a)三点在同一直线　　　　b)三点不在同一直线

图2-6　锥入深度与含水率(h-w)关系

交流与讨论

用联合测定仪测定液限 w_L 和塑限 w_P 时,采用 100g 或 76g 落锤在土样中的锥入深度为 20mm 或 17mm 确定液限,而塑限常采用式(2-15)、式(2-16)来确定对应的锥入深度。当数据点不在同一直线上,两直线上得出的两点含水率差值小于2%时,以该两点含水率的平均值为塑限。当两点含水率差值大于2%时,测定失败。

$$细粒土\ h_P = \frac{w_L}{0524w_L - 7.606} \tag{2-15}$$

$$砂粒土\ h_P = 29.6 - 1.22w_L + 0.017w_L^2 - 0.0000744w_L^3 \tag{2-16}$$

注意式(2-15)、式(2-16)中液限 w_L 代入数值时,应不带百分号(假设 w_L = 40.2%,代入数值为 40.2)。

(3)评价方法。

可塑性是区分黏性土和砂性土的重要特征之一。黏性土可塑性大小,是以土处在可塑状态的含水率变化范围来衡量的,这个范围就是缩限和缩限的差值,称为塑性指数 I_P,即

$$I_P = (w_L - w_P) \times 100 \tag{2-17}$$

塑性指数习惯上用不带"%"的数值表示。

黏性土的可塑性反映的是土的矿物成分和颗粒大小的影响,土中黏粒含量越多,土的可塑性就越大,塑性指数也越大,这是由于黏粒部分含有较多的黏性土矿物颗粒和有机质。塑性指数是黏性土的基本和重要的物理指标之一,它综合反映了土的物理组成,常作为黏性土和粉土等细粒土工程分类和评价的重要依据。根据《公路土工试验规程》(JTG 3470—2020),黏性土的分类见表2-6。

细粒土的分类

表 2-6

塑性指数 I_P	$I_P \geqslant 7$	$I_P < 4$
土的名称	黏土	粉土

注:$4 \leqslant I_P < 7$ 黏土——粉土过渡区的土可按相邻土层的类别细分。

土的天然含水率在一定程度上说明土的软硬与干湿状况,对于同一土体,含水率越高土体越软。但是,仅有含水率的绝对数值不能说明不同土体所处的状态。例如,有几种含水率相同的土样,若它们的塑限、液限不同,这些土样所处的稠度状态就可能不同。因此,不同黏性土的稠度状态需要一个表征土的天然含水率与界限含水率之间相对关系的指标,称为液性指数 I_L,即

$$I_L = \frac{w - w_P}{w_L - w_P} \tag{2-18}$$

在工程中常用液性指数 I_L 来划分黏性土的稠度状态,根据《公路桥涵地基与基础设计规范》(JTG 3363—2019),黏性土的稠度状态见表 2-7。但是,根据液性指数判定的稠度状态的标准值是以室内扰动土样测定的,未考虑其土的结构影响,故只能作为参考。另外,液性指数还是确定黏性土承载力的重要指标,模块 5 将详细介绍。

黏性土的稠度状态

表 2-7

状态	坚硬	硬塑	可塑	软塑	流塑
液性指数	$I_L \leqslant 0$	$0 < I_L \leqslant 0.25$	$0.25 < I_L \leqslant 0.75$	$0.75 < I_L \leqslant 1$	$I_L > 1$

2.2 土的渗透性及渗透系数

土的水理性主要是研究土中孔隙水(重力水)的渗流现象。例如图 2-7 所示的土坝、图 2-8 所示的基坑,由于存在总水头差,水必然通过土中孔隙由水头高的地方向水头低的地方流动。水在土体中渗透,一方面会造成水量损失,影响工程效益;另一方面将引起土体内部应力状态的变化,从而改变水工建筑物或地基的稳定条件,甚至还会酿成破坏事故。此外,土的渗透性的强弱,对土体的固结、强度以及工程施工都有非常大的影响。

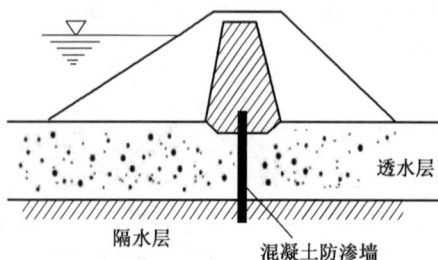

图 2-7　土坝

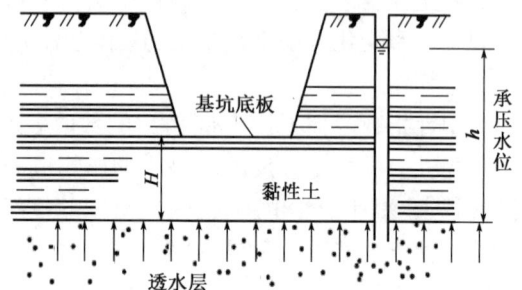

图 2-8　基坑

2.2.1　土的渗透规律

土中的自由液态水在重力作用下沿孔隙发生运动的现象,称为渗透(图2-9)。土允许水透过的性能,称为土的渗透性。例如,碎石土、砂土都是透水性良好的土;细粒土为透水性不良的土;而黏性土因为有较强的结合水膜,若再加上有机质的存在,则自由水不易透过,可视为不透水性的土。

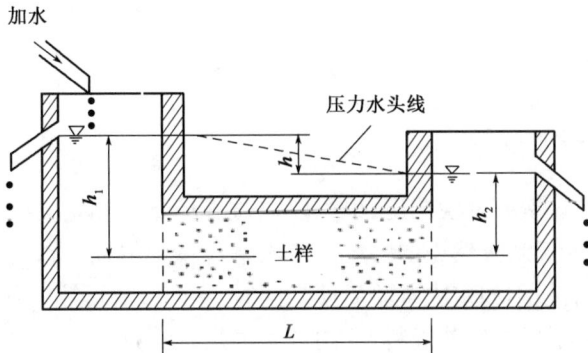

图2-9　水在土中渗透

土体中空隙的形状和大小极不规则,因而水在土体空隙中的渗透十分复杂。由于土体中的空隙一般非常微小,水在土体中流动时的黏滞阻力很大,流速缓慢,其流动状态大多属于层流。

1956年,达西利用试验装置对砂土的渗流性进行研究,发现水在土中的渗流速度与试样两端间的水头差成正比,而与渗流长度成反比,于是把渗流速度表示为

$$v = k\frac{\Delta h}{l} = ki \text{ 或 } Q = vA = kiA \tag{2-19}$$

式中:v——断面平均渗透速度,m/s;

$\quad i$——水力坡降;

$\quad k$——渗透系数,m/s,其物理意义是当水力坡降$i=1$时的渗透速度。

这就是著名的达西定律。

达西定律说明:①在层流状态的渗流中,渗透速度v与水力坡降的成正比,并与土的性质有关。②砂土的渗透速度与水力坡降呈线性关系,但对于密实的黏性土,其吸附水具有较大的黏滞阻力,因此只有当水力坡降达到某一数值,克服了吸附水的黏滞阻力以后,才能发生渗透。一开始渗透时的水力坡降称为黏性土的起始水力坡降i。试验资料表明,密实的黏性土不但存在起始水力坡降,而且当水力坡降超过起始坡降后,渗透速度与水力坡降的规律还偏离达西定律而呈线性关系,如图2-10所示。

$$v = k(i - i_0) \tag{2-20}$$

式中:i_0——密实黏性土的起始水力坡降。

此外,试验也表明,在粗颗粒土中(如砾、砂),在较小的水力坡降下,渗透速度与水力坡降才能呈线性关系;在较大的水力坡降下,水在土中的流动即进入紊流状态,渗透速度与水力坡降呈非线性关系,此时达西定律不适用。

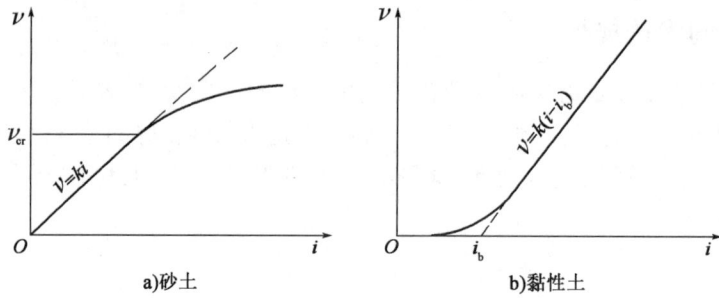

图 2-10　渗透速度与水力梯度关系

2.2.2　渗透系数的测定

土的渗透系数可通过室内试验测定,也可以通过现场试验测定。因为室内试验不易取得原状土样,或者土样不能反映天然土层的层次或土颗粒排列情况,所以,用现场试验测定的渗透系数比室内试验准确,但不如室内试验简便。同时,室内试验可测定加载后渗透系数随孔隙比的变化情况,所以,有了现场试验资料,室内试验也是需要的。

常用的室内试验装置可分为常水头和变水头两种。常水头渗透试验适用于粗粒土,变水头渗透试验适用于细粒土。它们都是在符合达西定律适用被测土样的前提下,推导出渗透系数 k 公式的。图 2-11 所示为常水头渗透试验装置,理论上只要通过试验求得一对 v, i,便可由达西定律公式 $v = ki$ 算出渗透系数 k。但是为使试验数据更为可靠,通常要改变水头差,测出多个渗透系数值,然后取容许误差范围内的 3 ~ 4 个值计算平均值。

下面介绍室内试验常用的变水头渗透试验原理。图 2-12 所示为变水头渗透试验装置,其出水口水位不变,进水管中水位随渗透过程不断下降,所以该试验称变水头渗透试验。试验开始时($t = t_1$)试样两端水头差为 h_1,结束时($t = t_2$)试样两端水头差为 h_2。

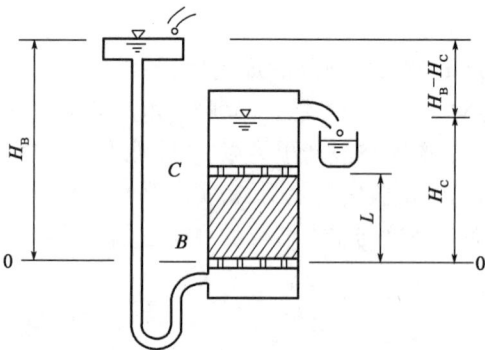

图 2-11　常水头渗透试验装置

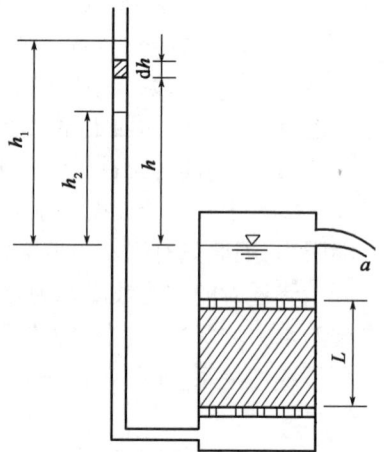

图 2-12　变水头渗透试验装置

现场试验过程中任一时刻 t,水头差为 h,经 $\mathrm{d}t$ 时间间隔后,进水管(管内水柱截面积为 a)中水位降落 $\mathrm{d}h$,则在 $\mathrm{d}t$ 时间间隔内流经土样的水量 $\mathrm{d}Q$ 为

$$dQ = -a\mathrm{d}h \tag{2-21}$$

式中,负号表示水量 Q 随水头差 h 的降低而增加。此外,渗透过程中始终满足达西定律 $v=ki$,在 $\mathrm{d}t$ 时间间隔内,流速 $v=\mathrm{d}Q/A\mathrm{d}t$,水力坡降 $i=h/L$,因而 $\mathrm{d}t$ 时间间隔内流经土样的水量 $\mathrm{d}Q$ 还可表示为

$$dQ = k\frac{h}{L}A\mathrm{d}t \tag{2-22}$$

式中:A——试样截面积,mm^2;

　　L——试样高度,cm。

由式(2-21)和式(2-22)相等得

$$\mathrm{d}t = -\frac{aL\mathrm{d}h}{kAh} \tag{2-23}$$

两边积分,当到 $t=t_1$ 时,$h=h_1$,$t=t_2$ 时 $h=h_2$,则

$$\int_{t_1}^{t_2}\mathrm{d}t = -\int_{h_1}^{h_2}\frac{aL\mathrm{d}h}{kAh} \tag{2-24}$$

得

$$t_2-t_1 = \frac{aL}{kA}\ln\frac{h_1}{h_2} \tag{2-25}$$

可得渗透系数

$$k = \frac{aL}{A(t_2-t_1)}\ln\frac{h_1}{h_2} \tag{2-26}$$

当试验装置确定时,a、A、L 是常量,试验时只要测定 t_1 时刻的 h_1,t_2 时刻的 h_2,便可代入式(2-26)求得 k 值。重复试验可获得渗透系数的平均值。

各类土的渗透系数相差很大,黏性土渗透系数很小可以用作防渗料,如土坝的黏性土心墙、垃圾填埋场的防渗层等,而中砂、粗砂渗透系数较大,是良好的排水材料。各类土的渗透系数参考值见表2-8。

各类土的渗透系数参考值　　　　　　　表2-8

土的类别	渗透系数 $k(\mathrm{cm/s})$	土的类别	渗透系数 $k(\mathrm{cm/s})$
黏土	$<5\times10^{-8}$	细砂	$1\times10^{-5}\sim5\times10^{-5}$
粉质黏土	$5\times10^{-8}\sim1\times10^{-6}$	中砂	$5\times10^{-5}\sim2\times10^{-4}$
粉土	$1\times10^{-6}\sim5\times10^{-6}$	粗砂	$2\times10^{-4}\sim5\times10^{-4}$
黄土	$2.5\times10^{-6}\sim5\times10^{-6}$	圆砾	$5\times10^{-4}\sim1\times10^{-3}$
粉砂	$5\times10^{-6}\sim1\times10^{-5}$	卵石	$1\times10^{-3}\sim5\times10^{-3}$

2.2.3　渗透系数的影响因素

渗透系数是代表土的渗透性强弱的定量指标,也是渗透计算时的基本参数。影响渗透系数的因素很多,也比较复杂,土中固相、液相的性质及气体含量对渗透系数都有影响。影响渗透系数的因素如下。

1. 土的粒度成分和矿物成分

土的颗粒大小、形状及级配影响土中孔隙大小及形状,因而影响土的渗透性。土粒越大,越浑圆,越均匀,土的渗透性越大。砂土中含有较多粉土或黏性土颗粒时,其渗透系数就会大大减小。黏性土中含有亲水性较大的黏土矿物或有机质时,渗透性也会大大降低。

2. 孔隙比

由 $e = V_v/V_s$ 可知,孔隙比 e 越大,V_v 越大,渗透系数 k 越大。孔隙比的影响,主要取决于土体中的孔隙体积,而孔隙体积又取决于孔隙的直径大小、土粒的颗粒大小和级配。

3. 土的结构构造

天然土层通常不是各向同性的,在渗透性方面往往也是如此。例如,黄土特别是具有湿陷性的黄土,竖直方向的渗透系数要比水平方向大得多。而层状黏性土常夹有薄的粉砂层,它在水平方向的渗透系数要比竖直方向大得多。

4. 结合水水膜厚度

黏性土中若土粒的结合水水膜较厚,会阻塞土的孔隙,降低土的渗透性。

5. 土中气体

土孔隙中存在密闭气泡时,会阻塞水的渗流,从而降低土的渗透性。这种密闭气泡有时是由溶解于水中的气体分离而形成的,故土中的气体也会影响土的渗透系数。

此外,试验表明,渗透系数与渗透液体的重度及黏滞系数有关。水温不同,重度相差不大,但黏滞系数变化较大,水温升高,黏滞系数降低,渗透系数增大。

开阔视野

对于同一种土,无论是哪一类土,渗透系数将随孔隙比的减小而减小。例如,天然状态下较松散的黏性土会在荷载作用下逐渐变密实,这时渗透系数也将随之减小。分层碾压的填土,由于受竖向力作用而压密实变形,呈片状的黏性土颗粒趋于水平排列,因而表现出各向异性,使水平向的渗透系数大于垂直方向的数值。

2.3 土的击实性及指标

2.3.1 土的击实性原理

土作为一种价格低廉的建筑材料,应用范围广。土的密度和土的工程性质之间关系密切。合理施工的填方如路堤、土坝、回填土地基等都需要压实,疏松软弱的地基也可用压实方法加以改善,挡土墙、地下室等建筑物周围的回填土也要经过压实。这些都是土体在外加的击实功作用下,密度发生变化的特性,称为土的击实性。用最小的功将土体击实到所要求的密度,常用的方法有两种:一种方法是用击实仪进行室内击实试验,另一种方法是在现场进行碾压,后者属施工课的讲授内容,这里只介绍采用击实仪进行室内击实试验。

图 2-13 击实仪

　　击实试验是研究土的压实性能的室内基本试验方法。击实是指对土样瞬时地重复施加一定的机械功使土样变密实的过程。在击实过程中,由于击实功瞬时作用于土样,土中气体排出,而土中含水率则基本不变,因此土样可以预先调制成所需含水率,再将它击实成所需要的密度。击实试验所用的主要设备是击实仪(图 2-13)。目前我国通用的击实仪有两种:一种是轻型击实仪,另一种是重型击实仪。根据击实土样的最大粒径,选择合适的击实仪。击实仪规格见表 2-9。

击实仪规格   表 2-9

试验方法	类别	锤底直径 (cm)	锤质量 (kg)	落高 (cm)	试筒尺寸		试样尺寸		层数	每层击数	击实功 (kJ/m³)	最大粒径 (mm)
					内径 (cm)	高 (cm)	高度 (cm)	容积 (cm³)				
轻型 I 法	I-1	5	2.5	30	10	12.7	12.7	997	3	27	598.2	20
	I-2	5	2.5	30	15.2	17	12	2177	3	59	598.2	40
重型 II 法	II-1	5	4.5	45	10	12.7	12.7	997	5	27	2687.0	20
	II-2	5	4.5	45	15.2	17	12	2177	3	98	2680.0	40

　　进行击实试验时将含水率为一定值的土样分层装入击实筒,每铺一层都用击实锤按规定的落距锤击一定的次数,然后由击实筒的体积和筒内被击实土样的总质量算出被击实土样的湿密度 ρ,从已被击实的土中取样测定其含水率 w,由式(2-27)算出击实土样的干密度 ρ_d,可以反映出被击实土样的密度。以同样的方法对 5 个以上不同初始(试验前)含水率的土样进行试验,于是每一土样都可得出相应击实后含水率与干密度数据。将 5 组以上试验数据绘入图 2-14,连接这些数据点就可获得反映所试验土样击实特性的曲线,称为击实曲线,又称为干密度-含水率曲线。

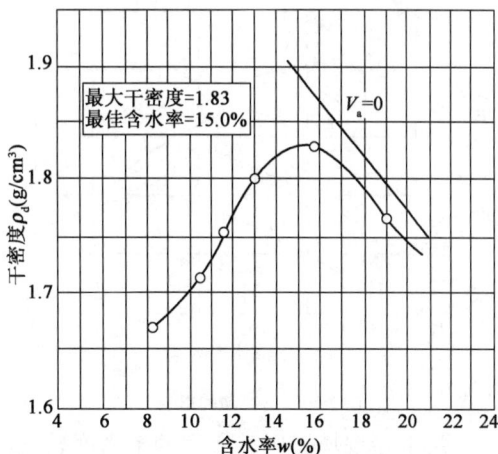

图 2-14 干密度-含水率曲线

$$\rho_d = \frac{\rho}{1+w} \qquad (2\text{-}27)$$

　　由图 2-14 中可见,一般土的击实曲线具有峰值,峰值所对应的含水率称为最佳含水率或最优含水率 w_{op},对应的干密度称为最大干密度 ρ_{dmax}。该峰值表明:该种土当其含水率达到最佳含水率时,可以被击实到最密实状态。一般黏性土的最佳含水率接近或略小于该土的塑限。

2.3.2 土的击实性影响因素

影响土的击实特性的主要因素为土类和级配、含水率、击实功等。

1.土类和级配的影响

土的颗粒粗细、级配、矿物成分等因素对土的击实效果均有影响。颗粒粒径越粗,越能在低含水率时获得最大的干密度;颗粒级配越均匀,击实曲线的峰值范围越宽广、平缓,击实干密度越低,击实结合水的作用越容易使击实曲线出现峰值,因此细粒土或含细粒土体的击实曲线才可能出现峰值。

试验表明:纯净砂砾土并不出现上凸的击实曲线,而是下凹的形式,如图 2-15 所示。干砂在压力与振动作用下,容易密实;稍湿的砂土因有毛细作用产生假黏聚力,击实效果不好;饱和砂土,毛细压力消失,击实效果良好。因此,实际工程中在干或饱和状态下压实能够获得最密实的效果,对于纯净的砂砾土一般采用相对密实度控制施工,并不进行击实试验。

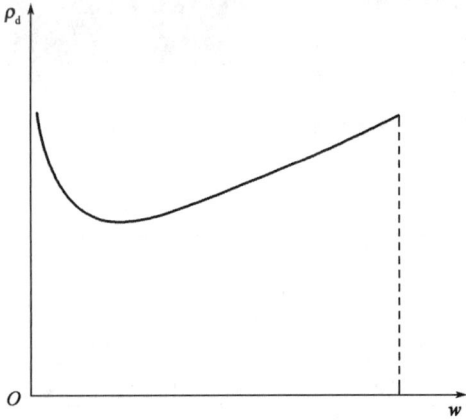

图 2-15　纯净砂砾土的击实曲线

2.含水率的影响

前述击实曲线本身已直接表明含水率对击实性质的影响,因此施工中控制好含水率是保证击实效果的重要因素。

3.击实功的影响

如图 2-16 所示,增大击实功,可使土的最佳含水率变小,最大干密度变大。但干密度的增大不与击实功的增大成正比。如不计条件,单纯增大击实功以提高干密度,既不经济也不能得到有效的击实效果。

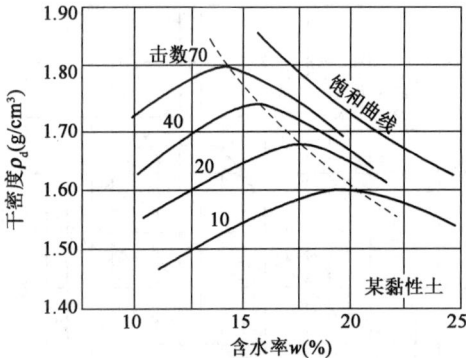

图 2-16　击实功的影响

2.3.3 击实性的应用及案例

填土在现场碾压后所测的干密度 ρ_d 与试验室击实试验测得的最大干密度 ρ_{dmax} 之比,称为压实系数(压实度)λ_c。

$$\lambda_c = \frac{\rho_d}{\rho_{dmax}} \times 100\% \tag{2-28}$$

λ_c 值越接近于 1,表示对压实质量的要求越高,这应用于主要受力层或者重要工程;对于路基的下层或次要工程,λ_c 值可取小一些。

工程实例及分析:某项目路基填方工程,利用路基挖余土方进行填筑,采用碾压机械碾压路基,如何控制碾压路基填方施工质量?

压实系数 λ_c 是控制填土碾压施工质量的一个重要指标。首先在现场选取代表性土样,在试验室进行击实试验,确定其最大干密度和最佳含水率,为填方设计合理选用填筑含水率和填筑密度提供依据。一般选用含水率要求在最佳含水率($2\% \sim 3\%$)范围内的土,当填方没有达到要求时,为了确保路堤填筑质量,一般对路基填方采用翻晒(图2-17)或洒水处理。然后在施工现场,采用灌砂法确定碾压后路堤的密度和含水率,通过计算得到处理后的干密度。根据室内试验获得的最大干密度和现场实测干密度计算压实系数,可以

图2-17 填方翻晒

进行现场填土的施工质量控制。实测结果表明,碾压处理后的压实填土基本能够满足质量要求。

【例2-3】 某项目第7合同段路基填土料,天然含水率 $w = 24.0\%$,土粒比重 $G_s = 2.70$ 。室内标准击实试验得到最大干密度 $\rho_{dmax} = 1.80 \text{g/cm}^3$ 。规范要求压实度 $\lambda_c = 96\%$,并要求压实后土的饱和度 $S_r \geq 0.9$ 。讨论:填土料的天然含水率是否适合填筑?碾压时填土料应控制在多大的含水率?施工时如何处理?

【解】 (1)求压实后土的孔隙比 e 。

$$\lambda_c = \frac{\rho_d}{\rho_{dmax}} \times 100\% = 96\%$$

$$\rho_d = \lambda_c \rho_{dmax} = 96\% \times 1.80 = 1.73 (\text{g/cm}^3)$$

绘制三相草图,如图 2-18 所示,设土颗粒体积 $V_s = 1$ 。

图2-18 【例2-3】三相草图

根据干密度 ρ_d :

$$e = \frac{V_v}{V_s} \quad V_v = e$$

$$\rho_d = \frac{m_s}{V} = \frac{m_s}{V_s + V_v} = \frac{\frac{m_s}{V_s}}{\frac{V_s}{V_s} + \frac{V_v}{V_s}} = \frac{G_s}{1+e} \quad e = \frac{G_s}{\rho_d} - 1 = \frac{2.70}{1.73} - 1 = 0.561$$

(2)求碾压含水率。

根据题意按饱和度 $S_r = 0.9$ 控制含水率 w 。

$$S_r = \frac{V_w}{V_v}$$

$$V_w = S_r V_v = S_r e = 0.9 \times 0.561 = 0.50 (\text{cm}^3)$$

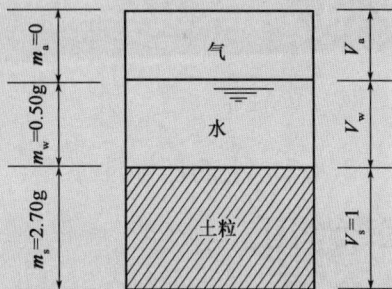

$$m_w = \rho_w V_w = 0.50\text{g}$$

$$\rho_s = \frac{m_s}{V_s} = G_s = 2.70\,(\text{g/cm}^3)$$

$$m_s = 2.70\text{g}$$

$$w = \frac{m_w}{m_s} \times 100\% = \frac{0.50}{2.70} \times 100\% = 18.5\% < 24\%$$

即碾压时路基填土料的含水率控制在19%左右。料场土的天然含水率高于最佳含水率3%，料场的填土料不适合直接填筑，应进行翻晒处理。

交流与讨论

　　室内击实试验与现场密度和含水率试验相比较简单、费用较低，不失为一种可选择的压实填土质量控制方法。需要指出的是，因为室内击实土样的颗粒尺寸受限，在现场选取土样的代表性有限，室内击实试验也有其局限性，必要时可以进行现场击实试验或其他现场试验。

2.4 土的压缩性及指标

2.4.1 土的压缩性原理

　　土的压缩性是指土体在外荷载作用下，体积变小的性质，它反映的是土中应力与其变形之间的变化关系，是土的基本力学性质之一。土作为三相体是由土粒、水和空气组成的，因此土体压缩变形一般包括水和空气所占孔隙体积的减小、孔隙中水被压缩、土粒本身被压缩。

微课:土的压缩性

　　在实际工程中，孔隙中的水及土粒本身体积压缩一般忽略不计。土体在荷载作用下的体积压缩，是由土粒、水和空气相对移动，可能使孔隙中有一部分气体和水被挤掉，同时可能使一部分封闭气体被压缩或溶解于孔隙水中造成的。所以土的压缩性可用孔隙比 e 随着荷载 p 而变化的关系来表示。这一关系可通过室内侧限压缩试验(单向固结试验)测定。

　　1. 侧限压缩试验

　　由于无黏性土压缩量小，变形完成很快，一般情况下不进行变形验算，所以只对黏性土进行侧限压缩试验。

　　侧限压缩试验也称单向固结试验，使用的仪器称为固结仪或压缩仪。其主要部分为圆筒形的刚性容器，如图2-19所示。先用环刀切取原状土，连同环刀放入容器，试样上下放置透水石，允许试样上下界面排水，因此是双面排水条件。另配有加压设备，对土样分级施加竖向压力,并测出在不同压力作用下,土样变形稳定时的压缩量,从而算出相应的土的孔隙比。试样在环刀和外侧刚性护环的约束下,处于无侧向变形(有侧限)条件,只能在荷载作用下产生竖向压缩变形,故该试验称单向固结试验,又称侧限压缩试验。

2. 压缩曲线

将得到的试验数据,以孔隙比 e 为纵坐标、荷载 p 为横坐标,在直角坐标系中绘出,即可得到 e-p 曲线,如图 2-20a)所示。此关系曲线又称为压缩曲线,它反映了土的压缩变形过程和土的压缩性质。土的压缩变形过程表现为土的孔隙比 e 随着荷载 p 增加而逐渐减小;土的压缩性质表现为

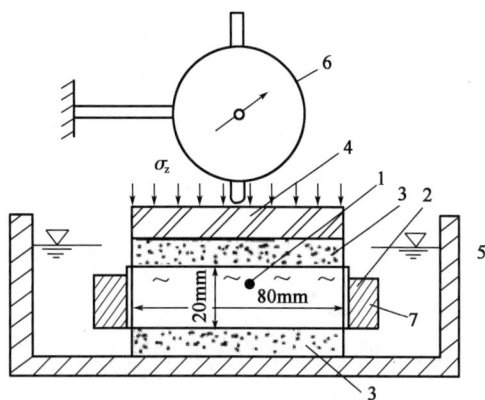

图 2-19 固结仪结构示意图
1-试件;2-环刀;3-透水石;4-传压板;5-水槽;6-百分表;7-内环

不同的土孔隙比 e 随着荷载 p 增加而逐渐减小的变化程度不同。

如果表示孔隙比 e 的纵坐标仍用普通坐标,而表示荷载 p 的横坐标改用对数坐标,所得的压缩曲线,称为 e-$\lg p$ 曲线,如图 2-20b)所示,它基本上是一条直线。压缩曲线 e-p 和 e-$\lg p$ 能够描述土体在侧限压缩试验条件下的压缩变形特征。

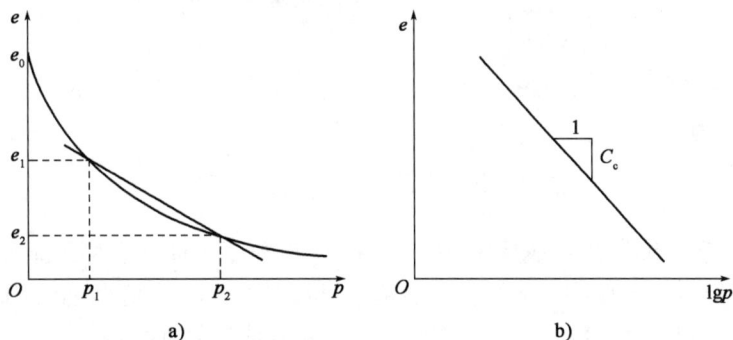

图 2-20 土的压缩曲线

2.4.2 土的压缩性指标

土的压缩性指标主要有压缩系数 α 和压缩指数 C_c、压缩模量 E_s 和变形模量 E。压缩系数 α、压缩模量 E_s 可通过室内固结试验获得;变形模量 E 可由现场荷载试验取得,而现场荷载试验较复杂,只在重要工程使用,这里不做介绍。

1. 压缩系数 α 和压缩指数 C_c

如图 2-20a)所示,e-P 曲线的割线斜率为

$$\alpha = \frac{-\Delta e}{\Delta p} = \frac{e_1 - e_2}{p_2 - p_1} \tag{2-29}$$

α 称为压缩系数,单位为 MPa^{-1}。Δe 前的负号表示孔隙比 e 随着荷载 p 增加而逐渐减小。

由 $e\text{-}p$ 曲线可知,压缩系数 α 不是一个常量,而是随荷载变化范围而变化。工程上常用荷载从 0.1MPa 变化到 0.2MPa 的系数 $\alpha_{1\text{-}2}$ 来评价各种土的压缩性,$\alpha_{1\text{-}2} \geqslant 0.5\text{MPa}^{-1}$ 的土称为高压缩性土,$\alpha_{1\text{-}2} < 0.1\text{MPa}^{-1}$ 的土称为低压缩性土,介于中间的土称为中压缩性土。

如图 2-20b)所示,$e\text{-}\lg p$ 曲线的割线斜率为

$$C_c = \frac{-\Delta e}{\Delta \lg p} = \frac{e_1 - e_2}{\lg p_2 - \lg p_1} \tag{2-30}$$

C_c 称为压缩指数,无因次量,它不随荷载变化范围而变化,是一个常量。

2. 压缩模量 E_s

压缩模量 E_s 是指土在侧限条件下,竖向应力增量与竖向应变增量之比,即

$$E_s = \frac{\Delta \sigma_z}{\Delta \varepsilon_z} \tag{2-31}$$

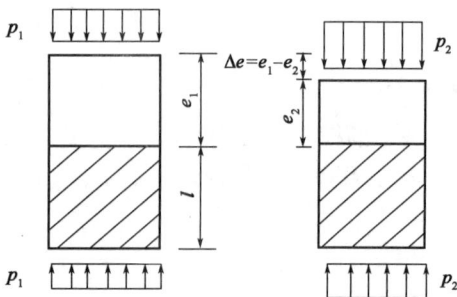

图 2-21　压缩变形前后的三相简化图

E_s 单位为 kPa 和 MPa。如图 2-21 所示,当作用于土样的荷载由 p_1 增加到 p_2 时,其相应的孔隙比由 e_1 减小到压缩稳定时的 e_2,而土颗粒体积无变化。设土颗粒体积 $V_s = 1.0$,由图 2-20 可知土样的竖向应力增量为

$$\Delta p = p_2 - p_1 \tag{2-32}$$

竖向应变增量为

$$\Delta \varepsilon_z = \frac{e_1 - e_2}{1 + e_1} \tag{2-33}$$

压缩模量 E_s 为

$$E_s = \frac{\Delta p}{\Delta \varepsilon_z} = \frac{p_2 - p_1 (1 + e_1)}{e_1 - e_2} = \frac{1 + e_1}{a} \tag{2-34}$$

压缩模量 E_s 和压缩系数 α 成反比,压缩模量 E_s 反映了土体在有侧限条件下抵抗压缩变形的能力。压缩模量 E_s 值越大,土的压缩性越小;压缩模量 E_s 值越小,土的压缩性越大。另外,压缩模量 E_s 值和压缩系数 α 一样,对同一种土也不是常数,而是随 p_1、p_2 取值范围变化。因此,将与压缩系数 $\alpha_{1\text{-}2}$ 相对应的压缩模量用 $E_{s(1\text{-}2)}$ 表示。

2.5　土的强度

2.5.1　土的抗剪强度

土的抗剪强度是指土体抵抗剪切破坏的极限能力。在实际工程中,与土的抗剪强度有关的问题主要有以下四个:一是土坡稳定性问题,包括土坝、路堤等人工填方土坡,山坡、河岸等天然土坡;挖方边坡等的稳定性问题,如图 2-22a)所示。二是土压力问题,包括挡土墙、地下

结构物等周围的土体对其产生的侧向压力可能导致这些构造物发生滑动或倾覆,如图 2-22b)所示。三是地基的承载力问题。外荷载过大,基础下面地基中的塑性变形区扩展成一个连续的滑动面,使得建筑物整体丧失稳定性,如图 2-22c)所示。四是深基坑支护的问题。若基坑支护体系不能起到挡土作用,基坑四周边坡失去稳定,基坑四周相邻建筑物、地下管线道路等安全性下降,在基坑土方开挖及地下工程施工期间,都会因土体的变形、沉陷、坍塌或位移而受到危害,如图 2-22d)所示。工程实践和室内试验都证实,土是由于受剪切力作用而产生破坏,剪切破坏是强度破坏的重要特点。

微课:土的
力学性质

a)路堤　　　　　b)挡土墙　　　　　c)基础　　　　　d)基坑

图 2-22　与土的抗剪强度有关的工程问题

1. 库仑定律

1776 年,法国科学家库仑根据直接剪切试验绘制抗剪强度曲线(图 2-23),以此提出砂土和黏性土的抗剪强度表达式:

砂土

$$\tau_f = \sigma \tan\varphi \tag{2-35}$$

黏性土

$$\tau_f = \sigma \tan\varphi + c \tag{2-36}$$

式中:τ_f——土的抗剪强度,kPa;

σ——作用在剪切面的法向压力,kPa;

φ——土的内摩擦角,(°);

c——土的黏聚力,kPa。

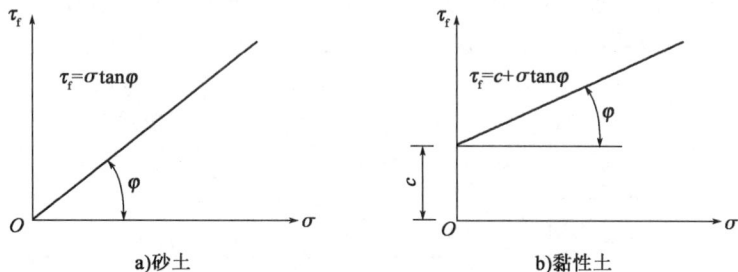

a)砂土　　　　　　　　　b)黏性土

图 2-23　抗剪强度曲线

式(2-35)和式(2-36)统称为库仑定律。其中 c 和 φ 是土的抗剪强度指标。c 和 φ 在一定条件下是常数,c、φ 的大小反映了土的抗剪强度的高低。

砂土的抗剪强度主要考虑土的内摩擦力,它主要是由于土粒之间的滑动摩擦以及凹凸面间的镶嵌作用所产生的摩擦力,其大小取决于土粒表面粗糙度、土的密实度以及颗粒级配等因素。黏性土的抗剪强度主要考虑土的内摩擦力和黏聚力。黏聚力是由土粒之间的胶结作用、结合水膜以及水分子引力作用等形成的,其大小与土的矿物组成和密实程度有关。

2. 莫尔-库仑理论破坏准则——极限平衡条件

极限平衡状态是指土体中某一点在任意平面上的剪应力达到土的抗剪强度。当土中某点可能发生剪切破坏面的位置已经确定时,只要算出作用于该面上的剪应力 τ 和正应力 σ,根据库仑定律 $\tau_f = \sigma\tan\varphi + c$,就可直接判别该点是否会发生剪切破坏:

(1)若 $\tau < \tau_f$,该点处于弹性平衡状态,不发生剪切破坏。

(2)若 $\tau = \tau_f$,该点处于极限平衡状态,即将发生剪切破坏。

但是,土中某点可能发生剪切破坏面的位置一般不能预先确定。该点往往处于复杂的应力状态,无法根据库仑定律直接判别该点是否会发生剪切破坏。这时,可根据抗剪强度直线与莫尔应力圆之间的关系,直接判别该点是否会发生剪切破坏。

在土体中取一单元体,该单元体作用有大主应力 σ_1 和小主应力 σ_2 时,其任意斜面上的正应力和剪应力的大小可用莫尔应力圆表示,其关系式为

$$\begin{cases} \sigma = \dfrac{1}{2}(\sigma_1 + \sigma_2) + \dfrac{1}{2}(\sigma_1 - \sigma_2)\cos 2\alpha \\ \tau = \dfrac{1}{2}(\sigma_1 - \sigma_2)\sin 2\alpha \end{cases} \tag{2-37}$$

由莫尔应力圆可知,圆周上的 A 点表示与水平线成 α 角的斜截面,A 点的坐标表示该斜截面上的剪应力 τ 和正应力 σ(图 2-24)。将抗剪强度直线与莫尔应力圆绘于同一直角坐标系上,如图 2-25 所示,可出现三种情况:

(1)库仑直线与应力圆相离,说明抗剪强度大于应力圆代表的单元体上各截面的剪应力,即各截面都不破坏,所以,该点处于弹性平衡状态。

(2)库仑直线与应力圆相切,说明抗剪强度恰好等于单元体上某一个截面的剪应力,而处于极限平衡状态,其余所有的截面的剪应力都小于抗剪强度,因此,该点处于极限平衡状态。

(3)库仑直线与应力圆相割,说明抗剪强度小于库仑直线上方的一段弧所代表的各截面的剪应力,即该点已有破坏面产生。事实上这种应力状态是不可能一直存在的,它是一个瞬间的状态,当这个状态被破坏后,土体会重新达到新的平衡。

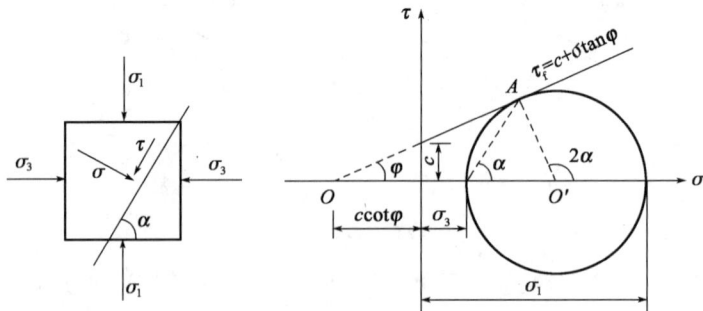

图 2-24 土中一点达极限平衡时的莫尔应力圆

根据极限应力圆与抗剪强度线之间的几何关系,可求得抗剪强度指标 c、σ 和主应力 σ_1、σ_3 之间的关系。由图 2-24 可知:

$$AO' = \frac{\sigma_1 - \sigma_3}{2}, OO' = \frac{\sigma_1 + \sigma_3}{2} + c\cot\varphi$$

$$(2\text{-}38)$$

由几何条件可以得出下列关系式：

$$\sin\varphi = \frac{\sigma_1 - \sigma_3}{\sigma_1 + \sigma_3 + c\cot\varphi} \qquad (2\text{-}39)$$

上式经三角变换后，得到如下极限平衡条件式：

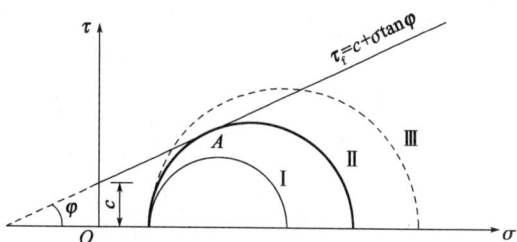

图2-25 莫尔应力圆与抗剪强度之间的关系

$$\sigma_1 = \sigma_3 \tan^2\left(45° + \frac{\varphi}{2}\right) + 2c\tan\left(45° + \frac{\varphi}{2}\right) \qquad (2\text{-}40)$$

或

$$\sigma_3 = \sigma_1 \tan^2\left(45° - \frac{\varphi}{2}\right) - 2c\tan\left(45° - \frac{\varphi}{2}\right) \qquad (2\text{-}41)$$

由图中的几何关系可知，土体的破坏面(剪破面)与大主应力作用面的夹角 α 为

$$2\alpha = 90° + \varphi \quad 即 \quad \alpha = 45° + \frac{\varphi}{2}$$

式(2-40)、式(2-41)是验算土体中某点是否达到极限平衡状态的判断式，也是表示 c、φ、σ_1、σ_3 之间关系的关系式，在地基稳定计算和土压力计算中都要用到。

【例2-4】 某项目第7合同段土层的抗剪强度指标为 $\varphi = 20°$，$c = 20$kPa，其中某一点的大主应力 $\sigma_1 = 300$kPa，小主应力 $\sigma_3 = 120$kPa。问：该点是否破坏？

【解】 用 σ_1 判别。

将 $\sigma_3 = 120$kPa 代入式(2-40)得

$$\sigma_1' = 120\tan^2\left(45° + \frac{20°}{2}\right) + 2 \times 20\tan\left(45° + \frac{20°}{2}\right)$$

$$= 301.8(\text{kPa}) > \sigma_1 = 300\text{kPa}$$

因此，该点稳定。

3. 土的抗剪强度指标的测定

土的抗剪强度指标的测定可分为室内试验和现场试验两大类，室内试验有直剪试验、三轴剪切试验、无侧限压缩试验等试验方法，现场试验主要有十字板剪试验。长期以来，直剪试验和三轴剪切试验应用比较广泛。

(1)直剪试验。

直剪仪如图2-26a)所示，试验时，将上下盒对正后放入销钉固定，依次放入透水石、土样、透水石及传压板，试样尺寸与侧限压缩试验一样，高为2cm，截面积为30cm²。向传压板施加中心竖向力 P，则试样所受竖向应力 $\sigma = P/A$(A 为试样上施加水平剪应力的横截面积)。拔掉销钉向下盒施加水平推力，与上盒相接触的量力环可测得水平推力 T，则加于试样的剪应力 $\tau = T/A$。图2-26b)所示为剪切中试样的剪切变形分布。

a)直剪仪剪切盒示意图   b)试样中的剪切变形示意图

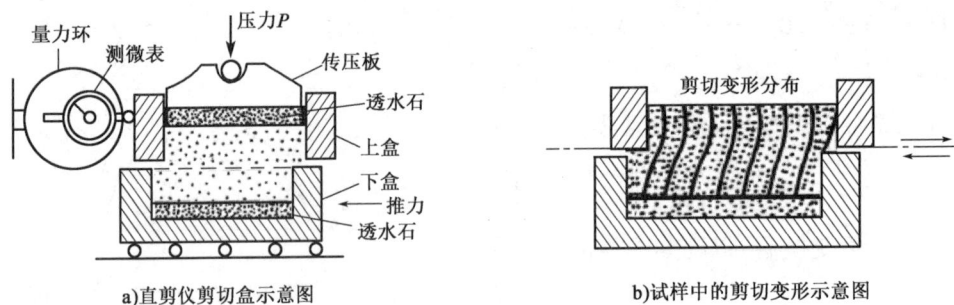

图 2-26 直剪仪示意图

图 2-27 抗剪强度包线

一组试验通常需采用 4 个试样,对每个试样施加不同的竖向应力 σ, σ 值的选择宜考虑工程实际应力变化范围,一般工程,常用 100kPa、200kPa、300kPa、400kPa,然后对每一个试样固定的剪切速率逐渐增加剪应力 τ,并测定试样破坏时的剪应力 τ_f (通过测定应力环的变形量所得)。这样每剪破一个试样便得到一组数据 (σ, τ_f),剪破 4 个试样则得 4 组数据。把这一系列数据点在 τ_f-P 坐标系中,如图 2-27 所示,可见各试验点基本成一直线,此线称为抗剪强度包线。抗剪强度包线在纵轴上的截距 c 称为黏聚力,单位为 kPa;与横轴夹角 φ 称为内摩擦角。这样,抗剪强度 τ_f 便可表示为

$$\tau_f = \sigma \tan\varphi + c \tag{2-42}$$

此式即为抗剪强度定律,也称库仑定律,c、φ 称为土的抗剪强度指标。

①快剪。

将 4 个试样分别放入剪切盒,试样上下放塑料片。对各试样施加不同的竖向应力 σ,如 100kPa、200kPa、300kPa、400kPa。施加应力 σ 后,应立即较快地施加剪应力,使试样控制在3~5min 内剪破。将所得的抗剪强度 τ_f 对应各自的 σ 的值绘制在 τ_f-σ 坐标系中,于是得到快剪强度包线及快剪强度指标 c_q、φ_q。

加载 σ 后立即剪切,目的在于使试样不产生固结;剪切过程控制在 3~5min 内,目的在于使试样在剪切过程中不排水。由于直剪仪不能密封,尽管进行快剪试验时试样上下都加塑料片阻碍排水,但塑料片与上下盒的缝隙中以及上下盒之间的剪切缝中都可能有一定程度的排水,只有对于低渗透性黏性土(渗透系数 $k < 10^{-6}$ cm/s),这种排水作用才不至于对试验结果造成显著影响。

②固结快剪。

采 4 个试样,分别放入剪切盒,试样上下放滤纸。对各试样施加不同的竖向应力 σ 值,如 100kPa、200kPa、300kPa、400kPa。施加应力 σ,待试样固结稳定,通常等待 24h,然后较快地施加剪应力,控制在 3~5min 内剪破。将所得的抗剪强度 τ_f 对应各自的 σ 值绘制在 τ_f-σ 坐标系中,于是得到固结快剪强度包线及固结快剪强度指标 c_{cq}、φ_{cq}。

固结快剪试验中,施加应力 σ 后等待 24h,目的在于给予试样固结稳定充分的时间,使施

加的应力转化为有效应力。而剪切时较快地施加剪应力,目的在于使试样不排水。由于直剪仪不能密封,剪切过程控制在 3~5min 内,仍有少量排水,对试验结果有一定影响。

③慢剪。

切样、装样及施加荷载同固结快剪一样,也要待试样在竖向应力作用下固结稳定后再开始剪切。慢剪与固结快剪的差别在于:慢剪试验时施加剪应力很慢,一般要持续几个小时。将测得的抗剪强度 τ_f 对应的 σ 值绘制在 τ_f-σ 坐标系中,于是得到慢剪强度包线及慢剪强度指标 c_s、φ_s。慢剪试验中,缓慢施加剪应力的目的在于使试样能充分排水。

(2)三轴剪切试验。

三轴剪切试验比直接剪切试验完善,其优点是能比较严格地控制排水条件,并能测定试样的孔隙水压力变化,受力条件比较符合工程实际,没有人为地限定破裂面,破裂面是实际受力破坏面,试验结果较为准确。其缺点是仪器的结构复杂,试样制备、试验操作比较烦琐,费用较高。因此该方法广泛应用于重大工程和土工科研工作,而一般工程用得不多。

三轴剪切仪主要由压力室、加压系统和量测系统三大部分组成。三轴剪切仪的压力室如图 2-28 所示,它是一个由金属顶盖、底座和透明有机玻璃圆管组成的密闭容器。试验时,先将圆柱形土样装入乳胶膜,将它放入透明、密闭的压力室,然后通过底座中的阀门 A,向压力室内压入水,使试样三个轴向受到相同的压力 σ_3,此时土样没有剪应力,再通过活塞座施加竖向压力 q,使土样中产生剪应力。在固定 σ_3 作用的情况下,不断增大 q,直至土样剪破。根据最大主应力 $\sigma_1 = \sigma_3 + q$ 和最小主应力 σ_3,可绘出一个极限应力圆。取 3 到 5 个相同土样,在不同的周围压力 σ_3 下进行剪切破坏,可得到相应的 σ_1,便可绘出几个极限应力圆,这些极限应力圆的公切线,即该土样的抗剪强度线(图 2-29)。由此得出 c、φ 值。

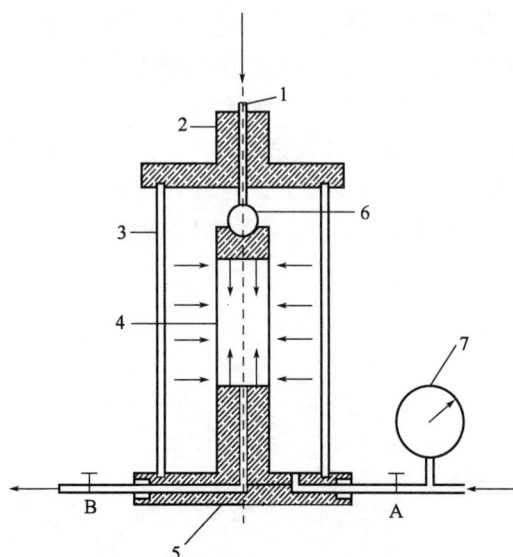

图 2-28 三轴剪切仪压力室示意图
1-竖向加荷活塞;2-顶盖;3-有机玻璃圆筒;4-乳胶膜;
5-底座;6-活塞座;7-压力表

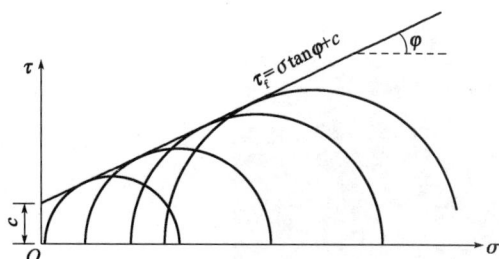

图 2-29 三轴剪切试验成果图

试验排水条件的不同,对应于直接剪切试验的快剪、固结快剪和慢剪试验,三轴剪切试验也可分为不固结不排水(UU)、固结不排水(CU 或 $\overline{CU}$)和固结排水(CD)三种试验方法。不固结不排水试验是在试样施加周围压力 σ_3 和 q 时始终关闭 B 阀,不让试样排水。固结不排水试验是在施加周围压力 σ_3 时,打开 B 阀,让试样充分排水固结;然后关闭 B 阀,逐级增大 q,使试样剪破。固结排水试验则是在试验时,始终打开阀门 B,让试样自由排水。不固结不排水试验和固结不排水试验还可测出试样中产生的孔隙水压力 u,因而可以求出土的有效应力抗剪强度指标 c'、φ',这种方法称为有效应力法。

交流与讨论

由于抗剪强度机理的复杂性,不能给 c、φ 赋予明确的物理意义,只能把 c、φ 看成强度包线的两个数学参数。不能把 $\tau_f = \sigma\tan\varphi + c$ 中的 $\sigma\tan\varphi$ 看作由摩擦力构成,把 c 看作由黏聚力构成,但可以在数值上把抗剪强度分为两部分,即 $\sigma\tan\varphi$ 与 c。土的抗剪强度指标 c、φ 为常量,但是该指标实际上也将随着试验设备和试验方法的变化而变化。

土的抗剪强度 τ_f 并非定值,而是随着竖向压力的变化而变化,这一点使土与其他固体材料,如钢筋、混凝土等材料,其强度为定值,相比存在很大区别。

2.5.2 土的承载比

承载比试验是由美国加州公路局于 20 世纪 30 年代初首先提出来的,简称 CBR 试验,是用来检验公路路基在不利状态下的承载能力的测定方法。

国内 CBR 是路基土的强度指标,也是路基施工规范中一项力学指标。所谓 CBR 值,是指试样贯入量达 2.5mm 或 5mm 时,单位压力对标准碎石压入相同贯入量时标准荷载强度的比值。所用的仪器是 CBR 强度仪,如图 2-30 所示。

采用风干试样,按四分法备料。先按击实试验求得试样的最佳含水率后,再按此最佳含水率制备所需试件。常制备三种干密度试件,如每种干密度需要 3 个平行试验,则共制备 9 个试件。每层击数分别为 30 次、50 次、98 次,使试件的干密度从低于 95% 到等于 100% 的最大干密度。

试验时,因模拟材料在使用过程中处于最不利状态,所以试件需泡水试验。在一般情况下,9 个试件需泡水 4 昼夜,将泡水试验终了的试件放在 CBR 强度仪上进行贯入试验,可得单位压力 P 与贯入量 l 的关系曲线,如图 2-31 所示。通过单位压力 P 与贯入量 l 的关系曲线,可得三种试件干密度的 CBR 值。

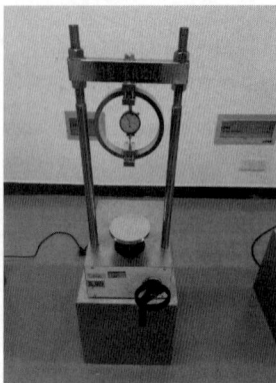

图 2-30 CBR 强度仪

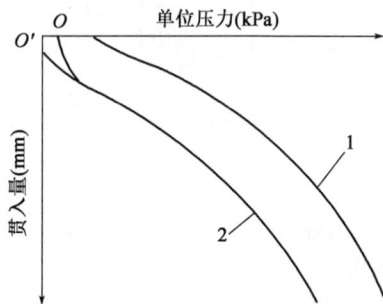

图 2-31 单位压力与贯入量的关系曲线图

最后通过 CBR 值与标准击实试验对照记录图(图 2-32)可得不同的压实度所对应的 CBR 值。

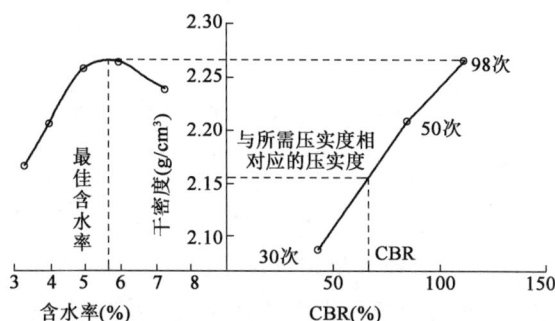

图 2-32 对应于所需压实度的 CBR 求取方法

2.6 土的工程分类

土的工程分类是把工程性质相近的土划分为一类,以区别于另一些土类,使工程人员对各类土有共同的概念,便于技术交流。土的工程分类的依据应是极简单的一些特征指标,这些特征指标的测定应是简便的。在土的工程分类中最常用的指标是粒度成分和反映塑性的指标。

对于土质分类,总体看来,国内外的分类依据趋于一致,分类法标准也都大同小异。一般原则是:粗粒土按粒度成分及级配特征划分;细粒土按塑性指数和液限,即塑限图法划分;有机土和特殊土则分别单独各列一类。对定出的土名给出明确含义的文字符号,见表 2-10。

土分类用的符号和含义 表 2-10

土名	巨粒土	粗粒土	细粒土	有机质土	混合土
成分	B 漂石 Cb 卵石	G 砾石 S 砂	F 细粒土 M 粉土 C 黏性土	O 有机土	SI 混合土
级配和液限		W 级配良好 P 级配不良	H 高液限 L 低液限		

2.6.1 《公路桥涵地基与基础设计规范》(JTG 3363—2019)分类法

《公路桥涵地基与基础设计规范》(JTG 3363—2019)中的分类法(图 2-33)与《水运工程岩土勘察规范》(JTS 133—2013)以及《建筑地基基础设计规范》(GB 50007—2011)中的分类法相似,将地基土(岩)分为岩石、碎石土、砂土、粉土、黏性土和特殊性岩土六大类(图 2-33)。在此介绍除了岩石以外的土的工程分类。

具体的分类方法见附录 I -3。

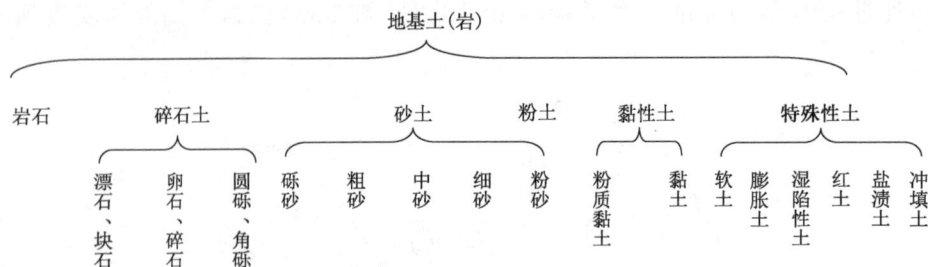

图 2-33 《公路桥涵地基与基础设计规范》(JTG 3363—2019)分类体系

碎石土是指粒径大于 2mm 的颗粒含量超过总质量的 50% 的土。砂土是指粒径大于 2mm 的颗粒含量不超过总质量的 50%,但粒径大于 0.075mm 的颗粒超过总质量的 50% 的土。黏性土是指塑性指数 I_P 大于 10 的土。粉土的性质介于砂土与黏性土之间,塑性指数 $I_P \le 10$ 且粒径大于 0.075mm 的颗粒不超过总质量的 50% 的土。

人工填土是指人类活动而形成的堆积物,其物质成分较杂乱,均匀性较差。根据组成和成因,其可分为素填土、压实填土、杂填土和冲积填土。

素填土为由碎石土、砂土、粉土、黏性土等组成的填土。经过压实或夯实的素填土为压实填土。杂填土为含有建筑垃圾、工业废料、生活垃圾等杂物的填土。冲填土是由水力冲填泥沙形成的填土。

淤泥为在静水或缓慢流水环境中沉积,并经生物化学作用形成,其天然含水率大于缩限、天然孔隙比大于或等于 1.5 的黏性土;天然含水率大于缩限而天然孔隙比小于 1.5 但大于 1 的黏性土或粉土为淤泥质土。

2.6.2 《公路土工试验规程》(JTG 3430—2020)分类法

我国公路试验规程、水运和铁路试验规程基本上已统一,和《土的工程分类标准(附条文说明)》(GB/J 50145—2007)采用土的统一分类法。该分类方法的要点如下:

(1)判断是有机土还是无机土。

(2)对于无机土,按图 1-2 将土区分为巨粒类土、粗粒类土和细粒土后再进行分类。按图 1-2 先确定是否为巨粒类土;如不属于巨粒类土,试样中粗粒组质量大于总质量 50% 的土划分为粗粒类土;在粗粒类土中质量大于总质量 50% 的土划分为砾类土;砾粒组质量小于或等于总质量 50% 的土划分为砂类土。

(3)对于巨粒类土和粗粒类土中的砾类土和砂类土的详细定见表 2-11。

巨粒类土和粗粒类土的分类表 表 2-11

粒组	土类	粒组含量		土类代号	土类名称
巨粒类土	漂(卵)石	巨粒土含量 >75%	漂石粒含量大于卵石粒含量	B	漂石(块石)
			漂石粒含量不大于卵石粒含量	Cb	卵石(碎石)
	漂(卵)石夹土	50% <巨粒土含量≤75%	漂石粒含量大于卵石粒含量	BSl	漂石夹土(块石)
			漂石粒含量不大于卵石粒含量	CbSl	卵石夹土(小块石)
	漂(卵)石质土	15% <巨粒土含量≤50%	漂石粒含量大于卵石粒含量	SlB	漂石(块石)质土
			漂石粒含量不大于卵石粒含量	SlCb	卵石(小块石)质土

粒组	土类	粒组含量		土类代号	土类名称
粗粒类土中的砾类土	砾	细粒土含量≤5%	级配:C_u≥5 且 C_c = 1~3	GW	级配良好砾
			级配:不同时满足上述要求	GP	级配不良砾
	含细粒土砾	5% <细粒土含量≤15%		GF	含细粒土砾
	细粒土质砾	15% <细粒土含量≤50%	细粒土在塑性图 A 线或 A 线以上	GC	黏土质砾
			细粒土在塑性图 A 线以下	GM	粉土质砾
粗粒类土中的砂类土	砂	细粒土含量≤5%	级配:C_u≥5 且 C_c = 1~3	SW	级配良好砂
			级配:不同时满足上述要求	SP	级配不良砂
	含细粒土砂	5% <细粒土含量≤15%		SF	含细粒土砂
	细粒土质砂	15% <细粒土含量≤50%	细粒土在塑性图 A 线或 A 线以上	SC	黏土质砂
			细粒土在塑性图 A 线以下	SM	粉土质砂

注:巨粒组土粒质量≤总质量的15%且巨粒组含量与粗粒组含量之和 >总质量的50% 称为粗粒土,粗粒土中砾粒组质量 >砂粒组质量的土称为砾类土,粗粒中砾粒组质量≤砂粒组质量的土称为砂类土;细粒组土粒含量≥总质量的50% 称为细粒土。

(4)细粒土则根据图 2-34 所示的塑性图进行分类。在以塑性指数 I_P 为纵坐标,以液限 w_L 为横坐标的坐标平面上,用 A、B 线划分为四个区域,每个区域有两种土类,构成塑性图。塑性图中 A 线是一条折线,其斜线方程为 $I_P = 0.73(w_L - 20)$,在约 $w_L = 30\%$ 处与 $I_P = 7$ 的水平线相交,B 线为 $w_L = 50\%$ 的竖直线。细粒土的定名及定名区域见表 2-12。$I_P = 4 \sim 7$ 之间为黏土至粉土的过渡区之间的土,可以按相邻土层的类别考虑细分。

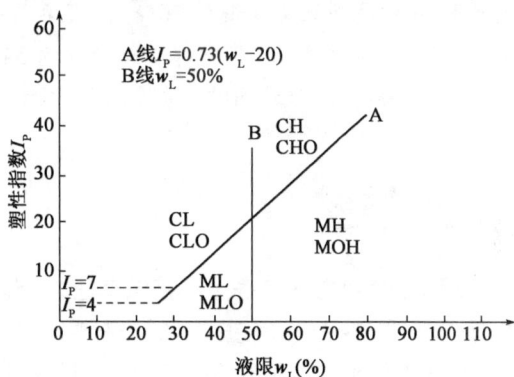

图 2-34 塑性图

细粒土的分类　　　　　　　　　　　　表 2-12

土的塑性指数在塑性图的位置		土类代号	土类名称
塑性指数 I_P	液限 w_L		
I_P ≥0.73(w_L -20) 和 I_P ≥7	w_L ≥50%	CH	高液限黏土
	w_L <50%	CL	低液限黏土
I_P <0.73(w_L -20) 和 I_P <4	w_L ≥50%	MH	高液限粉土
	w_L <50%	ML	低液限粉土

【例2-5】 某项目第 7 合同段 A、B、C 三种土样颗粒分析结果见表 2-13,试按《公路土工试验规程》(JTG 3430—2020)定名。

粒径 d_i (mm)	粒径小于或等于 d_i 的颗粒累计百分含量 p_i(%)		
	土样 A	土样 B	土样 C
10	—	100.0	
5	100.0	80.3	
2	95.6	45.6	100.0
1	90.3	40.1	90.5
0.50	74.1	29.5	82.4
0.25	29.5	10.5	67.2
0.075	—	8.6	52.0
0.002	—	—	41.0
<0.002	—	—	38.1

A、B、C 三种土样颗粒分析结果 表 2-13

【解】 对照图 1-2、表 2-10,三个土样中均无巨粒组,土样 A 中无细粒组含量,全部为粗粒组含量,且砂粒粒组含量超过 50%,应定名为砂类土;土样 B 细粒土含量为 8.6%,粗粒土含量为 91.4%,属粗粒类土,其中砾类组含量为 54.4%,大于砂类组质量,应定名为砾类土;土样 C 中细粒粒组含量已超过 50%,故定名细粒土。

交流与讨论

实际工程的勘察报告中使用具体土名,如卵石、粗砂、粉土、黏性土、素填土等,较少用土类名,如碎石土、砂土、黏性土、人工填土等。实用中应注意它们之间的联系和区别。注意,不同的工程分类标准定名的结果有所不同,详细见附录 I-1 《土的工程分类标准(附条文说明)》(GB/T 50145—2007)分类法(节选)、附录 I-2《岩土工程勘察规范(2009 年版)》(GB 50021—2001)土的分类法(节选)、附录 I-3《公路桥涵地基与基础设计规范》(JTG 3363—2019)地基岩土分类(节选)、附录 I-4《铁路工程岩土分类标准》(TB 10077—2019)土的分类法(节选)、附录 I-5《建筑地基基础设计规范》(GB 50007—2011)土的分类法(节选)、附录 I-6《水运工程岩土勘察规范》(JTS 133—2013)土的分类及土描述(节选)。

课后思考题

[2-1] 土的物理性质指标有哪些?哪些可以直接测定?哪些通过换算求得?各有何实际意义?

[2-2] 何谓最佳含水率?影响填土压实效果的主要因素有哪些?

[2-3] 何谓土的抗剪强度?在实际工程中,与土的抗剪强度有关的因素有哪些?

[2-4] 土的抗剪强度指标 c 与 φ 值如何确定?

[2-5] 地基土分类的依据是什么?为什么颗粒组成和塑性指数可以作为土分类的

依据？

📝 课后练习题

[2-1]　在某一土层取样，环刀的容积为 $100cm^3$，经测定，土样的质量为 190.1g，烘干后质量为 156.3g，土粒相对密度为 2.70，问：该土样的含水率、天然密度、饱和重度、浮重度、干重度各是多少？

（答案：$w=21.6\%$、$\rho=1.90g/cm^3$、$\gamma_{sat}=19.8kN/m^3$、$\gamma'=9.8kN/m^3$、$\gamma_d=15.6kN/m^3$）

[2-2]　经勘测某土料场埋藏土料 $300000m^3$，其天然孔隙比 $e_1=1.25$，问：这些土样可填筑成孔隙比 $e_2=0.75$ 的路基多少立方米？

（答案：$220000m^3$）

[2-3]　从 A、B 两处黏性土取土样做界限含水率试验，两处土样液限、塑限相同，$w_L=45\%$，$w_P=20\%$。但是 A 处的天然含水率 $w=55\%$，而 B 处的天然含水率 $w=25\%$，问：A、B 两处的塑性指数 I_L 各为多少？各处何种状态？作为地基哪一处较好？为什么？

（答案：A 处：$I_L=1.4$，B 处：$I_L=0.2$；A 处为流塑状态，B 处为硬塑状态；选 B 处作为地基，因为硬塑状态土的工程性质比流塑状态土的工程性质好。）

[2-4]　地基中某点的大主应力为 250kPa，小主应力为 100kPa，已知土的内摩擦角 $\varphi=20^0$，黏聚力 $c=25kPa$，问：该点是否破坏？

（答案：该点稳定）

[2-5]　用塑性图为表 2-14 给出的三种土样定名。

课后练习题[2-5]数据表　　　　　　　　　　　表 2-14

土样号	$w_L(\%)$	$w_P(\%)$	土的定名
1	35	20	
2	12	5	
3	75	30	

（答案：土样号 1、土样号 2 的定名为低液限黏土；土样号 3 的定名为高液限黏土。）

模块3

地基中的应力计算

📖 学习目标

1. 理解土中的有效应力、自重应力、基底应力的分布及计算原理;
2. 理解地基附加应力的计算原理;
3. 计算土中自重应力、基底附加应力、地基附加应力。

◎ 工程背景引入

某项目第7合同段根据实地各项调查,由于地基中自重应力、附加应力影响,有些地段路基出现了较大沉降变形,进而造成路面纵、横向开裂等问题;桥涵结构物地基及路基沉陷,导致结构物两侧沉降不均,产生桥头跳车现象。通知相关单位计算变形路段的路基及桥涵结物地基中的自重应力和附加应力,以便采取相应措施。

【启发思考】 从"工程背景引入"资料中可知第7合同段路基、桥涵结构物出现沉降变形,为什么工程中路基、结构物会出现沉降变形? 工程实践中如何避免沉降变形? 实际上,地基中的应力计算是路基、结构物变形的基础。

【重点点拨】 本模块详细介绍了土中的有效应力的概念及其原理,土中自重应力、基底压应力、基底附加应力、地基附加应力等地基应力的计算方法。

3.1 土中的有效应力

3.1.1 土中的有效应力的概念

饱和土可以把土体区分为土骨架与孔隙水两个体系。土骨架是指土的固体颗粒、结合水及其他胶结物质的总和,孔隙水是指土孔隙中的自由水。其中孔隙水作为土体成分的一部分,其传递的孔隙水压力(孔隙水压力是孔隙水中一点单位面积上传递的力)也应当是土体应力的一部分,但研究表明,直接与土的变形、强度相联系的是通过颗粒接触点传递的力,称为有效应力。

图 3-1 所示为一水槽,水处于静止状态,底板有 3 颗土粒,处于平衡状态。当水位缓缓提高一定高度时,则孔隙水压力增加相应数值,而对每个土粒都只是增加一个各向均等压力,不改变颗粒接触点处所传递的力,土粒的平衡状态也不改变,即使水位上升得再高也是这样。相反,如果直接向土颗粒施加一个即使很小的力,此力通过接触点向下传递,也可能推开下面的土粒,使中间的土粒掉下来,改变土粒的平衡状态。可见,应当对通过接触点传递的力——有效应力给予特别的重视。

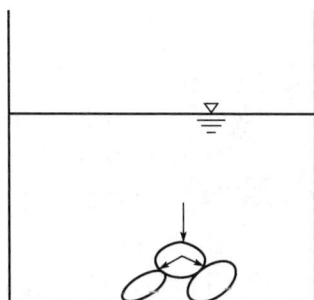

图 3-1　水中的土颗粒

3.1.2　土中的有效应力原理

如图 3-2 所示,在饱和土体中的某点切取一水平截面 a-a,取其面积为 A,作用于 A 上的应力 σ,由自重应力、静水压力及外荷载 P 所产生的附加应力组成,称为总应力。

如图 3-2 所示,沿 b-b 截面取脱离体,b-b 截面是沿着土颗粒间接触面间的作用法向应力 σ_s,各土颗粒间接触面积之和为 A_s,孔隙水压力 u,其相应的面积为 A_w。根据土体的平衡条件,建立平衡方程:

图 3-2　有效应力原理

$$\sigma A = \sigma_s A_s + u A_w = \sigma_s A_s + u(A - A_s) \tag{3-1}$$

或

$$\sigma = \frac{\sigma_s A_s}{A} + u\left(1 - \frac{A_s}{A}\right) \tag{3-2}$$

式(3-2)中第一项 $\sigma_s A_s/A$ 是土颗粒间的接触压力在截面积上的平均应力,称为土的有效应力 σ'。由于土颗粒间的接触面积 A_s 是很小的,式(3-2)中第二项 A_s/A 可略去不计,于是有

$$\sigma = \sigma' + u \tag{3-3}$$

或

$$\sigma' = \sigma - u \tag{3-4}$$

式(3-3)就是太沙基提出的著名的饱和土有效应力原理的表达式。

有效应力原理有两方面含义:其一,饱和土中任何一点、任何时刻、任何方向截面上的有效应力 σ' 等于该截面上的总应力 σ 与该点孔隙水压力 u 之差,这一点已由式(3-3)直接说明;其二,土体的变形和强度都和有效应力(而不是与总应力)有直接联系,这一点以后章节再作说明。

3.2 土中的自重应力

自重应力是由土的自身重力引起的应力。对于长期形成的天然土层,土体在自重应力的作用下,其沉降早已稳定,不产生新的变形。对于人工填土(土层的自然状态遭到破坏时),土体在自重应力的作用下,有可能产生新的变形或丧失稳定性。在计算自重应力时,假定土体为半无限土体,即土体的表面尺寸和深度都无限大。由此可以得知,在均匀土体中,土中某点的自重应力将只与该点的深度有关。土中自重应力是矢量,本节主要讨论在实际应用中常用到的竖向应力的计算方法。

微课:土中自重
应力的计算

3.2.1 土中自重应力的计算

如图 3-3 所示,设土中某点 M 距离地面的深度为 h,土的重度为 γ,求作用于 M 点上竖向自重应力 σ_{cz}。可在过点 M 平面上取一截面积 ΔS,然后以 ΔS 为底,截取高为 h 的土柱体为半无限体,土柱的 4 个竖直面均是对称面,而对称面上不存在剪应力作用,因此作用在 ΔS 的压力就等于该土柱的重力,即 $\gamma h \Delta S$,于是 M 点的竖向自重应力为

$$\sigma_{cz} = \frac{\gamma h \Delta S}{\Delta S} = \gamma h \tag{3-5}$$

式中:σ_{cz}——土中某点的自重应力,kPa;

γ——土的重度,kN/m^3;

h——计算点到地面距离,m。

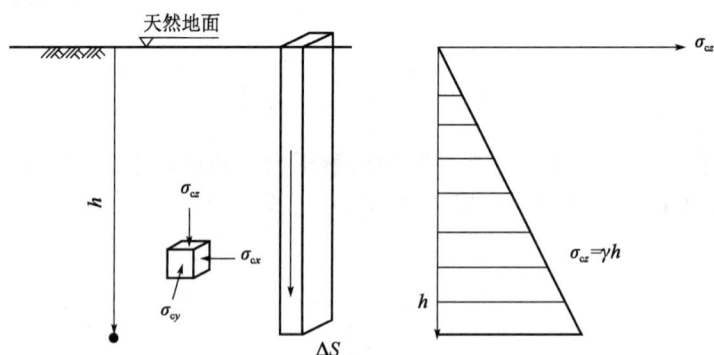

图 3-3 土中自重应力分析

3.2.2 成层土自重应力的计算

对于多层土的情况,当地基由不同重度的多层土组成时(图 3-4),各土层地面上的竖向自重应力为

$$\begin{cases} \sigma_{c1} = \gamma_1 h_1 \\ \sigma_{c2} = \gamma h_1 + \gamma_2 h_2 \\ \quad\quad\vdots \\ \sigma_{ci} = \sum_{i=1}^{n} \gamma_i h_i \end{cases} \quad (3\text{-}6)$$

式中：σ_{c1}，σ_{c2}，…，σ_{ci}——第一层、第二层……
第 i 层土中某点的自
重应力，kPa；

γ_1，γ_2，…，γ_i——第一层、第二层……
第 i 层土的重度，
kN/m³；

h_1，h_2，…，h_i——第一层、第二层……第 i 层土的厚度，m。

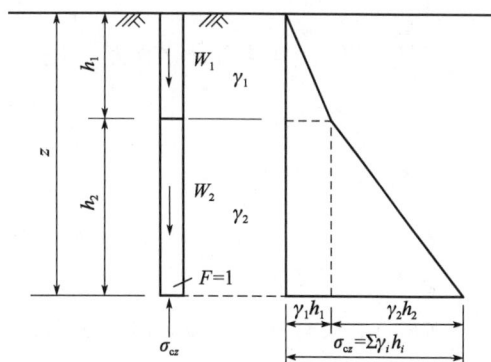

图 3-4 成层土的自重应力分布

3.2.3 有地下水时土中自重应力的计算

在地下水位或浸润线以下的土层(图 3-5)，若土为透水性如砂、碎石类或液限指数 $I_L \geq 1$ 的黏性土等，应考虑水的浮力作用，公式中 γ 要用浮重度或有效重度；若土为非透水性如 $I_L < 1$ 的黏性土、$I_L < 0.5$ 的亚黏性土、亚砂土或致密岩石等，可不考虑水的浮力的作用，而采用天然重度或饱和重度。计算土体的自重应力时，可将水位面作为一个土层。有地下水自重应力为

$$\begin{cases} \sigma_{c1} = \gamma_1 h_1 \\ \sigma_{c2} = \gamma_1 h_1 + \gamma_2' h_2 \end{cases} \quad (3\text{-}7)$$

式中：σ_{c1}、σ_{c2}——第一层、第二层土中某点的自重
应力，kPa；

γ_1——第一层土的重度，kN/m³；

γ_2——第二层透水性土的浮重度或有效重度，kN/m³；

h_1、h_2——第一层、第二层土的厚度，m。

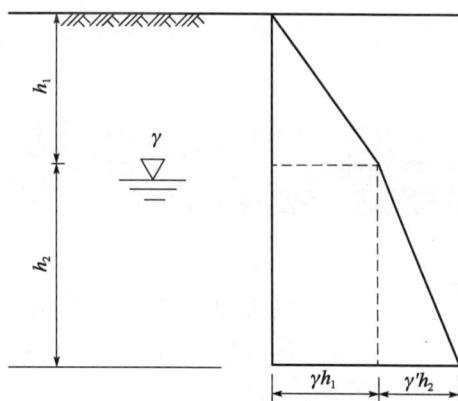

图 3-5 水下土的自重应力分布

【例 3-1】 某工程地基的土层分布、地下水位及各层土的天然重度 γ 如图 3-6 所示。试计算并绘制出地基的竖向自重应力 σ_{cz} 及分布图。

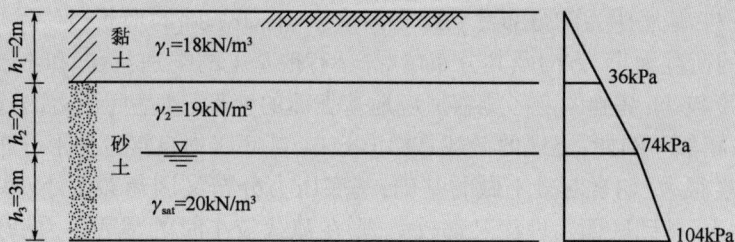

图 3-6 【例 3-1】图

【解】 (1)计算竖向自重应力。

$$\sigma_{c0} = 0(\text{kPa})$$
$$\sigma_{c1} = \gamma_1 h_1 = 18 \times 2 = 36(\text{kPa})$$
$$\sigma_{c2} = \sigma_{c1} + \gamma_2 h_2 = 36 + 19 \times 2 = 74(\text{kPa})$$
$$\sigma_{c3} = \sigma_{c2} + \gamma'_3 h_3 = 74 + (20 - 10) \times 3 = 104(\text{kPa})$$

(2)绘出 σ_{cz} 分布图。

地基的竖向自重应力分布图如图 3-6 所示。

交流与讨论

竖向自重应力的分布特点是越深处自重应力数值越大;相同重度的土层内呈直线分布;直线的斜率即该土层的重度;水上为天然重度,水下如为透水性土为浮重度,如为非透水性土为天然重度;分布图在土层分界面或地下水位处因斜率改变有转折。

3.3 基底应力

基底应力为基底压力和基底附加应力。基底压力是外加荷载、上部结构和基础的全部重量,通过基础传递给地基,在基础与地基的接触面处产生的有效接触应力。使地基产生附加变形的基底压力为基底附加应力。

3.3.1 基底压力

基底压力作用于地基表面,根据作用力与反作用力的原理,地基对基础所产生的反作用称为地基反力。地基反力与基底压力大小相等、方向相反,土力学有时以地基反力来表达基底压力。基底压力用于验算地基承载力、地基附加应力和地基变形量,而地基反力是基础结构设计的荷载。

微课:基底压力
分布与计算

1. 基底压力分布

基底压力的分布受到很多因素影响,如基础的形状、尺寸,埋置深度,基础刚度,基础所受的荷载大小、方向及其分布情况,还有地基土的类别、状态和土层结构等。

(1)基础刚度较小,基础的变形能够适应地基表面的变形,则基底压力的分布和作用在基础上的荷载分布相似。例如,土堤的荷载是梯形分布,基底压力也接近梯形分布。

(2)基础刚度很大,如素混凝土做的基础,基底压力分布又因荷载大小、基础埋深及土类而不同。若为砂土,基础底面与埋深又都较小,则在荷载较小时的基底压力呈抛物线分布,如图 3-7a)中实线所示。若荷载继续加大,基底压力则趋近三角形分布,如图 3-7a)中的虚线所示。

如果基底面积和埋深都较大,则在各种土类及荷载之下,基底压力都呈马鞍形分布,如图 3-7b)中的实线所示。若埋深继续增大,基底压力则趋于均匀分布,如图 3-7b)中虚线所示。

对于刚性较大的基础,影响基底压力分布的因素较多。若按上述情况计算地基中的附加应

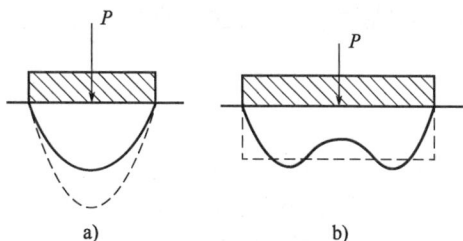

图 3-7 基底压力分布

力,将使计算变得非常复杂。试验表明,在荷载合力大小和作用点不变的前提下,基底压力分布形状对地基附加应力分布的影响,在超过一定深度后就不显著了。由此,在实际计算中,基底压力通常按简化的方法即直线分布进行计算。刚性基础底面压力分布如图 3-8 所示。

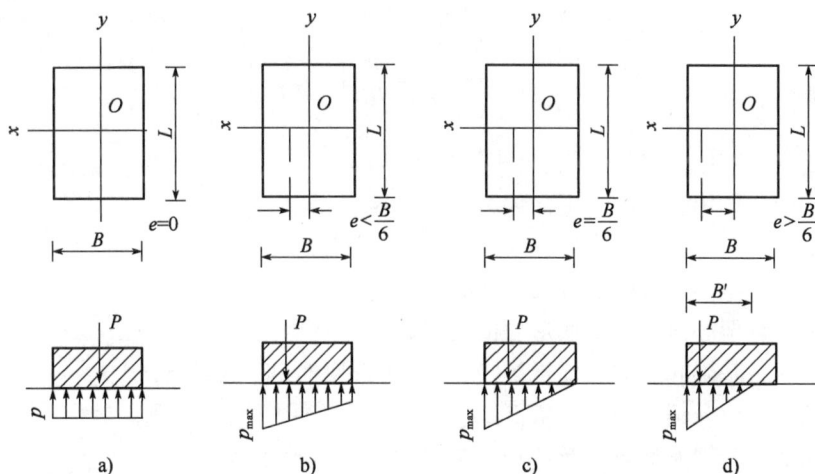

图 3-8 简化的基底压力分布

2. 刚性基础基底压力计算

当假定刚性基础底面的压力呈直线分布时(图 3-8),即可按材料力学公式计算基底压力,具体分为以下两种情况。

(1)基础受竖直中心荷载作用时。

①矩形基础。

基底压力是均匀分布的,如基础底面为矩形,如图 3-8a)所示,则

$$p = \frac{P}{BL} \tag{3-8}$$

式中:p——基底压应力,kPa;

P——作用于基底中心上竖向荷载的合力,kN;

B——矩形基底的宽度,m;

L——矩形基底的长度,m。

②条形基础。

如基础底面为长条形,且其长度大于等于 10 倍宽度,可按条形基础计算,截取沿长度方向

1m 的基底面积计算,这时的基底压力为

$$p = \frac{P}{B} \tag{3-9}$$

式中:p——基底压应力,kPa;

　　P——沿基础长度方向 1m 内所受竖向荷载的合力,kN/m;

　　B——矩形基底的宽度,m。

(2)当矩形基础受竖向偏心荷载作用时。

①合力作用点不超过基底截面核心($e \leqslant \rho = B/6$)。

偏心荷载作用,且合力作用点不超过基底截面核心时,如图 3-8b)所示,这时基底的压力为

$$\begin{cases} p_{max} \\ p_{min} \end{cases} = \frac{P}{BL} \pm \frac{M}{W} = \frac{P}{BL} \left(1 \pm \frac{6e}{B} \right) \tag{3-10}$$

式中:p_{max}、p_{min}——基底边缘处最大、最小压应力,kPa;

　　P——作用于基底上竖向偏心荷载,kN;

　　B——矩形基底的宽度,m;

　　L——矩形基底的长度,m;

　　M——偏心荷载对基底形心的力矩,kN·m;

　　W——基础底面的截面抵抗矩,对于矩形底面,$W = LB^2/6$,m³;

　　e——荷载偏心距,$e = M/P$,m。

②合力作用点超过基底截面核心($e > \rho = B/6$)。

偏心荷载作用,且合力作用点超过基底截面核心时,如图 3-8d)所示,基底应力重新分布,基底应力在 B'(小于基础宽度 B)范围内按三角形分布,这时基底的压力为

$$p_{max} = \frac{2P}{3 \left(\dfrac{B}{2} - e \right) L} \tag{3-11}$$

$$B' = 3 \left(\frac{B}{2} - e \right) \tag{3-12}$$

式中:p_{max}——基底边缘处最大压应力,kPa;

　　P——作用于基底上竖向偏心荷载,kN;

　　B——矩形基底的宽度,m;

　　L——矩形基底的长度,m;

　　e——荷载偏心距,$e = M/P$,m。

③当条形基础受竖向偏心荷载作用时。

条形基础,单偏心荷载在基底两端引起的压应力为

$$\begin{cases} p_{max} \\ p_{min} \end{cases} = \frac{P}{B} \left(1 \pm \frac{6e}{B} \right) \tag{3-13}$$

式中:P——沿基底长度方向 1m 内所受的竖向合力,kN/m;

其他符号含义同前。

3.3.2 基底附加应力

构造物基础施工时,往往要先开挖基坑,然后砌筑基础。计算基底压应力时,考虑了基底面以上的全部荷载,包括基础本身自重及基础上的回填土重。基底压应力中,有一部分只是代替了挖除的基底面以上的土重,超出的部分才在地基中产生附加应力。把基底压力中超出基底处自重应力的部分称为基底附加应力,如图 3-9 所示,记为 p_0,显然

$$p_0 = p - \gamma h \qquad (3-14)$$

图 3-9 基底附加应力

式中:p_0——基底的附加应力,kPa;

p——基底压应力,kPa;

γ——基础埋置深度范围内地基土的加权平均重度,kN/m³,水下如为透水性土采用浮重度;

h——基础的埋置深度,m。

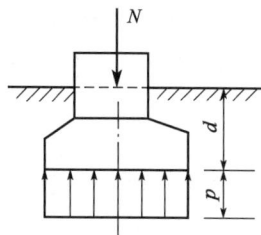

交流与讨论

随着偏心距 e 的变化,矩形基础基底压力分布有如下几种情况:

(1)当 $e=0$ 时,基底压力呈矩形分布,如图 3-8a)所示。

(2)当 $e<B/6$ 时,基底压力呈梯形分布,如图 3-8b)所示。

(3)当 $e=B/6$ 时,基底压力三角形分布,如图 3-8c)所示。

(4)当 $e>B/6$ 时,基底一侧的压力为负值,即出现拉应力,但土体为弱拉材料,即基础底面与地基之间不能承受拉力,于是将脱开,导致基底压力重新分布,呈现底边小于基宽,与竖向荷载合力相平衡的三角形重新分布,如图 3-8d)所示。

3.4 地基附加应力

地基附加应力是修建建筑物(外荷载)在地基内增加的有效应力,是引起建筑物地基变形的重要原因。目前,在求解地基中的附加应力时,一般假定地基土是连续、均匀、各向同性的半无限空间的完全弹性体,然后根据弹性理论的基本公式进行计算。另外,按照问题的性质,将地基附加应力问题分为空间问题和平面问题两大类型。若应力以 x、y、z 三个坐标表示,矩形基础($L/B<10$)下的地基附加应力计算即属空间问题;若应力以 x、z 两个坐标表示,条形基础($L/B\geq10$)下的地基附加应力计算即属平面问题,路堤、土坝、挡土墙下基础

大多属于条形基础。本节方便起见,所有地基附加应力仍以 σ_x、σ_y、σ_z 表示,地基附加应力简称为附加应力。

3.4.1 集中荷载作用下的附加应力

1. 竖直集中力作用——布辛奈斯克解答

竖直集中力作用下土体中的应力状态如图 3-10 所示。

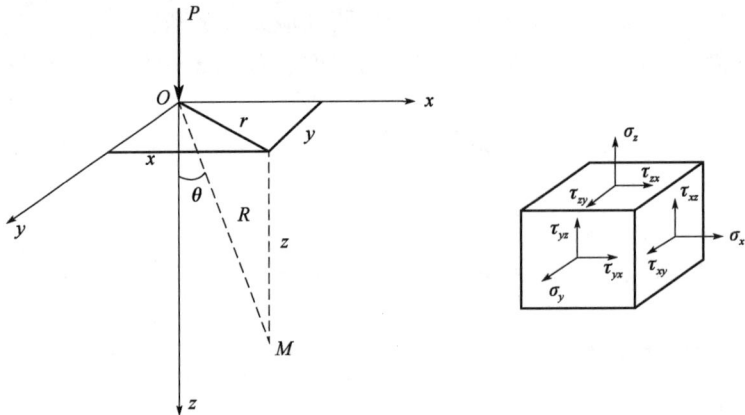

图 3-10 竖直集中力作用下土体中的应力状态

微课:土中附加
应力计算(一)

当半无限弹性体表面作用竖直集中力 P 时,弹性体内部任意点 $M(x、y、z)$ 引起的全部应力分量 σ_x、σ_y、σ_z、$\tau_{xy} = \tau_{yx}$、$\tau_{yz} = \tau_{zy}$、$\tau_{zx} = \tau_{xz}$,由弹性理论求出的各应力分量表达式为著名的布辛奈斯克解答(Boussinesq's Solution),这里不做要求。对于土工材料来说,竖向应力分量 σ_z 具有特别重要的意义,它是使地基土产生压缩变形的原因。由图 3-10 可知,σ_z 可写成下列形式:

$$\begin{cases} \sigma_z = \dfrac{3Pz^3}{2\pi R^5} \\[2mm] r = \sqrt{x^2 + y^2} \\[2mm] R = \sqrt{r^2 + z^2} = \sqrt{x^2 + y^2 + z^2} \end{cases} \tag{3-15}$$

为了计算方便通常把上式写成下式:

$$\sigma_z = \frac{3}{2\pi\left[1 + \left(\dfrac{r}{2}\right)^2\right]^{\frac{5}{2}}} \times \frac{P}{z^2} = \alpha\frac{P}{z^2} \tag{3-16}$$

式中:P——竖直作用集中荷载,kN;

z——M 点距弹性体表面的深度,m;

R——M 点到力 P 的作用点 O 的距离,m;

α——应力系数,可由 r/z 值查表 3-1。

集中力作用下的竖向应力系数　　　　　　　　表 3-1

r/z	a	r/z	a	r/z	a	r/z	a
0	0.478	0.9	0.108	1.8	0.013	2.7	0.002
0.1	0.466	1.0	0.084	1.9	0.010	2.8	0.002
0.2	0.433	1.1	0.066	2.0	0.008	2.9	0.002
0.3	0.385	1.2	0.051	2.1	0.007	3.0	0.001
0.4	0.329	1.3	0.040	2.2	0.006	3.2	0.001
0.5	0.273	1.4	0.032	2.3	0.005	3.5	0.0007
0.6	0.221	1.5	0.025	2.4	0.004	4.0	0.0003
0.7	0.176	1.6	0.020	2.5	0.003	5.0	0.0001
0.8	0.139	1.7	0.016	2.6	0.003		

交流与讨论

从式(3-16)可以得到在集中荷载作用下的地基附加应力分布特点：

(1) $z=0$，附加应力 $\sigma_z = \infty$，如图 3-11 所示，这是将集中力作用面积看作零所致，因此在选择应力计算点时，不应过于接近集中力作用点。

(2) 离集中力作用线某一距离 γ 时，在地表处的附加应力 $\sigma_z = 0$，随着深度的增加，σ_z 逐渐递增，但到一定深度以后，σ_z 又随深度 z 的增加而减小，如图 3-11a) 所示。

(3) 当 z 一定时，即在同一水平面上，附加应力 σ_z 将随着 r 的增大而减小，如图 3-11b) 所示。

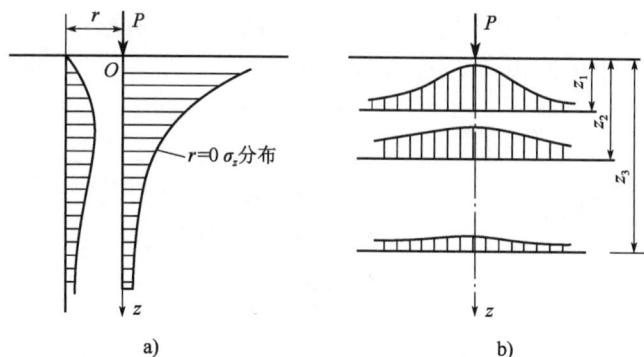

图 3-11　地基附加应力 σ_z 分布情况

因此附加应力的分布特点是以集中荷载作用为中心向外、向下、向四周无限扩散、递减。

如图 3-12 所示，如果地面上有几个集中力作用，地基中任意点 M 处的附加应力 σ_z 可利用式(3-17)分别求出各集中力在该点所引起的附加应力，然后根据弹性力学的应力叠加原理可求：

$$\sigma_z = \alpha_1 \frac{P_1}{z^2} + \alpha_2 \frac{P_2}{z^2} + \cdots + \alpha_n \frac{P_n}{z^2} \tag{3-17}$$

式中：$\alpha_1, \alpha_2, \cdots, \alpha_n$——集中力 $P_1, P_2, \cdots, P_n$ 作用下的竖向附加应力分布系数。

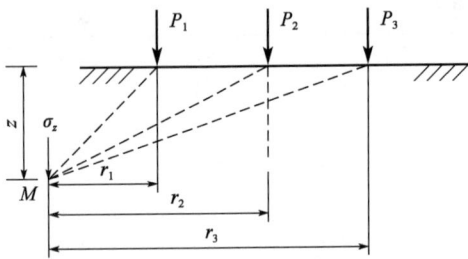

图 3-12 几个集中力作用时的附加应力

2. 水平集中力作用——西罗提解答

当半无限弹性体表面作用水平集中力 P_h 时 (图 3-13),弹性体内部任意点 M 的应力分量由西罗提用弹性理论解出,其中与变形计算关系最大的垂直压应力为

$$\sigma_z = \frac{3P_h}{2\pi} \cdot \frac{xZ^2}{R^2} \qquad (3\text{-}18)$$

式中:P_h——水平作用集中荷载,kN。

3.4.2 分布荷载作用下的附加应力

在工程中荷载很少以集中力的形式作用在地基上,而往往是通过基础分布在一定面积上。

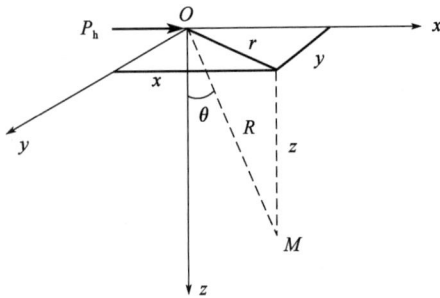

图 3-13 水平集中力作用于地基表面

如果基础底面的形状或者基础底面下的荷载分布是不规则的,就可以把分布荷载分割为若干单位面积上的集中力,然后应用布辛奈斯克公式和力的叠加原理计算土中应力。若基础底面的形状和分布荷载是有规律的,可以应用积分法解得相应的公式去计算土中应力。

1. 矩形基础

地基表面有一矩形,宽度为 B,长度为 L,其上作用着竖直荷载,分别呈矩形分布、三角形分布、梯形

分布,水平均布荷载,求地基内各点的附加应力 σ_z。首先求出矩形角点下不同深度处的附加应力,然后利用角点法求出地基内各点的附加应力 σ_z。

(1) 矩形基础底面在竖直荷载作用下呈矩形分布(均布)的竖向附加应力。

当矩形基础底面受竖直荷载作用呈矩形分布 (均布)时,基础角点 O、A、C、D 下深度相同处的附加应力均相同,如图 3-14 所示。基础角点下任意深度处的竖向附加应力 σ_z,可以利用基本公式(3-19)沿着整个矩形进行积分求得。如图 3-14 所示,若设基础底面上作用呈矩形分布应力为 p,则微小面积 $\mathrm{d}x\mathrm{d}y$ 上作用力 $\mathrm{d}p = \mathrm{d}x\mathrm{d}y$ 可作为集中力来对待,由该集中力在基础角点 O 以下深度 z 处所引起的竖向附加应力为

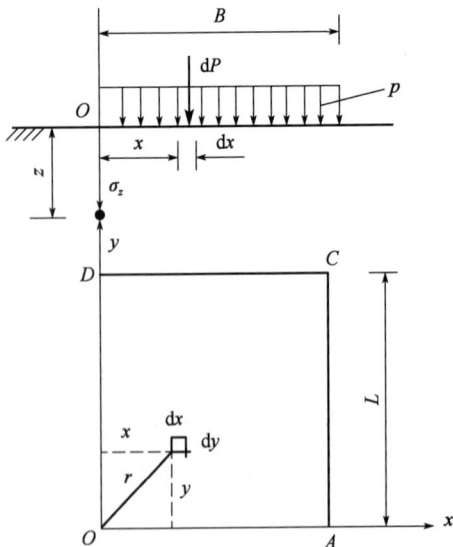

图 3-14 矩形基底受竖直矩形(均布)分布荷载

$$\begin{cases} \mathrm{d}\sigma_{z0} = \dfrac{3}{2\pi} \dfrac{1}{\left[1 + \left(\dfrac{r}{2}\right)^2\right]^{\frac{5}{2}}} \dfrac{p\mathrm{d}x\mathrm{d}y}{z^2} \\ r^2 = x^2 + y^2 \end{cases} \qquad (3\text{-}19)$$

解得

$$\sigma_{z0} = \int_0^B \int_0^L \frac{3p}{2\pi} \times \frac{z^3 \mathrm{d}x\mathrm{d}y}{(\sqrt{x^2 + y^2 + z^2})^5}$$

$$= \frac{p}{2\pi}\left[\frac{mn}{\sqrt{1 + m^2 + n^2}}\left(\frac{1}{m^2 + n^2} + \frac{1}{1 + n^2}\right) + \arctan\left(\frac{m}{n\sqrt{1 + m^2 + n^2}}\right)\right] \tag{3-20}$$

简化得

$$\sigma_{z0} = a_s p \tag{3-21}$$

式中：a_s——矩形基础底面受竖直荷载作用呈矩形分布（均布）时，角点 O 以下的竖向附加应力分布系数，它是 L/B 及 z/B 的函数，可查表3-2，其中 L 为基础底面的长边，B 为基础底面的短边。

矩形基底受竖直矩形（均布）荷载作用时角点下的竖向附加应力系数 a_s 值　　　表3-2

深宽比 $m = z/B$	矩形面积长宽比 $n = L/B$										
	1.0	1.2	1.4	1.6	1.8	2.0	3.0	4.0	5.0	6.0	≥10.0
0.0	0.250	0.250	0.250	0.250	0.250	0.250	0.250	0.250	0.250	0.250	0.250
0.2	0.249	0.249	0.249	0.249	0.249	0.249	0.249	0.249	0.249	0.249	0.249
0.4	0.240	0.242	0.243	0.243	0.244	0.244	0.244	0.244	0.244	0.244	0.244
0.6	0.223	0.228	0.230	0.232	0.232	0.233	0.234	0.234	0.234	0.234	0.234
0.8	0.200	0.208	0.212	0.215	0.217	0.218	0.220	0.220	0.220	0.220	0.220
1.0	0.175	0.185	0.191	0.196	0.198	0.200	0.203	0.204	0.204	0.205	0.205
1.2	0.152	0.163	0.171	0.176	0.179	0.182	0.187	0.188	0.189	0.189	0.189
1.4	0.131	0.142	0.151	0.157	0.161	0.164	0.171	0.173	0.174	0.174	0.174
1.6	0.112	0.124	0.133	0.144	0.145	0.148	0.157	0.159	0.160	0.160	0.160
1.8	0.097	0.108	0.117	0.124	0.129	0.133	0.143	0.146	0.147	0.148	0.148
2.0	0.084	0.095	0.103	0.110	0.116	0.120	0.131	0.135	0.136	0.137	0.137
2.2	0.073	0.083	0.092	0.098	0.104	0.108	0.121	0.125	0.126	0.127	0.128
2.4	0.064	0.073	0.081	0.088	0.093	0.098	0.111	0.116	0.118	0.118	0.119
2.6	0.057	0.065	0.073	0.079	0.084	0.089	0.102	0.107	0.110	0.111	0.112
2.8	0.050	0.051	0.065	0.071	0.076	0.081	0.094	0.100	0.102	0.104	0.105
3.0	0.045	0.052	0.058	0.064	0.069	0.073	0.087	0.093	0.096	0.097	0.095
3.2	0.040	0.047	0.053	0.058	0.063	0.067	0.081	0.087	0.090	0.092	0.093
3.4	0.036	0.042	0.048	0.053	0.057	0.061	0.075	0.081	0.085	0.086	0.088
3.6	0.033	0.038	0.043	0.048	0.052	0.056	0.069	0.076	0.080	0.082	0.084
3.8	0.030	0.035	0.040	0.044	0.048	0.052	0.065	0.072	0.075	0.077	0.080
4.0	0.027	0.032	0.036	0.040	0.044	0.047	0.060	0.067	0.071	0.073	0.076
4.2	0.025	0.029	0.033	0.037	0.041	0.044	0.056	0.063	0.067	0.070	0.072
4.4	0.023	0.027	0.031	0.034	0.038	0.041	0.053	0.060	0.064	0.066	0.069

深宽比	矩形面积长宽比 $n = L/B$										
$m = z/B$	1.0	1.2	1.4	1.6	1.8	2.0	3.0	4.0	5.0	6.0	≥10.0
4.6	0.021	0.025	0.028	0.032	0.035	0.038	0.049	0.056	0.061	0.063	0.066
4.8	0.019	0.023	0.026	0.029	0.032	0.035	0.046	0.053	0.058	0.060	0.064
5.0	0.018	0.021	0.024	0.027	0.030	0.033	0.044	0.050	0.055	0.057	0.061
6.0	0.013	0.015	0.017	0.020	0.022	0.024	0.033	0.039	0.043	0.046	0.051
7.0	0.009	0.011	0.013	0.015	0.016	0.018	0.025	0.031	0.035	0.038	0.043
8.0	0.007	0.009	0.010	0.011	0.013	0.014	0.020	0.025	0.028	0.031	0.037
9.0	0.006	0.007	0.008	0.009	0.010	0.011	0.016	0.020	0.024	0.026	0.032
10.0	0.005	0.006	0.007	0.007	0.008	0.009	0.001	0.017	0.020	0.022	0.028

对于在基底范围以内或以外任意点下的竖向附加应力,需要利用式(3-21)并叠加原理进行计算,具体方法如下。

①计算点位于基底范围以内。

矩形基底 $abcd$ 上作用着竖直呈矩形分布(均布)的荷载 p,如图 3-15a)所示,求在基底内 M 点以下任意深度 z 处的附加应力 σ_{zM}。为此,通过 M 点分别作平行于基底长、短边的两条辅助线 ef 和 gh,于是 M 点就成为Ⅰ、Ⅱ、Ⅲ、Ⅳ4 个新矩形基底的公共角点,则 M 点以下任意深度 z 处的附加应力为上述 4 个基底面作用的竖直呈矩形分布荷载 p 对 M 点所产生的附加应力之和,即

$$\sigma_{zM} = \sigma_{zMgbe} + \sigma_{zMgcf} + \sigma_{zMfdh} + \sigma_{zMhae} = (a_{sMgbe} + a_{sMgcf} + a_{sMfdh} + a_{sMhae})p \qquad (3\text{-}22)$$

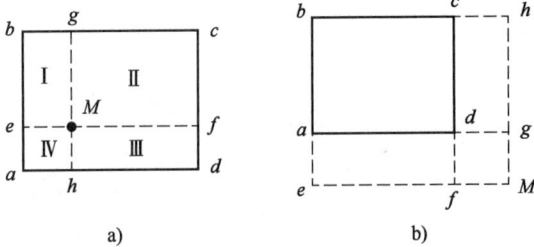

图 3-15 计算点在基底内、外

②计算点位于基底范围以外。

矩形基底 $abcd$ 上作用着竖直呈矩形分布(均布)的荷载 p,如图 3-15b)所示,求在基底外 M 点以下任意深度 z 处的附加应力 σ_{zM}。先将原有的基底扩大,使 M 点落在虚拟基底的角点上,如图 3-15b) 中的虚线所示,再根据叠加原理求出 M 点以下任意深度 z 处的附加应力:

$$\sigma_{zM} = \sigma_{zMhbe} - \sigma_{zMhcf} - \sigma_{zMgae} + \sigma_{zMgdf} = (a_{sMhbe} - a_{sMhcf} - a_{sMgae} + a_{sMgdf})p \qquad (3\text{-}23)$$

交流与讨论

矩形基底作用为竖直呈矩形分布(均布)的荷载 p,在应用角点法时需注意:采用各个小矩形的长边 L_1 和短边 B_1 查表确定各小矩形角点的附加应力系数 α_{s1},这里 L_1 始终是小矩形基底的长边,B_1 为短边,而且该角点必须是各个小矩形的公共角点。

【例3-2】 如图3-16所示,某项目第7合同段采用矩形基础,矩形基础底面积 $L \times B = 6\text{m} \times 2\text{m}$,基底作用着竖直均布荷载 $p = 300\text{kPa}$,试求基底上 A、D、C、E 和 O 点以下的深度 $z = 4\text{m}$ 处竖向附加应力。

【解】 (1)为了求 A 点以下的附加应力,通过 A 点将基底划分为两块面积相等的矩形(2m×3m),这样 A 点就落在边长 $L_1 = 3\text{m}$、宽度 $B_1 = B = 2\text{m}$ 的两个相同面积矩形的公共角点上。根据 $L_1/B_1 = 3/2 = 1.5$ 和 $z/B_1 = 4/2 = 2$,查表3-2得 $a_s = (0.103 + 0.110)/2 = 0.107$,所以 A 点以下的附加应力为

$$\sigma_{zA} = 2a_s p = 2 \times 0.107 \times 300 = 64.2(\text{kPa})$$

(2)为了求 D 点以下的附加应力,通过 D 点分别作平行于基底长、短边的两条辅助线,将基底分割为Ⅰ、Ⅱ、Ⅲ、Ⅳ4块矩形,使 D 点落在这4块矩形的公共角点上,查表3-2得各矩形对应的附加应力系数,列于表3-3中。

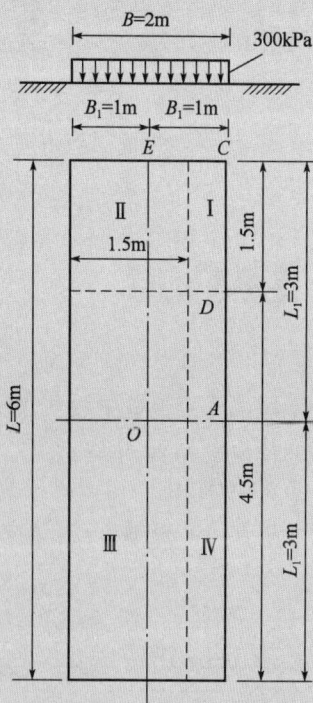

图3-16 【例3-2】图

D 点的附加应力系数 a_s 计算表 表3-3

矩形序号	L_1	B_1	z	L_1/B_1	z/B_1	a_s
Ⅰ	1.5	0.5	4.0	3.0	8.0	0.020
Ⅱ	1.5	1.5	4.0	1.0	2.67	0.055
Ⅲ	4.5	1.5	4.0	3.0	2.67	0.099
Ⅳ	4.5	0.5	4.0	9.0	8.0	0.037

注:矩形序号为Ⅱ中的 $L_1/B_1 = 1.5/1.5 = 1.0$,$z/B_1 = 4.0/1.5 = 2.67$。查表3-2后用内插法得 $a_s = 0.057 - \dfrac{0.057 - 0.050}{2.8 - 2.6} \times (2.67 - 2.6) = 0.055$;同理矩形序号为Ⅲ,$a_s = 0.099$。

于是,D 点以下的附加应力为

$$\sigma_{zD} = \sum a_s p = (0.020 + 0.055 + 0.099 + 0.037) \times 300 = 63.3(\text{kPa})$$

(3)C 点正好落在边长 $L = 6\text{m}$、宽度 $B = 2\text{m}$ 的矩形的公共角点上。根据 $L/B = 6/2 = 3$ 和 $Z/B = 4/2 = 2$,查表3-2得 $a_s = 0.131$,所以 C 点以下的附加应力为

$$\sigma_{zC} = a_s p = 0.131 \times 300 = 39.3(\text{kPa})$$

(4)为了求 E 点以下的附加应力,通过 E 点将基底划分为两块面积相等的矩形(1m×6m),这样 E 点就落在边长 $L_1 = L = 6\text{m}$、宽度 $B_1 = 1\text{m}$ 的两个相同面积矩形的公共角点上。根据 $L_1/B_1 = 6/1 = 6$ 和 $Z/B_1 = 4/1 = 4$,查表3-2得 $a_s = 0.073$,所以 E 点以下的附加应力为

$$\sigma_{zE} = 2a_s p = 2 \times 0.073 \times 300 = 43.8(\text{kPa})$$

(5)为了求 O 点以下的附加应力,同样可通过 O 点作平行于基底长、短边的两条辅助线,将基底划分为4块面积相等的矩形(1m×3m),这样 O 点就落在边长 $L_1 = 3$m、宽度 $B_1 = 1$m 的4个相同矩形的公共角点上。根据 $L_1/B_1 = 3/1 = 3$ 和 $Z/B_1 = 4/1 = 4$,查表3-2得 $a_s = 0.060$,所以 O 点以下的附加应力为

$$\sigma_{z0} = 4a_s p = 4 \times 0.060 \times 300 = 72.0 (\text{kPa})$$

📝 交流与讨论

该例题计算了在竖向矩形(均布)荷载作用下,矩形基础中心点、长边和短边中心点,角点等不同位置的地基中相同深度处的竖向附加应力。由4个点的计算结果可见,中心点的附加应力值最大为 72.0 kPa,其次是矩形基础的长边的中心点 62.4kPa,短边的中心 43.8kPa,角点最小为 39.3kPa。因此对于均布荷载,附加应力的分布依然是以矩形基础的中心点为最大并向外扩散。一般地,距离该中心点越远,附加应力值越小。

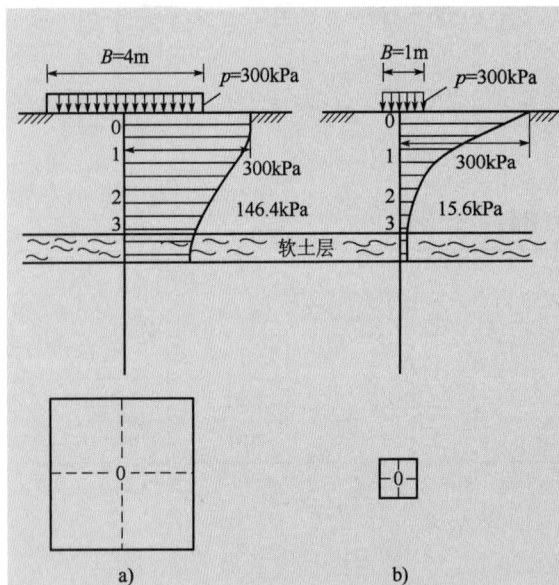

图3-17 【例3-3】图

【例3-3】 如图 3-17 所示,某项目第7合同段甲、乙两个相距甚远的方形基础,分别位于土层情况相同的地面上,其中甲基础的面积为 4m×4m,乙基础的面积为 1m×1m,基底均作用 300kPa 的竖直均布压力。试求两基础中心点 O 以下深度为 1m、2m、3m 处的竖向附加应力并绘出分布图。

【解】 通过基底中心点 O 分别作平行基底两边的辅助线,如图 3-17 中的虚线所示,于是将甲基础的底面划分为4个 2m×2m 的相同正方形,将乙基础底面划分为4个 0.5m×0.5m 的正方形。因为中心点 O 均落在4个正方形面积的公共角点上,利用角点法求得 O 点以下各深度上的竖向附加应力,见表3-4,分布图如图3-17所示。表中 $\sigma_{z0} = 4a_s p$,$p = 300$kPa。

甲、乙基础中心点下竖向附加应力计算表　　　　　表3-4

基底以下深度 z(m)	甲基础(4m×4m)				乙基础(1m×1m)			
	L_1/B_1	z/B_1	a_s	σ_{z0}(kPa)	L_1/B_1	z/B_1	a_s	σ_{z0}(kPa)
1.0	1.0	0.5	0.232	278.4	1.0	2.0	0.084	100.8
2.0	1.0	1.0	0.175	210.0	1.0	4.0	0.027	32.4
3.0	1.0	1.5	0.122	146.4	1.0	6.0	0.013	15.6

由计算结果可以看出：

在基底压力相同的均布荷载作用下，基础底面积越大，附加应力传递得越深，或者说在同一深度处产生的附加应力越大。如图 3-17 所示，若离地面 3m 处有一高压缩性的软土层，对于甲基础，在软土层顶面产生 146.4kPa 的附加应力；而对于乙基础来说，在软土层顶面仅产生 15.6kPa 的附加应力。显然，甲基础的软土层将产生更大的变形，并导致基础有较大的沉降。

自重应力分布随深度增加而增大，地基中附加应力的分布则正好相反，以荷载作用范围为中心向外扩散，即基底处最大，向深处逐渐递减，但与深度呈非线性关系。

（2）矩形基础底面所受的竖直荷载作用为呈三角形分布的竖向附加应力。

矩形基础当底面受呈三角形分布的竖直荷载作用时，在荷载强度为零的角点下的竖向附加应力，如图 3-18 所示。可以利用基本公式（3-24）沿着整个矩形进行积分求得。如图 3-18 所示，若设基础底面上作用呈三角形分布最大应力为 p_t 的竖直荷载，则微小面积 $\mathrm{d}x\mathrm{d}y$ 上作用力 $\mathrm{d}p = p_t/B\mathrm{d}x\mathrm{d}y$ 可作为集中力来对待，由该集中力在基础角点 O 以下深度 z 处所引起的竖向附加应力为

微课：土中附加
应力计算（二）

$$\begin{cases} \mathrm{d}\sigma_{z0} = \dfrac{3}{2\pi B} \dfrac{1}{\left[1+\left(\dfrac{r}{z}\right)^2\right]^{\frac{5}{2}}} \dfrac{p_t\mathrm{d}x\mathrm{d}y}{z^2} \\[4mm] r^2 = x^2 + y^2 \end{cases} \tag{3-24}$$

解得

$$\sigma_{z0} = \int_0^B \int_0^L \frac{3p_t}{2\pi B} \times \frac{z^3\mathrm{d}x\mathrm{d}y}{\left(\sqrt{x^2+y^2+z^2}\right)^5}$$

$$= \frac{mn}{2\pi}\left[\frac{1}{\sqrt{m^2+n^2}} - \frac{n^2}{(1+n)\sqrt{1+m^2+n^2}}\right]p_t$$

$$\tag{3-25}$$

简化得

$$\sigma_{z0} = a_t p \tag{3-26}$$

式中：a_t——矩形基础底面受呈三角形分布的竖直荷载作用时，零荷载角点 O 以下的竖向附加应力分布系数，它是 L/B 及 z/B 的函数，可查表 3-5，其中 B 为沿荷载变化方向矩形基础底面的长度，L 为矩形基础底面另一边的长边。

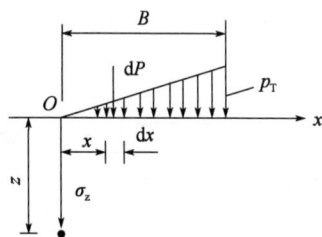

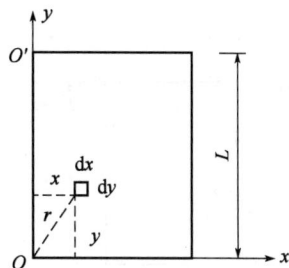

图 3-18　矩形基底受三角形
分布荷载作用

矩形基础底面受竖直三角形荷载作用时角点下的竖向附加应力系数 a_t 值　　　表 3-5

z/B	L/B														
	0.2	0.4	0.6	0.8	1.0	1.2	1.4	1.6	1.8	2.0	3.0	4.0	6.0	8.0	≥10.0
0.0	0.000	0.000	0.000	0.000	0.000	0.000	0.000	0.000	0.000	0.000	0.000	0.000	0.000	0.000	0.000
0.2	0.022	0.028	0.030	0.030	0.030	0.031	0.031	0.031	0.031	0.031	0.031	0.031	0.031	0.031	0.031
0.4	0.027	0.042	0.049	0.052	0.053	0.054	0.054	0.055	0.055	0.055	0.055	0.055	0.055	0.055	0.055
0.6	0.026	0.045	0.056	0.062	0.065	0.067	0.068	0.069	0.070	0.070	0.070	0.070	0.070	0.070	0.070
0.8	0.023	0.042	0.055	0.064	0.069	0.072	0.074	0.075	0.076	0.076	0.077	0.078	0.078	0.078	0.078
1.0	0.020	0.038	0.051	0.060	0.067	0.071	0.074	0.074	0.077	0.077	0.079	0.080	0.080	0.080	0.080
1.2	0.017	0.032	0.045	0.055	0.062	0.066	0.070	0.072	0.074	0.075	0.071	0.078	0.078	0.078	0.078
1.4	0.015	0.028	0.039	0.048	0.055	0.061	0.064	0.067	0.069	0.071	0.074	0.075	0.075	0.075	0.075
1.6	0.012	0.024	0.034	0.042	0.049	0.055	0.059	0.062	0.064	0.066	0.067	0.071	0.071	0.072	0.072
1.8	0.011	0.020	0.029	0.037	0.044	0.049	0.053	0.056	0.059	0.060	0.065	0.067	0.067	0.068	0.068
2.0	0.009	0.018	0.026	0.032	0.035	0.043	0.047	0.051	0.053	0.055	0.061	0.062	0.063	0.064	0.064
2.5	0.006	0.013	0.018	0.024	0.028	0.033	0.036	0.039	0.042	0.044	0.050	0.053	0.054	0.055	0.055
3.0	0.005	0.009	0.014	0.018	0.021	0.025	0.028	0.031	0.033	0.035	0.042	0.045	0.047	0.047	0.048
5.0	0.002	0.004	0.005	0.007	0.009	0.010	0.012	0.014	0.015	0.016	0.021	0.025	0.028	0.030	0.030
7.0	0.001	0.002	0.003	0.004	0.005	0.006	0.006	0.007	0.008	0.009	0.012	0.015	0.019	0.020	0.021
10.0	0.001	0.001	0.001	0.002	0.002	0.003	0.003	0.004	0.004	0.005	0.007	0.011	0.013	0.014	

✎ **交流与讨论**

　　矩形基础的底面受呈三角形分布的竖直荷载作用时,对于在基础底面范围内或以外任意点下的竖向附加应力,仍然可以利用角点法和叠加原理进行计算。但需注意:计算点应落在三角形分布荷载为 0 的一点垂线上,B 始终指沿荷载变化方向矩形基底长度。

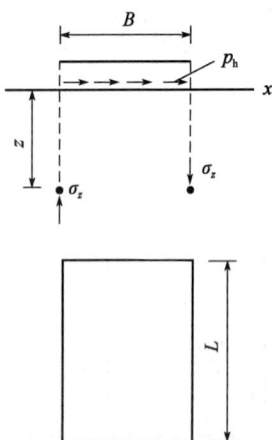

图 3-19　矩形基底受水平
分布荷载作用

　　(3)矩形基础底面所受的竖直荷载作用为呈梯形分布的竖向附加应力。

　　矩形基础当底面受呈梯形分布的竖直荷载作用时,将其拆分为矩形分布(均布)和三角形分布的原理计算基底的竖向附加应力,再按叠加原理进行计算。

　　(4)矩形基底受水平均布荷载作用的竖向附加应力。

　　如图 3-19 所示,矩形基础底面受水平均布荷载 p_h 作用时,根据西罗提解答,角点下任意深度 z 处的竖向附加应力,简化得

$$\sigma_z = \pm a_h p_h \qquad (3\text{-}27)$$

式中:a_h——矩形基础底面受水平均布荷载作用时的竖向附加应力分布系数,它是 L/B 及 z/B 的函数,可查表 3-6。其中 B 为平行于水平荷载作用方向的矩形基底的长度,L 为矩形基础底面另一边的长边。

矩形基础底面受水平均布荷载作用时角点下的竖向附加应力系数 a_h 值   表3-6

z/B	L/B										
	1.0	1.2	1.4	1.6	1.8	2.0	3.0	4.0	6.0	8.0	≥10.0
0.0	0.159	0.159	0.159	0.159	0.159	0.159	0.159	0.159	0.159	0.159	0.159
0.2	0.152	0.152	0.153	0.153	0.153	0.153	0.153	0.153	0.153	0.153	0.153
0.4	0.133	0.135	0.136	0.136	0.137	0.137	0.137	0.137	0.137	0.137	0.137
0.6	0.109	0.112	0.114	0.115	0.116	0.116	0.117	0.117	0.117	0.117	0.117
0.8	0.086	0.090	0.092	0.094	0.095	0.096	0.097	0.097	0.097	0.097	0.097
1.0	0.067	0.071	0.074	0.075	0.077	0.077	0.079	0.079	0.080	0.080	0.080
1.2	0.051	0.055	0.058	0.060	0.062	0.062	0.065	0.065	0.065	0.065	0.065
1.4	0.040	0.043	0.046	0.048	0.049	0.051	0.053	0.053	0.054	0.054	0.054
1.6	0.031	0.034	0.037	0.039	0.040	0.041	0.044	0.044	0.045	0.045	0.045
1.8	0.024	0.027	0.029	0.031	0.033	0.034	0.036	0.037	0.037	0.038	0.038
2.0	0.019	0.022	0.024	0.025	0.027	0.028	0.030	0.031	0.032	0.032	0.032
2.5	0.011	0.013	0.015	0.016	0.017	0.018	0.020	0.021	0.022	0.022	0.022
3.0	0.007	0.008	0.009	0.010	0.011	0.012	0.014	0.015	0.016	0.016	0.016
5.0	0.002	0.002	0.002	0.003	0.003	0.003	0.004	0.005	0.006	0.006	0.006
7.0	0.001	0.001	0.001	0.001	0.001	0.001	0.002	0.002	0.003	0.003	0.003
10.0	0.000	0.000	0.000	0.000	0.000	0.001	0.001	0.001	0.001	0.001	0.001

式(3-27)中,当计算点在水平均布荷载作用方向的终止端以下时取"+"号,当计算点在水平均布荷载作用的起始端以下时取"−"号。当计算点在基础底面范围内或以外任意位置时,同样可以利用角点法和叠加原理进行计算。

2. 条形基础

理论上,当基础的长度 L 与宽度 B 之比 $L/B = \infty$ 时,地基内部的应力状态属于平面问题。但在工程实践中,实际上并不存在无限长的基础。根据研究,当 $L/B \geq 10$ 时,基础中间点附近的应力状态与 $L/B = \infty$ 时的情况差不多,这种误差在工程上是允许的。因此,工程中的土坝、路堤、挡土墙、码头等,当它们的 $L/B \geq 10$ 时,在确定基础中间点附近的附加应力时均可按平面问题计算,在实际应用上,有时当 $L/B \geq 5$ 时也可按平面问题处理,其精度也是足够的。

微课:土中附加应力计算(三)

(1)条形基础底面所受的竖直荷载作用为呈矩形分布(均布)的竖向附加应力。

条形基础底面作用均布荷载 p,如图 3-20 所示,求在地基中任意点 $M(x,z)$ 的竖向附加应力 σ_z。首先利用式(3-28)沿荷载宽度方向上取微分宽度 $d\varepsilon$,将其上作用的荷载 $dp = pd\varepsilon$ 视为线性分布荷载,则 dp 在 M 点引起的竖直附加应力为 $d\sigma_z$。

$$d\sigma_z = \frac{2z^3}{\pi \left[(x-\varepsilon)^2 + z^2 \right]^2} pd\varepsilon \tag{3-28}$$

将式(3-28)沿宽度 B 积分,即可得条形基底在 M 点引起的竖向附加应力 σ_z 为

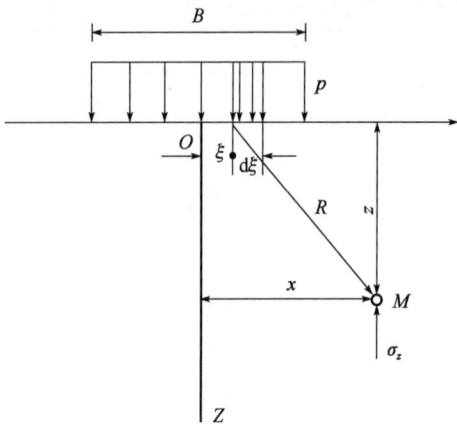

图 3-20 条形基础底面受矩形分布荷载作用

$$\sigma_z = \int_0^B \frac{2z^3 \mathrm{d}x\mathrm{d}y}{\pi\left[(x-\varepsilon)^2+z^2\right]^2} p\mathrm{d}\varepsilon =$$

$$\frac{p}{\pi}\left[\arctan\frac{m}{n}-\arctan\frac{m-1}{n}+\frac{mn}{m^2+n^2}-\frac{n(m-1)}{n^2+(m-1)^2}\right]$$

$$(3\text{-}29)$$

简化得

$$\sigma_z = a_\mathrm{u}p \qquad (3\text{-}30)$$

式中：a_u——条形基础底面受竖直荷载呈矩形分布（均布）作用时的竖向附加应力分布系数，它是 x/B 及 z/B 的函数，可查表 3-7，其中 x 和 z 为按图 3-20 规定的坐标体系对应的计算点坐标。

条形基础底面受竖直矩形荷载作用时角点下的竖向附加应力系数 a_s 值　　　表 3-7

z/B	x/B						z/B	x/B					
	0	0.25	0.5	1.0	1.5	2.0		0	0.25	0.5	1.0	1.5	2.0
0	1.00	1.00	0.50	0.00	0.00	0.00	1.75	0.35	0.34	0.30	0.21	0.13	0.07
0.25	0.96	0.90	0.50	0.02	0.00	0.00	2.00	0.31	0.31	0.28	0.20	0.13	0.08
0.50	0.82	0.74	0.48	0.08	0.02	0.00	3.00	0.21	0.21	0.20	0.17	0.14	0.10
0.75	0.67	0.61	0.45	0.15	0.04	0.02	4.00	0.16	0.16	0.15	0.14	0.12	0.10
1.00	0.55	0.51	0.41	0.19	0.07	0.03	5.00	0.13	0.13	0.12	0.12	0.11	0.09
1.25	0.45	0.44	0.37	0.20	0.10	0.04	6.00	0.11	0.10	0.10	0.10	0.10	—
1.50	0.40	0.38	0.33	0.21	0.11	0.06							

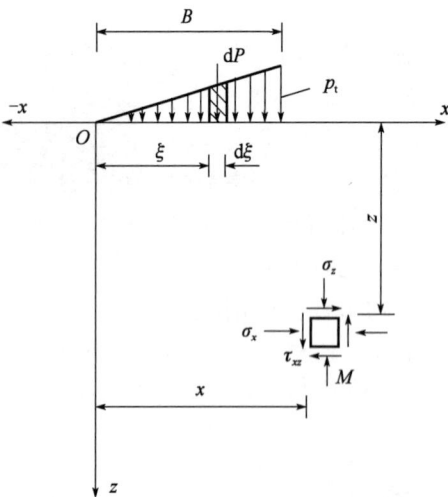

图 3-21 条形基础底面受三角形分布荷载作用

（2）条形基础底面所受的竖直荷载作用为呈三角形分布的竖向附加应力。

条形基础底面作用竖向三角形均布荷载，其最大值为 p_t，如图 3-21 所示，求地基中任意点 $M(x,z)$ 的竖向附加应力 σ_z。首先利用式（3-31）沿荷载宽度方向取微分宽度 $\mathrm{d}\varepsilon$，将其作用的荷载 $\mathrm{d}p_\mathrm{t}=\varepsilon/B\mathrm{d}\varepsilon$ 视为线性分布荷载，则 $\mathrm{d}p_\mathrm{t}$ 在 M 点引起的竖直附加应力为 $\mathrm{d}\sigma_z$。

$$\mathrm{d}\sigma_z = \frac{2z^3}{\pi\left[(x-\varepsilon)^2+z^2\right]^2}\frac{\varepsilon}{B}\mathrm{d}\varepsilon \qquad (3\text{-}31)$$

将式（3-31）沿宽度 B 积分，即可得条形基底在 M 点引起的竖向附加应力 σ_z

$$\sigma_z = \int_0^B \frac{2z^3 \mathrm{d}x\mathrm{d}y}{\pi\left[(x-\varepsilon)^2+z^2\right]^2}\frac{\varepsilon}{B}\mathrm{d}\varepsilon$$

$$= \frac{p_{\mathrm{t}}}{\pi} \left[\left(\arctan \frac{m}{n} - \arctan \frac{m-1}{n} \right) - \frac{n(m-1)}{n^2 + (m-1)^2} \right] \tag{3-32}$$

简化得

$$\sigma_z = a_z p_{\mathrm{t}} \tag{3-33}$$

式中:a_z——条形基础底面受竖直荷载呈三角形分布作用时的竖向附加应力分布系数,它是 x/B 及 z/B 的函数,可查表3-8,其中 x 和 z 为按图3-21规定的坐标体系对应的计算点坐标。

条形基础底面受竖直三角形荷载作用时角点下的竖向附加应力系数 a_{t} 值   表3-8

z/B	x/B										
	-1.50	-1.00	-0.50	0.0	0.25	0.50	0.75	1.00	1.50	2.00	2.50
0.0	0.000	0.000	0.000	0.000	0.250	0.500	0.750	0.750	0.000	0.000	0.000
0.25	0.000	0.000	0.001	0.075	0.256	0.480	0.643	0.424	0.015	0.003	0.000
0.50	0.002	0.003	0.023	0.127	0.253	0.410	0.477	0.353	0.056	0.017	0.003
0.75	0.006	0.016	0.042	0.153	0.248	0.335	0.361	0.293	0.108	0.024	0.009
1.00	0.014	0.025	0.061	0.159	0.223	0.275	0.297	0.241	0.129	0.045	0.013
1.50	0.020	0.048	0.096	0.145	0.178	0.200	0.202	0.185	0.124	0.062	0.041
2.00	0.033	0.061	0.092	0.127	0.146	0.155	0.163	0.153	0.108	0.069	0.050
3.00	0.050	0.064	0.080	0.096	0.103	0.104	0.108	0.104	0.090	0.071	0.050
4.00	0.051	0.060	0.067	0.075	0.078	0.085	0.082	0.075	0.073	0.060	0.049
5.00	0.047	0.052	0.057	0.059	0.062	0.063	0.063	0.065	0.061	0.051	0.047
6.00	0.041	0.041	0.050	0.051	0.052	0.053	0.053	0.053	0.050	0.050	0.045

(3)条形基础底面所受的竖直荷载作用为呈梯形分布的竖向附加应力。

条形基础当底面受竖直荷载作用呈梯形分布时,按条形基础底面受竖直荷载作用呈矩形分布(均布)和三角形分布的原理计算基底的竖向附加应力,再按叠加原理进行计算。

(4)条形基础底面所受的水平均布荷载作用的竖向附加应力。

条形基础底面受水平均布荷载 p_{h} 作用时,如图3-22所示,同样可以利用弹性理论确定水平线荷载在任意点 M 处产生的附加应力,然后沿整个宽度 B 积分,则可得 M 点的附加应力,简化得

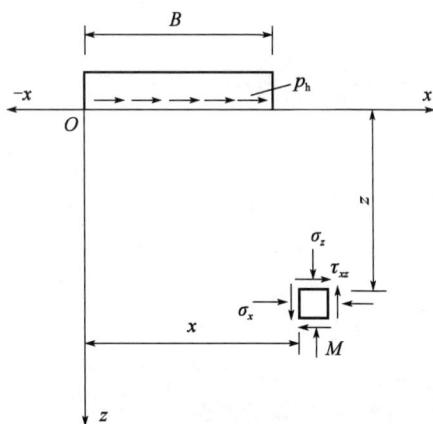

图3-22 条形基础底面受水平分布荷载作用

$$\sigma_z = a_{\mathrm{h}} p_{\mathrm{h}} \tag{3-34}$$

式中:a_{h}——条形基础底面受水平均布荷载作用时的竖向附加应力分布系数,它是 x/B、z/B 的函数,可查表3-9。其中 x 和 z 为按图3-22规定的坐标体系对应的计算点坐标。

条形基底受水平均布荷载作用时角点下的竖向附加应力系数 a_h 值　　　　　表 3-9

x/B	z/B									
	0.01	0.10	0.20	0.40	0.60	0.80	1.00	1.20	1.40	2.00
−0.25	−0.001	−0.042	−0.116	−0.199	−0.212	−0.197	−0.175	−0.153	−0.132	−0.085
0.00	−0.318	−0.315	−0.306	−0.274	−0.234	−0.194	−0.159	−0.131	−0.108	−0.064
0.25	−0.001	−0.039	−0.103	−0.159	−0.147	−0.121	−0.096	−0.078	−0.061	−0.034
0.50	0.000	0.000	0.000	0.000	0.000	0.000	0.000	0.000	0.000	0.000
0.75	0.001	0.039	0.103	0.159	0.147	0.121	0.096	0.078	0.061	0.034
1.00	0.318	0.315	0.306	0.274	0.234	0.194	0.159	0.131	0.108	0.064
1.25	0.001	0.042	0.116	0.199	0.212	0.197	0.175	0.153	0.132	0.085
1.50	0.001	0.011	0.038	0.103	0.144	0.158	0.157	0.147	0.133	0.096

✎ 交流与讨论

　　前面分别介绍各种荷载分布图形地基附加应力的计算方法,需注意:在已知位置坐标的情况下,能够直接求得任意位置处的所有附加应力,需要特别注意规范对坐标的约定;当荷载分布图形比较复杂时,可将荷载分布图形分解为各基本图形的组合,分别求出在计算点产生的附加应力后,再进行叠加。

📖 开阔视野

　　上述有关土中附加应力的计算,都是按弹性理论将地基土视为均质、各向同性的线弹性体,而实际遇到的地基均不同程度与上述理想条件偏离,因此计算出的应力与实际中的应力相比都会有一定的误差。研究表明:

　　(1)均质土中附加应力的分布基本与按弹性理论计算得的结果一致。

　　(2)土体的非线性对于竖向附加应力计算值的影响一般不是很大,但有时最大误差也可有 25% ~30%,对水平应力有更加显著的影响。

　　(3)成层地基的影响:

　　①表层为软弱层,下卧层为硬层。在软硬层分界面上,实际 σ_z 值在基础中心线附近增大,远离中心线处减小,这一现象称为应力集中。应力集中的程度主要与软层厚度 H 和荷载作用的宽度 B 的比值有关,H/B 增大,应力集中现象减弱。

　　②表层为硬层,下卧层为软弱层,与上述情况相反,这时在软硬层分界面上,实际 σ_z 值在基础中心线附近减小,远离中心线处增大,这一现象称为应力扩散。在道路工程路面设计中,采用一层比较坚硬的路面可以降低地基中的应力集中,从而减小路面的不均匀变形,就是这个

原理。

(4)各向异性的影响:天然沉积土因沉积条件以及侧向和竖向不同的应力状态常常形成具有各向异性特征的土体。层状结构的针片状黏性土,在垂直方向和水平方向的变形模量不相同,土体的各向异性也会影响土层的附加应力分布。如果土在水平方向的变形模量 $E_x = E_y$ 与竖直方向 E_z 不等,但泊松比相同,若 $E_x > E_z$,在各向异性地基中将出现应力扩散现象;若 $E_x < E_z$,地基中将出现应力集中现象。

课后思考题

[3-1] 自重应力在任何情况下都不会引起土层的变形吗?为什么?

[3-2] 自重应力和附加应力的分布特点相同吗?各自的分布特点?

[3-3] 方形基础 A 的底面积比方形基础 B 的底面积大一倍,若上部荷载和埋置深度都相同,问:在 A、B 两地的中心点下同一深度处的地基附加应力是否相差一倍?为什么?

课后练习题

[3-1] 图 3-23 中,第一、二层土为不透水性土,其天然重度为 $\gamma_1 = 19.0\text{kN/m}^3$、$\gamma_2 = 20\text{kN/m}^3$;第三层土为透水性土,其饱和重度为 $\gamma_3 = 22\text{kN/m}^3$,求各层面的竖向自重应力,并画出其分布图。

(答案:0kPa、76kPa、136kPa、180kPa、216kPa)

[3-2] 图 3-24 中,已知某刚性基底面的尺寸为长 $L = 10\text{m}$,宽 $B = 2\text{m}$,作用于基底处竖向荷载 $N = 2000\text{kN}$,弯矩 $M = 800\text{kN·m}$,求基底压力分布。

(答案:222.22kPa)

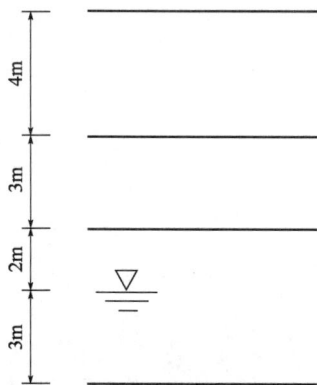

图 3-23 课后练习题[3-1]图　　　图 3-24 课后练习题[3-2]图

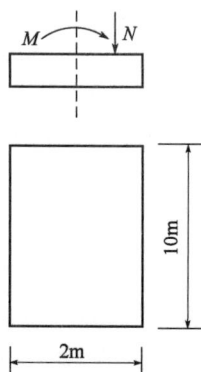

[3-3] 图 3-25 中的基础作用均布荷载 $P = 400\text{kPa}$,试用角点法求 A、B、C、D 等点下 4m 深度处的地基竖向附加应力。

(答案:$\sigma_{zA} = 58.4\text{kPa}$、$\sigma_{zB} = 52.4\text{kPa}$、$\sigma_{zC} = 85.2\text{kPa}$、$\sigma_{zD} = 96.0\text{kPa}$)

[3-4] 图 3-26 中的条形基础作用均布荷载 $P = 100\text{kPa}$,基础宽 $B = 4\text{m}$,试用计算求 A、B

点下8m深度处的地基竖向附加应力。

（答案：$\sigma_{zA} = 31.0\text{kPa}$、$\sigma_{z/B} = 280\text{kPa}$）

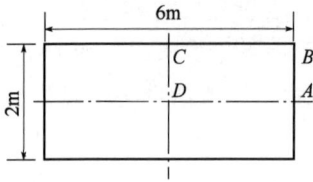

图 3-25　课后练习题[3-3]图

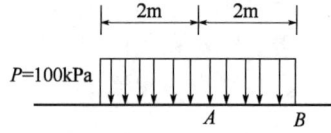

图 3-26　课后练习题[3-4]图

模块4

地基沉降计算

📖 学习目标

1. 理解地基沉降的概念、地基沉降对工程的影响、地基固结的概念；
2. 运用分层总和法计算地基沉降量；
3. 运用规范法计算地基沉降量；
4. 进行地基土层固结计算。

◎ 工程背景引入

　　某项目第7合同段某桥梁工程地基地质构造环境复杂。施工完成后，位移、沉降变化情况加密观测时发现位移、沉降加大，应及时通知相关单位计算该桥梁地基的沉降量，以便采取相应措施。

　　【启发思考】　从"工程背景引入"资料中可知第7合同段某桥梁出现位移、沉降加大，如果不及时处理进一步会出现倾斜、裂缝等工程事故，影响正常使用。工程中结构物出现位移、沉降如何控制？实际在工程结构物地基基础设计时，必须根据结构物的情况和勘探试验资料，计算地基可能发生的变形，并设法将其控制在结构物容许范围之内。同时，地基的变形有一个时间过程，这也是工程建设中要重点考虑的问题之一。

　　【重点点拨】　本模块介绍了地基最终沉降的计算方法，沉降与时间变化过程的计算方法。

4.1　使用分层总和法计算最终沉降

　　模块2介绍土具有压缩性，模块3分析上部荷载引起的基底压力与地基中的附加应力，而

附加应力必然会引起土体沉降,导致基础沉降。如果地基沉降或不均匀沉降超过其容许值,可能出现倾斜、裂缝等工程事故,影响正常使用。

对于无黏性土地基,由于沉降相对较小,而且沉降完成得快,随地基所受外荷载作用的增加随即完成沉降,所以,通常情况下工程中仅对黏性土进行地基最终沉降验算。目前在我国实际工程中广为应用的地基最终沉降计算方法是单向压缩分层总和法。此种方法是采用了简化的假定,采用侧限压缩试验的结果计算沉降,然后乘以经验修正系数以缩小计算值与实测值之间的差距。下面主要介绍单向压缩分层总和法。

4.1.1 单一土层的沉降计算

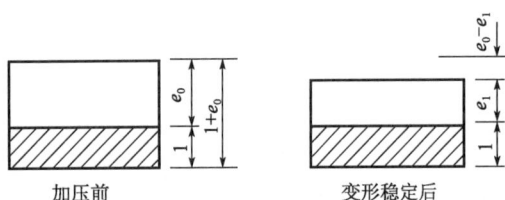

图 4-1 压缩变形前后的三相简化图

设地基中仅有一层有限厚度的压缩土层,则在大面积均布荷载作用下只有竖向的压缩沉降,如图 4-1 所示,沉降 S 为

$$S = H_1 - H_2 \qquad (4\text{-}1)$$

式中:H_1——土层原来的厚度,mm;

H_2——土层在附加应力作用下沉降稳定后的厚度,mm。

由于这时土中的应力状态与侧限压缩试验相同,为无侧向沉降条件,则竖向应变为

$$\varepsilon_z = \frac{S}{H_1} \qquad (4\text{-}2)$$

如图 4-1 所示,假定土粒的体积 $V_s = 1$,则竖向应变为

$$\varepsilon_z = \frac{e_0 - e_1}{1 + e_0} \qquad (4\text{-}3)$$

则

$$\frac{S}{H_1} = \frac{e_0 - e_1}{1 + e_0} \qquad (4\text{-}4)$$

于是得到沉降计算公式:

$$S = \frac{e_0 - e_1}{1 + e_0} H_1 \qquad (4\text{-}5)$$

在取得室内压缩试验 $e\text{-}p$ 曲线后,即可由土层初始有效应力 P_1 和最终有效应力 P_2 分别确定土的初始孔隙比 e_0 和最终孔隙比 e_1,从而计算沉降 S。

4.1.2 最终沉降计算

地基通常由具有不同压缩性质的多层土所组成,而且引起地基沉降的有限尺寸基础下的地基附加应力在基底以下沿深度并非均匀分布,工程中常采用以地基无侧向变形假定为基础的分层总和法进行简化计算。

1. 基本假设

(1)一般取基底中心点下地基附加应力来计算各分层土的竖向压缩量,认为基础的平均沉降量 S 为各分层土竖向压缩量 ΔS_i 之和,即

$$S = \sum_{i=1}^{n} \Delta S_i \tag{4-6}$$

式中:n——沉降计算深度范围内的分层数。

(2)计算 ΔS_i 时,假设地基土只在竖向发生压缩变形,没有侧向变形,故可利用室内压缩试验结果进行计算。

2. 计算步骤

首先应根据建筑物形状、基础类型、底面尺寸、地基土质条件、荷载分布情况等,选定必要数量的沉降计算断面和计算点,然后按下列步骤算出各计算点的地基沉降量。

一般情况下,竖向自重应力是基坑开挖前地基土层中的原有有效应力,应从原地面算起,如图4-2所示。如果基础附近有老建筑物,其在本沉降计算点下产生的地基附加应力,应与该处竖向自重应力叠加在一起,作为原有应力。

以基础底面为半无限弹性体表面,以基底附加压力 p_0 为其表面荷载,确定沉降计算点下的地基竖向附加应力 σ_z 分布,注意地基附加应力应从基底开始起算。如果基础附近有新建物基础,其在本沉降计算点下产生的地基附加应力,应与本基础所产生的地基附加应力加在一起用来计算沉降量。

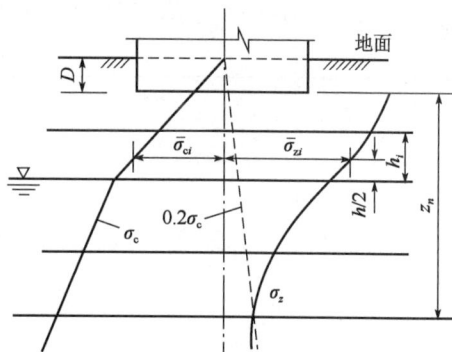

图4-2 变形计算示意图

(1)将压缩土层分层。

分层的原则:不同土层的分界面(不同土层的压缩量及重度不同)及地下水位面(水面上下土的有效重度不同)应作为分层面;每层内 σ_z 的分布线要接近直线,以便求出该分层内 σ_z 的平均值;σ_z 变化大的深度范围内分层厚度应适当取小些,一般取 $h_i \leq 0.4B$(B 为基础的宽度)。附加应力沿深度的变化是非线性的,土的 e-p 曲线也是非线性的,因此分层厚度太大将产生较大的误差。

(2)计算各分层界面处土的自重应力。土的自重应力应从天然地面起算,地下水位以下一般取有效重度,地下水位以上取天然重度。

(3)计算各分层界面处基底中心下竖向附加应力。附加应力应从基底起算,按模块3介绍的方法计算。

(4)确定地基压缩层的计算深度 z_n。

由于在地基足够深处附加应力已经很小,它对地基的压缩作用已不大。因此,在实际工程设计中,可采用基底以下某一深度 z_n 作为地基压缩层的计算深度。z_n 确定方法主要有沉降控制法、应力控制法两种。

①沉降控制法。

当 z_n 附近小薄层的沉降量相对总变量小于一定数值时,其下土层的压缩量可忽略不计,

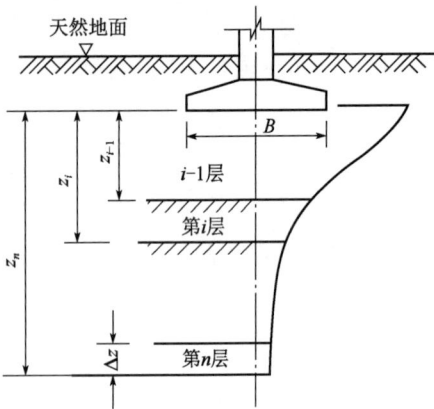

图 4-3 地基沉降计算分层示意图

该方法是一种比较严格的确定方法。

无相邻荷载的独立基础,按式(4-7)确定:

$$z_n = B(2.5 - 0.4\ln B) \tag{4-7}$$

存在相邻荷载影响的情况下,z_n 应满足式(4-8)的要求:

$$\Delta S'_n \leqslant 0.025 \sum_{i=1}^{n} \Delta S'_i \tag{4-8}$$

式中:$\Delta S'_n$——在深度 z_n 处,向上取计算深度为 Δz 的土层计算沉降值,mm;

Δz——如图 4-3 所示并查 4-1 表确定,m。

$\Delta S'_i$——在深度 z_n 范围内,第 i 层土的计算沉降值。

计算层厚度 Δz 值　　　　　　　表 4-1

基底宽度 $B(\mathrm{m})$	$B \leqslant 2$	$2 < B \leqslant 4$	$4 < B \leqslant 8$	$B > 8$
$\Delta z(\mathrm{m})$	0.3	0.6	0.8	1.0

②应力控制法。

应力控制法计算深度 z 处的竖向附加应力与竖向自重应力符合下列要求:

$$\sigma_z = 0.2\sigma_z \tag{4-9}$$

当 z_n 处的竖向附加应力为竖向自重应力的 20% 时,其下土层的压缩量可以忽略不计(图 4-2)。如果计算深度 z_n 之下存在软的土层,实际计算深度 z_n 还应适当加深,加到 $\sigma_z = 0.1\sigma_z$ 处。

(5)计算各分层压缩量 S_i。先算出各分层的竖向自重应力平均值 $\overline{\sigma}_{ci}$ 和竖向附加应力平均值 $\overline{\sigma}_{zi}$(图 4-2),再根据 $P_{1i} = \overline{\sigma}_{ci}$ 和 $P_{2i} = \overline{\sigma}_{ci} + \overline{\sigma}_{zi}$ 查各土层的压缩曲线以确定相应的初始孔隙比 e_{1i} 和最终孔隙比 e_{2i}。

①在已知相应力范围内的初始孔隙比 e_{1i} 和最终孔隙比 e_{2i} 时,任意第 i 层的压缩量 ΔS_i 可按式(4-10a)确定:

$$\Delta S_i = \frac{e_{1i} - e_{2i}}{1 + e_{1i}} h_i \tag{4-10a}$$

②在已知相应力范围内的压缩系数 α_i 时,任意第 i 层的压缩量 ΔS_i 可按式(4-10b)确定:

$$\Delta S_i = \frac{\alpha_i}{1 + e_{1i}} \overline{\sigma}_{zi} h_i \tag{4-10b}$$

③在已知相应力范围内的压缩模量 E_{si} 时,任意第 i 层的压缩量 ΔS_i 可按式(4-10c)确定:

$$\Delta S_i = \frac{1}{E_{si}} \overline{\sigma}_{zi} h_i \tag{4-10c}$$

(6)总和各分层的沉降量。按式(4-6)计算,即得基础底面一个地基沉降计算点的最终沉

降量 S。用上述方法计算得到的地基沉降量,宜按地区经验加以修正,即

$$S = m_s \sum_{i=1}^{n} \Delta S_i \qquad (4-11)$$

修正系数根据大量现场实测资料与计算对比分析得到,如缺乏资料可参考表 4-2 选用。

沉降量计算经验系数 m_s 　　　　　　　　　　　　　　　　　表 4-2

E_{si}(MPa)	1~4	4~7	7~15	15~20	>20
m_s	1.8~1.1	1.1~0.8	0.8~0.4	0.4~0.2	0.2

注:1. E_s 为地基压缩层范围内土的压缩模量,当压缩层由多层土组成时,E_s 可按厚度的加权平均值采用。

　　2. 表中与给出的区间值,应对应取值。

各层压缩模量:

$$E_{si} = \frac{(p_{2i} - p_{1i})(1 + e_{1i})}{e_{1i} - e_{2i}} = \frac{\overline{\sigma}_{zi}(1 + e_{1i})}{e_{1i} - e_{2i}} \qquad (4-12)$$

用上述分层总和法计算出基础某一断面两端点的地基沉降量,即可得出基础该两点之间的沉降差。

【例4-1】 某项目第 7 合同段某分项工程基础为矩形基础,基底长度 $L = 10\text{m}$,宽度和埋置深度如图 4-4 所示,其上作用中心荷载 $F = 10000\text{kN}$(已包括基础和填土的自重)。地基土为均质黏土,液性指数 $I_L \geq 1$,天然重度 $\gamma = 19\text{kN/m}^3$,饱和重度 $\gamma_{\text{sat}} = 20\text{kN/m}^3$,地基土层室内压缩试验成果见表4-3。若地下水位距基底2.5m,试用分层总和法求基础中心点的地基沉降量。

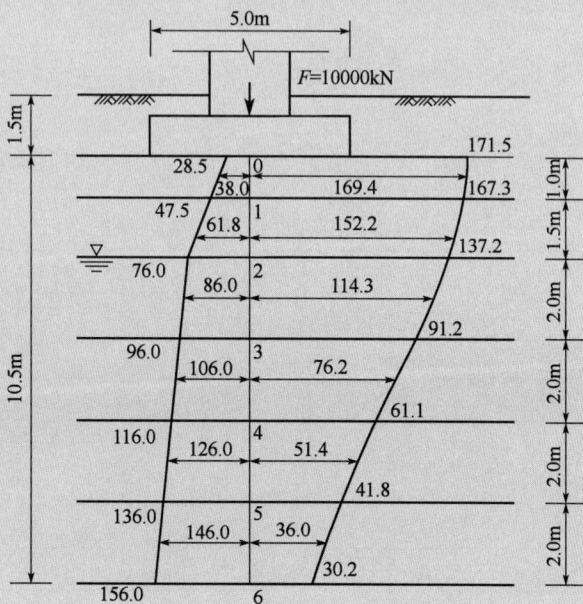

图 4-4 【例4-1】图(应力单位:kPa)

地基土层的 e-p 曲线				表 4-3	
基底压力 p(kPa)	0	50	100	200	300
孔隙比 e	0.651	0.625	0.608	0.587	0.570

【解】 (1)地基分层:考虑分层厚度不超过 $0.4B = 2.0m$,以及地下水位。基底以下距地下水位分两层,厚度分别为 $1.0m$ 和 $1.5m$,其下土层分层厚度均为 $2.0m$。

(2)计算各分层面的竖向自重应力并绘制分布曲线,如图4-4所示。

$$\sigma_{c0} = \gamma D = 19 \times 1.5 = 28.5 (\text{kPa})$$

$$\sigma_{c1} = \sigma_{c0} + \gamma h_1 = 28.5 + 19 \times 1.0 = 47.5 (\text{kPa})$$

$$\sigma_{c2} = \sigma_{c1} + \gamma h_2 = 47.5 + 19 \times 1.5 = 76.0 (\text{kPa})$$

$$\sigma_{c3} = \sigma_{c2} + \gamma' h_3 = 76 + (20 - 10) \times 2.0 = 96.0 (\text{kPa})$$

$$\sigma_{c4} = \sigma_{c3} + \gamma' h_4 = 96 + (20 - 10) \times 2.0 = 116.0 (\text{kPa})$$

$$\sigma_{c5} = \sigma_{c4} + \gamma' h_5 = 116 + (20 - 10) \times 2.0 = 136.0 (\text{kPa})$$

$$\sigma_{c6} = \sigma_{c5} + \gamma' h_6 = 136 + (20 - 10) \times 2.0 = 156.0 (\text{kPa})$$

(3)计算各分层面的地基竖向附加应力并绘制分布曲线,如图4-4所示。

因属空间问题,需采用角点法求解。为此中心点将基底划分为4块面积相等的小矩形,其长度 $L_1 = 5m$,宽度 $B_1 = 2.5m$,中心正好在4个小矩形的公共角点上,该点下任意深度 z_i 处的地基竖向附加应力为一个小矩形计算面积所得的4倍。计算结果见表4-4。

基底压力

$$p = \frac{F}{LB} = \frac{10000}{10 \times 5} = 200 (\text{kPa})$$

基底附加压力为

$$p_0 = p - \gamma D = 200 - 19 \times 1.5 = 171.5 (\text{kPa})$$

【例4-1】附加应力计算成果表 表 4-4

分层点	z_i(m)	z_i/B_1	L_1/B_1	α_s	$\sigma_z = 4\alpha_s p_0$(kPa)
0	0	0	2.0	0.250	171.5
1	1.0	0.4	2.0	0.244	167.4
2	2.5	1.0	2.0	0.200	137.2
3	4.5	1.8	2.0	0.133	91.2
4	6.5	2.6	2.0	0.089	61.1
5	8.5	3.4	2.0	0.061	41.8
6	10.5	4.2	2.0	0.044	30.2

（4）确定压缩层厚度。

从计算结果可知，在第 5 层土层下部 $\sigma_z/\sigma_c = 41.8/136.0 = 0.307 > 0.2$，第 6 层土层下部 $\sigma_z/\sigma_c = 30.2/156.0 = 0.194 < 0.2$，所以压缩层的厚度为基底以下 10.5m。

（5）计算各分层的平均自重应力和平均附加应力。

各分层平均自重应力 $\overline{\sigma}_{ci}$ 和平均附加应力 $\overline{\sigma}_{zi}$ 计算的结果见表4-5。

【例4-1】各分层的平均自重应力和平均附加应力 表4-5

层号	平均自重应力 $\overline{\sigma}_{ci} = p_{1i}$ (kPa)	平均附加应力 $\overline{\sigma}_{zi}$ (kPa)	$p_{2i} = \overline{\sigma}_{ci} + \overline{\sigma}_{zi}$ (kPa)	初始孔隙比 e_{1i}	压缩稳定后的孔隙比 e_{2i}	分层压缩量 $\Delta S_i = \dfrac{e_{1i} - e_{2i}}{1 + e_{1i}} h_i$ (mm)	各土层的压缩模量 E_{si} (MPa)
①	38.0	169.5	207.5	0.631	0.586	27.6	6.14
②	61.8	152.3	214.1	0.621	0.585	33.3	6.86
③	86.0	114.2	200.2	0.613	0.587	32.2	7.08
④	106.0	76.2	182.2	0.607	0.591	19.9	7.65
⑤	126.0	51.5	177.5	0.603	0.592	13.7	7.50
⑥	146.0	36.0	182.0	0.598	0.591	8.8	8.22

（6）根据表4-5计算各分层的初始孔隙比 e_{1i} 和压缩稳定后的孔隙比 e_{2i}。例如，层号为② 的初始孔隙比 $e_{1i} = 0.625 - \dfrac{0.625 - 0.608}{100 - 50} \times (61.8 - 50) = 0.621$。其结果见表4-5。

（7）计算各分层的沉降量。

例如，层号为①的 $\Delta S_i = \dfrac{e_{1i} - e_{2i}}{1 + e_{1i}} h_i = \dfrac{0.631 - 0.586}{1 + 0.631} \times 1000 = 27.6 (\text{mm})$。各分层的沉降量见表4-5。

（8）计算地基的最终沉降量。

$$S = \sum_{i=1}^{n} \Delta S_i = 27.6 + 33.3 + 32.3 + 19.9 + 13.7 + 8.8 = 135.5 (\text{mm})$$

（9）确定沉降计算经验系数 m_s，计算基础的总沉降量。

由式(4-12)可求得地基压缩层范围内各层土的压缩模量，如层号为②的压缩模量

$E_{si} = \dfrac{\overline{\sigma}_{zi}(1 + e_{1i})}{e_{1i} - e_{2i}} = \dfrac{152.3 \times 10^{-3} \times (1 + 0.621)}{0.621 - 0.585} = 6.86 (\text{MPa})$，计算结果见表4-5。整个压缩层的沉降模量按厚度的加权平均值计算：

$$E_s = \dfrac{\sum_{i=1}^{n} E_{si} h_i}{z_n} = \dfrac{6.14 \times 1.0 + 6.86 \times 1.5 + (7.09 + 7.65 + 7.49 + 8.22) \times 2.0}{10.5} = 7.36 (\text{MPa})$$

根据 E_s 值参照表4-2经内插得 $m_s = 0.782$，所以经修正后基础最终沉降量为

$$S' = m_s S = 0.782 \times 135.5 = 106.0 (\text{mm})$$

✎ **交流与讨论**

　　最终沉降量计算综合了竖向自重应力计算、基底压力计算、基底附加应力计算和地基附加应力计算等内容,因此地基中的应力计算是地基最终沉降量计算的重要基础。由例题的计算结果可以比较基础中心线上竖向自重应力和竖向地基附加应力的分布特点:自重应力由天然地面开始起算,而地基附加应力是从基底开始起算,在基底处的地基附加应力等于基底附加应力,自重应力随深度逐渐增大,地基附加应力随深度逐渐减小。

　　在实际工程中,尤其遇到软土地基时,用上述方法求得的沉降值普遍偏小,为此要结合当地地基土沉降的特点,将计算结果乘以一个适当的修正系数进行修正。另外,如果对基础的沉降差有要求,还需计算基础边缘点下地基的沉降量,这样可以得到基础边缘两点的沉降差,分析其是否满足沉降差的要求。

4.2 《公路桥涵地基与基础设计规范》推荐的最终沉降计算

　　地基最终沉降量也可采用《公路桥涵地基与基础设计规范》(JTG 3363—2019)所推荐的方法,运用地基平均附加应力系数计算。

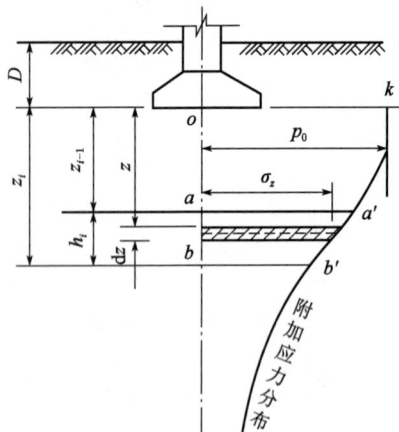

图 4-5 《公路桥涵地基与基础设计规范》公式推导

4.2.1　方法原理

　　单向压缩分层总和法计算第 i 层土的压缩量为

$$S_i' = \frac{\overline{\sigma}_{zi} h_i}{E_{si}} \qquad (4\text{-}13)$$

　　式中的分子 $\overline{\sigma}_{zi} h_i$ 等于第 i 层的附加应力图 $aa'b'b$ 的面积(图 4-5)。$aa'b'b$ 的面积也可采用 $okb'b$ 和 $oka'a$ 面积之差计算。

　　其中　　$okb'b$ 面积 $= \displaystyle\int_0^{z_i} \overline{\sigma}_{zi} \mathrm{d}z = \overline{\sigma}_{zi} z_i$ 　(4-14a)

　　　　　　$oka'a$ 面积 $= \displaystyle\int_0^{z_{i-1}} \overline{\sigma}_z \mathrm{d}z = \overline{\sigma}_{z(i-1)} z_{i-1}$ 　(4-14b)

　　故　　　$S_i' = \dfrac{\overline{\sigma}_{zi} z_i - \overline{\sigma}_{z(i-1)} z_{i-1}}{E_{si}}$ 　　(4-15)

式中:$\overline{\sigma}_{zi}$——深度 z_i 范围内的平均附加应力,kN;

　$\overline{\sigma}_{z(i-1)}$——深度 z_{i-1} 范围内的平均附加应力,kN。

　　将平均附加应力除以基底附加应力 ρ_0,可得平均附加应力系数,即

$$\bar{a}_i = \frac{\overline{\sigma_{zi}}}{\rho_0}, \text{即} \ \overline{\sigma}_{zi} = \rho_0 \bar{a}_i \tag{4-16a}$$

$$\bar{a}_{i-1} = \frac{\overline{\sigma_{z(i-1)}}}{\rho_0}, \text{即} \ \overline{\sigma}_{z(i-1)} = \rho_0 \bar{a}_{i-1} \tag{4-16b}$$

将式(4-14)代入式(4-15)可得第 i 层土的沉降量,即

$$S'_i = \frac{1}{E_{si}} \rho_0 \bar{a}_i z_i - \rho_0 \bar{a}_{i-1} z_{i-1} = \frac{\rho_0}{E_{si}} (\bar{a}_i z_i - \bar{a}_{i-1} z_{i-1}) \tag{4-17}$$

则地基总沉降量

$$S' = \sum_{i=1}^{n} S'_i = \sum_{i=1}^{n} \frac{\rho_0}{E_{si}} (\bar{a}_i z_i - \bar{a}_{i-1} z_{i-1}) \tag{4-18}$$

4.2.2 《公路桥涵地基与基础设计规范》推荐的公式

由分层总和法推导而得的式(4-18),乘以沉降计算经验系数 ψ_s,即为《公路桥涵地基与基础设计规范》(JTG 3363—2009)推荐的最终沉降量计算公式(4-19)。

$$S = \psi_s S' = \psi_s \sum_{i=1}^{n} \frac{p_0}{E_{si}} (\bar{a}_i z_i - \bar{a}_{i-1} z_{i-1}) \tag{4-19}$$

式中:S——地基最终沉降量,mm;

S'——按分层总和法计算出的地基沉降量,mm;

ψ_s——沉降计算经验系数,根据地区沉降观测资料及经验确定,无地区经验系数时可根据沉降计算深度范围内压缩模量的当量值、基底附加压力,按表4-6取值;

n——地基沉降计算深度 z_n 范围内所划分的土层数;

p_0——基底附加应力,kPa;

E_s——基础底面下第 i 层土的压缩模量 MPa,应取土的自重应力至土的自重应力与附加应力之和的压力段计算;

z_i、z_{i-1}——基础底面至第 i 层土、第 $i-1$ 层土底面的距离,m;

$\bar{a}_i$、$\bar{a}_{i-1}$——基础底面计算点至第 i 层和第 $i-1$ 层土底面范围内平均附加应力系数,可查表4-7(平均附加应力系数 $\bar{a}$ 是指基础底面至第 i 层土底面全部土层的平均附加应力系数,而非地基中某一位置的附加应力系数)。

沉降计算经验系数 ψ 表4-6

基底附加应力	压缩模量 $\bar{E}_s$(MPa)				
	2.5	4.0	7.0	15.0	20.0
$\rho_0 \geqslant [f_{a0}]$	1.4	1.3	1.0	0.4	0.2
$\rho_0 \leqslant 0.75[f_{a0}]$	1.1	1.0	0.7	0.4	0.2

注:1. 表中[f_{a0}]为地基承载力基本容许值(参阅本书模块5相关内容),表列数据可内插。

2. 表中 $\bar{E}_s$ 沉降计算深度范围内压缩模量的当量值,应按下式计算:

$$\bar{E}_s = \frac{\sum \Delta A_i}{\sum \dfrac{\Delta A_i}{E_{si}}} \tag{4-20}$$

式中:ΔA——第 i 层土附加应力系数沿土层厚度的积分值,$\Delta A_i = p_0(z_i \bar{a}_i - z_{i-1} \bar{a}_{i-1})$。

矩形面积上矩形（均布）荷载作用下中点平均附加应力系数 $\bar{a}$ 表 4-7

z/B	L/B												
	1.0	1.2	1.4	1.6	1.8	2.0	2.4	2.8	3.2	3.6	4.0	5.0	≥10.0
0.0	1.000	1.000	1.000	1.000	1.000	1.000	1.000	1.000	1.000	1.000	1.000	1.000	1.000
0.1	0.997	0.998	0.998	0.998	0.998	0.998	0.998	0.998	0.998	0.998	0.998	0.998	0.998
0.2	0.987	0.990	0.991	0.992	0.992	0.992	0.993	0.993	0.993	0.993	0.993	0.993	0.993
0.3	0.967	0.973	0.976	0.978	0.979	0.979	0.980	0.980	0.980	0.981	0.981	0.981	0.981
0.4	0.936	0.947	0.953	0.956	0.958	0.965	0.961	0.962	0.962	0.963	0.963	0.963	0.963
0.5	0.900	0.915	0.924	0.929	0.933	0.935	0.937	0.939	0.939	0.940	0.940	0.940	0.940
0.6	0.858	0.878	0.890	0.898	0.903	0.906	0.910	0.912	0.913	0.914	0.914	0.915	0.915
0.7	0.816	0.840	0.855	0.865	0.871	0.876	0.881	0.884	0.885	0.886	0.887	0.887	0.888
0.8	0.775	0.801	0.819	0.831	0.839	0.844	0.851	0.855	0.857	0.858	0.859	0.860	0.860
0.9	0.735	0.764	0.784	0.797	0.806	0.813	0.821	0.826	0.829	0.830	0.831	0.831	0.836
1.0	0.698	0.728	0.749	0.764	0.775	0.783	0.792	0.798	0.801	0.803	0.804	0.806	0.807
1.1	0.663	0.694	0.717	0.733	0.744	0.753	0.764	0.771	0.775	0.777	0.779	0.780	0.782
1.2	0.631	0.663	0.686	0.703	0.715	0.725	0.737	0.744	0.749	0.752	0.754	0.756	0.758
1.3	0.601	0.633	0.657	0.674	0.688	0.698	0.711	0.719	0.725	0.728	0.730	0.733	0.735
1.4	0.573	0.605	0.629	0.648	0.661	0.672	0.687	0.696	0.701	0.705	0.708	0.711	0.714
1.5	0.548	0.580	0.604	0.622	0.637	0.648	0.664	0.673	0.679	0.683	0.686	0.690	0.693
1.6	0.524	0.556	0.580	0.599	0.613	0.625	0.641	0.651	0.658	0.663	0.666	0.670	0.675
1.7	0.502	0.533	0.558	0.577	0.591	0.603	0.620	0.631	0.638	0.643	0.646	0.651	0.656
1.8	0.482	0.513	0.537	0.556	0.571	0.588	0.600	0.611	0.619	0.624	0.629	0.633	0.638
1.9	0.463	0.493	0.517	0.536	0.551	0.563	0.581	0.593	0.601	0.606	0.610	0.616	0.622
2.0	0.446	0.475	0.499	0.518	0.533	0.545	0.563	0.575	0.584	0.590	0.594	0.600	0.606
2.1	0.429	0.459	0.482	0.500	0.515	0.528	0.546	0.559	0.567	0.574	0.578	0.585	0.591
2.2	0.414	0.443	0.466	0.484	0.499	0.511	0.530	0.543	0.552	0.558	0.563	0.570	0.577
2.3	0.400	0.428	0.451	0.469	0.484	0.496	0.515	0.528	0.537	0.544	0.548	0.554	0.564
2.4	0.387	0.414	0.436	0.454	0.469	0.481	0.500	0.513	0.523	0.530	0.535	0.543	0.551
2.5	0.374	0.401	0.423	0.441	0.455	0.468	0.486	0.500	0.509	0.516	0.522	0.530	0.539
2.6	0.362	0.389	0.410	0.428	0.442	0.473	0.473	0.487	0.496	0.504	0.509	0.518	0.528
2.7	0.351	0.377	0.398	0.416	0.430	0.461	0.461	0.474	0.484	0.492	0.497	0.506	0.517
2.8	0.341	0.366	0.387	0.404	0.418	0.449	0.449	0.463	0.472	0.480	0.486	0.495	0.506
2.9	0.331	0.356	0.377	0.393	0.407	0.438	0.438	0.451	0.461	0.469	0.475	0.485	0.496
3.0	0.322	0.346	0.366	0.383	0.397	0.409	0.429	0.441	0.451	0.459	0.465	0.474	0.487
3.1	0.313	0.337	0.357	0.373	0.387	0.398	0.417	0.430	0.440	0.448	0.454	0.464	0.477
3.2	0.305	0.328	0.348	0.364	0.377	0.389	0.407	0.420	0.431	0.439	0.445	0.455	0.468
3.3	0.297	0.320	0.339	0.355	0.368	0.379	0.397	0.411	0.421	0.429	0.436	0.446	0.460

续上表

z/B	L/B												
	1.0	1.2	1.4	1.6	1.8	2.0	2.4	2.8	3.2	3.6	4.0	5.0	≥10.0
3.4	0.289	0.312	0.331	0.346	0.359	0.371	0.388	0.402	0.412	0.420	0.427	0.437	0.452
3.5	0.282	0.304	0.323	0.338	0.351	0.362	0.380	0.393	0.403	0.412	0.418	0.429	0.444
3.6	0.276	0.297	0.315	0.330	0.343	0.354	0.372	0.385	0.395	0.403	0.410	0.421	0.436
3.7	0.269	0.290	0.308	0.323	0.335	0.346	0.364	0.377	0.387	0.395	0.402	0.412	0.429
3.8	0.263	0.284	0.301	0.316	0.328	0.339	0.356	0.369	0.379	0.388	0.394	0.405	0.422
3.9	0.257	0.277	0.294	0.309	0.321	0.332	0.349	0.362	0.372	0.380	0.387	0.398	0.415
4.0	0.251	0.271	0.288	0.302	0.311	0.325	0.342	0.355	0.365	0.373	0.379	0.391	0.408
4.1	0.246	0.265	0.282	0.296	0.308	0.318	0.335	0.348	0.358	0.366	0.372	0.384	0.402
4.2	0.241	0.260	0.276	0.290	0.302	0.312	0.328	0.341	0.352	0.359	0.366	0.377	0.396
4.3	0.236	0.255	0.270	0.284	0.296	0.306	0.322	0.335	0.345	0.353	0.359	0.371	0.390
4.4	0.231	0.250	0.265	0.278	0.290	0.300	0.316	0.329	0.339	0.347	0.353	0.365	0.384
4.5	0.226	0.245	0.260	0.273	0.285	0.294	0.310	0.323	0.333	0.341	0.347	0.359	0.378
4.6	0.222	0.240	0.255	0.268	0.279	0.289	0.305	0.317	0.327	0.335	0.341	0.353	0.373
4.7	0.218	0.235	0.250	0.263	0.274	0.284	0.299	0.312	0.321	0.329	0.336	0.347	0.367
4.8	0.214	0.231	0.245	0.258	0.269	0.279	0.294	0.306	0.316	0.324	0.330	0.342	0.362
4.9	0.210	0.227	0.241	0.253	0.265	0.274	0.289	0.301	0.311	0.319	0.325	0.337	0.357
5.0	0.206	0.223	0.237	0.249	0.260	0.269	0.284	0.296	0.306	0.313	0.320	0.332	0.352

4.2.3 确定地基压缩层计算深度 Z_n

地基压缩层计算深度 Z_n 可按4.1.2单向压缩分层总和法中的沉降控制方法确定。

【例4-2】 某项目第7合同段某分项工程的基础为矩形基础(图4-6),基底长度 $L=10\text{m}$,宽度 $B=5\text{m}$,埋置深度 $D=1.5\text{m}$,地下水位距基底2.5m,其上作用中心荷载 $F=10000\text{kN}$(已包括基础和填土的自重)。地基土为均质黏性土,液性指数 $I_L\geqslant 1$,天然重度 $\gamma=19\text{kN/m}^3$,饱和重度 $\gamma_{sat}=20\text{kN/m}^3$。土层压缩模量:地下水位以上 $E_{s1}=6.24\text{MPa}$,地下水位以下 $E_{s2}=7.48\text{MPa}$。地基承载力基本容许值 $[f_{a0}]=130\text{kPa}$。试用规范法求基础中心点的地基沉降量。

【解】 (1)计算基底附加应力
基底压力为

$$p=\frac{F}{LB}=\frac{10000}{10\times 5}=200(\text{kPa})$$

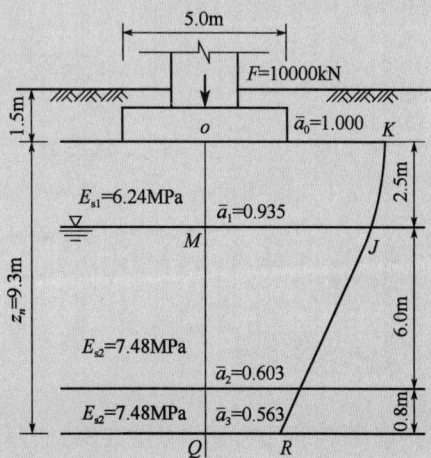

图4-6 【例4-2】图

基底附加压力为

$$p_0 = p - rD = 200 - 19 \times 1.5 = 171.5(\text{kPa})$$

(2)计算地基沉降计算深度 z_n

$$z_n = B(2.5 - 0.4\ln B) = 5 \times (2.5 - 0.4\ln 5) = 9.3(\text{m})$$

(3)计算各土层沉降量(表4-8)。

规范法计算地基沉降量　　　　　表4-8

$z(\text{m})$	L/B	z/B	$\bar{a}$	$z_i\bar{a}$	$z_i\bar{a}_i - z_{i-1}\bar{a}_{i-1}$	$E_{si}(\text{MPa})$	$S_i'(\text{mm})$	$S'(\text{mm})$
0.0	2.0	0.0	1.000	0.000	—	—	—	—
2.5	2.0	0.5	0.935	2.338	2.338	6.24	64.2	64.2
8.5	2.0	1.7	0.603	5.126	2.788	7.48	63.9	128.1
9.3	2.0	1.9	0.563	5.236	0.110	7.48	2.5	130.6

(4)确定地基沉降计算深度 z_n

表4-8中 $z_n = 9.3\text{m}$ 深度范围内的计算沉降为130.6mm,相应于基底宽度 $4 < B \leq 8$ 宽度范围按表4-1往上取, $\Delta z = 0.8\text{m}$ 土层计算沉降量为 $2.5\text{mm} \leq 0.025 \times 130.6 = 3.3\text{mm}$,满足要求,故沉降计算深度 $z_n = 9.3\text{m}$。

(5)确定地基沉降计算经验系数 ψ_s

$$\bar{E}_s = \frac{\sum \Delta A_i}{\sum \dfrac{\Delta A_i}{E_{si}}}$$

$$= \frac{p_0(z_n\bar{a}_n - 0 \times \bar{a}_0)}{p_0\left(\dfrac{z_1\bar{a}_1 - 0 \times \bar{a}_0}{E_{s1}} + \dfrac{z_2\bar{a}_2 - z_1\bar{a}_1}{E_{s2}} + \dfrac{z_3\bar{a}_3 - z_2\bar{a}_2}{E_{s3}}\right)}$$

$$= \frac{p_0 \times 5.236}{p_0\left(\dfrac{2.338}{6.24} + \dfrac{2.788}{7.48} + \dfrac{0.110}{7.48}\right)} = 6.87(\text{MPa})$$

根据表4-6,当 $p_0 = 171.5\text{kPa} \geq [f_{a0}] = 130(\text{kPa})$,得 $\psi_s = 1.01$。

(6)计算基础中心点最终沉降量

$$S = \psi_s S' = 1.01 \times 130.7 = 132.0(\text{mm})$$

交流与讨论

计算最终沉降量同分层总和法相比,规范法主要有以下三个特点:

(1)由于附加应力沿深度的分布是非线性的,如果分层总和法中分层厚度太大,用分层上下层面附加应力的平均值作为该分层平均附加应力将产生较大的误差;而规范法由于采用了精确的"应力面积"的概念,可以划分较少的层数,一般可以按地基土的天然层面划分,使得计算工作得以简化。

(2)地基沉降计算深度 z_n 的确定方法较分层总和法更为合理。

(3)提出了沉降计算经验系数 ψ_s。ψ_s 是从大量的工程实际沉降观测资料中,经数理统计分析得出的,综合反映了许多因素的影响,如侧限条件的假设;计算附加应力时对地基土均质的假设与地基土层实际成层的不一致对附加应力分布的影响;不同压缩性的地基土沉降计算值与实测值的差异不同;等等。因此,规范法更接近于实际。

规范法也是基于同分层总和法一样的基本假设。由于它具有以上的特点,它实质上是一种简化并经修正的分层总和法。

4.3 饱和土的渗透固结、地基沉降与时间的关系

前面已讨论了地基最终沉降的计算问题,但在工程实践中,往往还需要了解建筑物在施工期间或竣工以后某一时间的基础沉降量,以便控制施工进度,或确定建筑物有关部分之间的预留净空或连接方法。

无黏性土的透水性很好,其固结稳定所需的时间很短,通常在外荷载施加完毕时(如建筑物竣工),其沉降已经稳定;黏性土和粉土透水性差,完成固结所需的时间往往很长,有时甚至需要几年几十年才能完成。因此,下面将要讨论的沉降与时间的关系是对黏性土和粉土而言的。

4.3.1 饱和土的渗透固结

在工程应用中,饱和土一般是指饱和度 $S_r \geqslant 80\%$ 的土。此时,土中虽有少量气体存在,但大多为封闭气体,故可视为饱和土。饱和土在压力作用下,孔隙中的一部分水将随时间的推移而逐渐被挤出,同时孔隙体积随之缩小,这一过程称为饱和土的渗透固结。

图4-7所示的弹簧活塞模型说明饱和土的渗透固结过程。在一个盛满水的圆筒中装着一个带有弹簧的活塞,弹簧上、下端连接着活塞和筒底,活塞上有许多透水小孔。施加外压力之前,弹簧不受力,圆筒内的水只有静水压力。在活

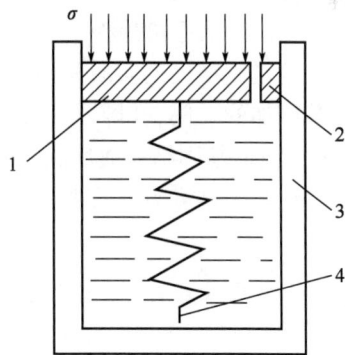

图4-7 弹簧活塞模型
1-带孔活塞;2-排水孔;3-圆筒;4-弹簧

塞上施加外压力的一瞬间,水还来不及从活塞上的小孔排出,水的体积不变,活塞不下降,因而弹簧没有变形(不受力),全部压力由圆筒内的水承担。水受到超静水压力后开始经活塞小孔逐渐排出,受压活塞随之下降,此时弹簧长度缩短而承受压力且压力逐渐增加,直至外压力全部由弹簧承担为止。

设想以弹簧来模拟土骨架,圆筒内的水相当于孔隙水,活塞上的小孔代表土的透水性,则此模型可以用来说明饱和土在渗透固结中土骨架和孔隙水对外压力(附加应力)的分担作用,

即施加在饱和土上的外压力开始时全部由土中水承担,随着土孔隙中一些自由水的挤出,外压力逐渐转嫁给土骨架,直至全部由土骨架承担为止。

根据饱和土的有效应力原理[式(4-21)],在饱和土的固结过程中任一时刻 t,土骨架承担的有效应力 σ' 与孔隙水承担的(超静)孔隙水压力 u 之和总是等于作用在土中的附加应力 σ_z,即

$$\sigma' + u = \sigma_z \tag{4-21}$$

由上式可知,在加压的一瞬间,由于 $u = \sigma_z$,所以 $\sigma' = 0$;而在固结变形完全稳定时,$u = 0$,$\sigma' = \sigma_z$。因此,只要土中孔隙水压力还存在,就意味着土的渗透固结尚未完成。也就是说,饱和土的固结过程就是孔隙水压力的消散和有效应力相应增大的过程。

4.3.2 地基沉降与时间的关系

下面讨论地基在一维固结中的沉降与时间的关系。所谓一维固结,是指饱和黏性土层在渗透固结过程中,孔隙水只沿一个方向渗流,同时土颗粒只朝一个方向位移。例如,当荷载面积远大于压缩土层的厚度时,地基中的孔隙水主要沿竖向渗流,此即为一维固结问题。对于堤坝及其地基,孔隙水主要沿两个方向渗流,属于二维固结问题;对于房屋地基,则一般属于三维固结问题。

采用太沙基提出的一维固结理论可以求得地基在任一时间的固结沉降。此时,通常需要用到地基固结度 U 这个指标,即

$$U = \frac{S_t}{S} \tag{4-22}$$

式中:S_t——地基在某一时刻的沉降量,mm;

S——地基的最终沉降量,mm。

地基固结度的实质是地基中孔隙水压力 u 的消散程度或有效应力 σ' 的增长程度。在外荷载施加的瞬间,孔隙水压力还来不及消散,$u = \sigma_z$,$\sigma' = 0$,故 $U = 0$;在地基固结过程中,$0 < U < 1$;当地基固结完成后,$u = 0$,$\sigma' = \sigma_z$,$U = 1$(或 $U = 100\%$)。

地基固结度 U 可以按下式计算(推导过程略):

$$U = 1 - \frac{8}{\pi^2} \sum_{m=1,3}^{\infty} \frac{1}{m^2} e^{-\pi^2 m^2 \frac{T_v}{4}} \tag{4-23a}$$

$$T_v = \frac{C_v t}{h^2} \tag{4-23b}$$

$$C_v = \frac{k(1+e)}{\gamma_w \alpha} \tag{4-23c}$$

式中:T_v——时间因数;

C_v——土的竖向固结系数,cm²/年;

k——土的渗透系数,cm/年;

e——固结开始时土的孔隙比;

α——土的压缩系数,MPa^{-1};

γ_w——水的重度,$10kN/m^3$;

t——固结时间,年;

h——压缩土层最远的排水距离,m,当土层为单面(上面或下面)排水时,h 取土层厚度,双面排水时,水由土层中心分别向上、下两个方向排出,此时 h 应取土层厚度的一半。

式(4-23)的级数收敛很快,当 $U > 30\%$ 时,可近似取其中第一项,即

$$U = 1 - \frac{8}{\pi^2}e^{-\pi^2\frac{T_v}{4}} \tag{4-24}$$

为了便于应用,绘制图4-8所示的 $U\text{-}T_v$ 关系曲线($\alpha = 1$)。该曲线适用于附加应力上下均匀分布的情况,也适用于双面排水情况。对于地基为单面排水且上下面附加应力又不相等的情况(如 σ_z 为梯形分布或三角形分布等),可由式(4-25)查图4-8中相应的曲线。土层的排水面可以这样来判别:当土层的某一面为地面或砂层时,该面为排水面;若另一面也有砂层,则该土层为双面排水。

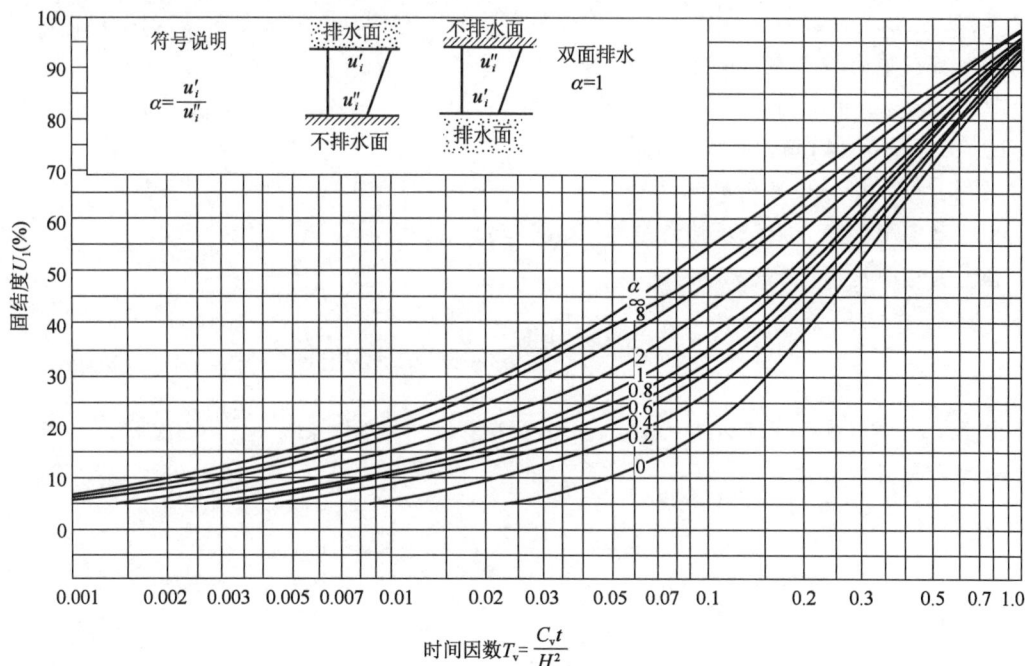

图 4-8 $U\text{-}T_v$ 关系曲线图

$$\alpha = \frac{\sigma'_z}{\sigma''_z} \tag{4-25}$$

式中:σ'_z——排水面附加应力,kN;

σ''_z——不排水面附加应力,kN。

根据 $U\text{-}T_v$ 关系曲线(图4-8),可以求出某一时间 t 所对应的固结度,从而计算出相应的沉降 S_t;也可以按照某一固结度(相应的沉降 S_t),推算出所需的时间 t。

✎ 交流与讨论

在附加应力分布及排水条件相同的情况下,两种土质相同(C_v 相同)而厚度不同的土层,在达到相同的固结度时,其时间因数也应相等,即

$$T_v = \frac{C_v t_1}{{h_1}^2} = \frac{C_v t_2}{{h_2}^2} \tag{4-26}$$

$$\frac{t_1}{t_2} = \frac{h_1^2}{h_2^2} \tag{4-27}$$

土质相同而厚度不同的两层土,当附加应力分布和排水条件都相同时,达到同一固结度所需的时间之比等于两土层最大排水距离的平方之比。因而对于同一地基,若将单面排水改为双面排水,要达到相同的固结度,所需时间仅为原来的 1/4。

【例4-3】 某项目第 7 合同段某饱和黏性土层的厚度为 10m,在大面积荷载 $p_0 = 120\text{kPa}$ 作用下,设该土层的初始孔隙比 $e = 1$,压缩系数 $\alpha = 0.3\text{MPa}^{-1}$,渗透系数 $k = 1.8\text{cm/a}(年)$。按黏性土层在单面排水或双面排水条件下,分别求:

(1)加荷后一年时的沉降量(假定 $U > 30\%$);

(2)沉降量达 144mm 时所需的时间。

【解】 (1)求 $t = 1$ 年时的沉降量

黏性土中附加应力沿深度均匀分布,故 $\sigma_z = p_0 = 120\text{kPa}$。

黏性土层的最终(固结)沉降量:

$$S = \frac{\alpha \sigma_z}{1+e} h = \frac{0.3 \times 0.12}{1+1} \times 10000 = 180(\text{mm})$$

由于 $k = 1.8\text{cm/a} = 1.8 \times 10^{-2}\text{m/a}$,$\alpha = 0.3\text{MPa}^{-1} = 3 \times 10^{-4}\text{kPa}^{-1}$,$\gamma = 10\text{kN/m}^{-3}$,及 $e = 1$ 计算土的竖向固结系数:

$$C_v = \frac{k(1+e)}{\gamma \alpha} = \frac{1.8 \times 10^{-2} \times (1+1)}{10 \times 3 \times 10^{-4}} = 12(\text{m}^2/\text{a})$$

①在单面排水条件下:

$$T_v = \frac{C_v t}{h^2} = \frac{12 \times 1}{10^2} = 0.12$$

查图 4-8 中曲线 $\alpha = 1$,得到相应的固结度 $U = 39\%$,因此 $t = 1$ 年时的沉降量:

$$S_t = US = 0.39 \times 180 = 70.2(\text{mm})$$

②在双面排水条件下:

$$T_v = \frac{C_v t}{h^2} = \frac{12 \times 1}{5^2} = 0.48$$

查图 4-87 中曲线 $\alpha = 1$,得到相应的固结度 $U = 75\%$,因此 $t = 1$ 年时的沉降量:

$$S_t = US = 0.39 \times 180 = 70.2(\text{mm})$$

（2）求沉降量达144mm时所需的时间

固结度

$$U = \frac{S_t}{S} = 144 \times 180 \times 100\% = 80\%$$

由图4-8查曲线 $\alpha = 1$，得 $T_v = 0.57$。

①在单面排水条件下：

$$t = \frac{T_v h^2}{C_v} = \frac{0.57 \times 10^2}{12} = 4.75（年）$$

②在双面排水条件下：

$$t = \frac{T_v h^2}{C_v} = \frac{0.57 \times 5^2}{12} = 1.19（年）$$

课后思考题

[4-1] 试述分层总和法计算沉降计算假定、计算步骤和内容。

[4-2] 在计算地基最终沉降时，为什么自重应力要用有效重度进行计算？

[4-3] 研究地基沉降与时间的关系有什么意义？何谓固结度？它与时间因子的关系如何？

课后练习题

[4-1] 矩形基础的底面尺寸为 4m × 2.5m，基础埋深 1.0m，地下水位位于基底高程处，地基土的物理指标如图 4-9 所示，室内压缩试验结果见表 4-9，试用分层总和法计算基础中心点沉降。

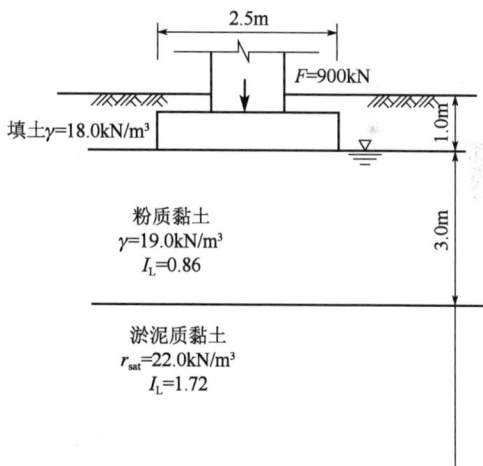

图 4-9　课后练习题[4-1]图

填土γ=18.0kN/m³

粉质黏土 γ=19.0kN/m³ I_L=0.86

淤泥质黏土 r_{sat}=22.0kN/m³ I_L=1.72

F=900kN

2.5m, 1.0m, 3.0m

室内压缩试验 e-p 关系　　表 4-9

土层	孔隙比 e				
基底压力 p(kPa)	0	50	100	200	300
粉质黏性土	0.940	0.887	0.856	0.805	0.772
淤泥粉质黏性土	1.042	0.924	0.890	0.846	0.820

（答案：39.7mm）

[4-2] 用规范法计算课后练习题[4-1]中基础中心点下粉质黏土层的压缩量（土层分层同课后练习题4-1，粉质黏性土的压缩模量 $E_{s1} = 2.77$MPa，淤泥粉质黏性土压缩模量 $E_{s2} =$

3.88MPa,$p_0 \leqslant 0.75[f_{a0}]$)。

(答案:1.4mm)

[4-3] 某饱和黏性土层厚度为8m,初始孔隙比 $e_0 = 1$,压缩系数 $a = 0.3MPa^{-1}$,压缩模量 $E_a = 6.0MPa$,渗透系数 $k = 1.8m/$年,双面排水。在大面积荷载 $p_0 = 120kPa$ 作用下,求加载一年时的沉降量(假定 $U > 30\%$)?

(答案:160mm)

模块5

地基承载力

📖 学习目标

1. 理解地基承载力的概念、地基容许承载力影响因素;
2. 用不同的方法确定地基容许承载力;
3. 区分地基容许承载力不同确定方法的适用条件。

◎ 工程背景引入

某项目第7合同段桥涵位置在满足桥涵功能的情况下,尽量避开在地基松软、坚硬不均匀或地质条件不良地段。当地基过分松软无法避让且桥涵地基承载力不满足最小设计承载力要求时,基底应做相应处理。施工时,严格按照施工规范施工,若发现地质情况与地质报告、设计文件不符,应及时通知相关单位,计算地基承载力的大小,以便及时做适当调整。

【启发思考】 从"工程背景引入"资料中可知第7合同段桥涵位置的地质情况,为什么要对桥涵位置的地质情况提出要求,如果不这样做会出现什么后果? 地基承受基础及上部结构的所有荷载时,地基中的应力状态将发生改变。如果结构物位置地质不满足某些要求,最终整个地基将发生失稳破坏,结构物则有倾斜甚至倒塌的危险。因此地基基础设计必须验算地基承载力。

【重点点拨】 本模块详细介绍了地基的破坏模式,地基承载力的概念、计算原理、确定方法以及影响因素。

5.1 地基承载力的概念及地基容许承载力的确定

5.1.1 地基承载力的概念

地基承载力是指地基承受荷载的能力,通常分为两种:一种是地基极限承载力,指地基即将丧失稳定性时的承载力;另一种是地基容许承载力,指地基土在外荷载的作用下,不产生剪切破坏且基础的沉降量不超过允许值时,单位面积上所能承受的最大荷载。影响地基极限承载力的因素很多,除地基土的性质外,还与基础的埋置深度、宽度、形状有关。地基容许承载力还与建筑物的结构特性等因素有关。因此,地基承载力与通常所说的材料的容许强度或构件的承载力的概念有很大的区别。

5.1.2 地基容许承载力的确定

在基础设计中,规范要求地基压应力的计算值不超过地基容许承载力。地基容许承载力的确定,一般可通过如下三种途径:①利用现场荷载试验结果;②利用理论公式;③按规范表法。

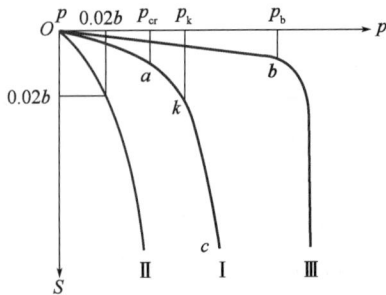

1.现场荷载试验确定地基容许承载力

现场荷载试验可以说明地基从开始发生变形到失去稳定(破坏)的发展过程。图 5-1 表示由荷载试验测得的 p-S 曲线。典型的 p-S 曲线(整体剪切破坏)可以分成压密阶段(Oa)、局部剪切变形阶段(ak)和整体剪切破坏阶段(k 以后)。

(1)压密阶段:对应于 p-S 曲线上的 Oa 段,接近直线关系。此阶段地基中各点的剪应力均小于地基土的抗剪强度,地基土处于弹性平衡状态,如图 5-2a)所示。基础沉降的主要原因是土颗粒互相挤密,空隙减小,地基土产生压缩变形。

图 5-1 荷载试验 p-S 曲线

(2)局部剪切阶段:对应于 p-S 曲线上的 ak 段。在此阶段,变形的增加率随荷载的增加而增大,p-S 曲线向下弯曲。其原因是地基土中的局部区域发生剪切变形,如图 5-2b)所示。这些区域称为塑性变形区。随着荷载的增加,地基土中塑性变形区的范围逐渐增大。

(3)破坏阶段:对应于 p-S 曲线上的 kc 段。当荷载增加到某一极限时,地基变形突然增大,说明地基土中的塑性变形区已形成了与地面贯通的连续滑动面[图 5-2c)],地基土向基础一侧或两侧挤出,地面隆起,地基整体失稳。

图 5-1 荷载试验 p-S 曲线中的 a、k 点是变形由一个阶段过渡到另一个阶段的两个特征分界点。a 点对应的荷载 p_{cr} 是地基中即将出现塑性变形区的荷载,称为临塑荷载;k 点对应的荷载 p_k 是地基将要发生整体剪切破坏的荷载,称为极限荷载。显然,以 p_k 作为地基的容许承载

力是极不安全的,而将临塑荷载作为地基的容许承载力,有时又偏于保守,因为荷载 p 大于 p_{cr} 时,只要保证塑性区最大深度不超过某一界限,地基就不会形成连通的滑动面,就不会发生整体剪切破坏。实践表明,地基土中塑性变形区的最大深度 z_{max} 为 $1/4 \sim 1/3$ 的基础宽度时,地基仍是安全的。与塑性区最大深度 z_{max} 相对应的荷载强度,称为临界荷载。

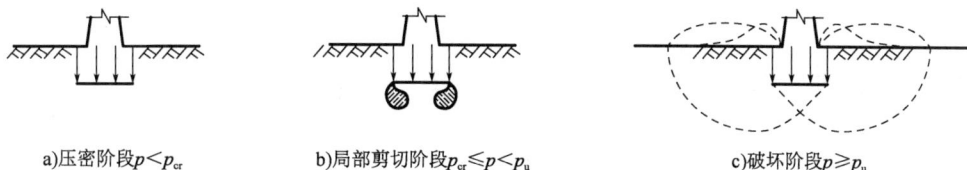

a)压密阶段$p<p_{cr}$ b)局部剪切阶段$p_{cr}\leqslant p<p_u$ c)破坏阶段$p\geqslant p_u$

图 5-2　地基变形三阶段(图中 p_u 为极限荷载)

利用荷载试验所得的 $p\text{-}S$ 曲线来确定地基容许承载力的注意事项:①对于硬黏性土,临塑荷载接近极限荷载,可取 p_b/K(K 为安全系数,取 $K=2$)作为地基容许承载力。②对于密实砂土、一般硬黏性土等低压缩性土,$p\text{-}S$ 曲线通常有较明显的直线段,一般可用直线段末端所对应的临塑荷载 p_{cr} 作为地基容许承载力。③对于稍松的砂土、新填土、可塑性黏性土等中高压缩性土,$p\text{-}S$ 曲线没有明显的直线段和转折点,这种地基上的建筑物沉降量很大,故用相对沉降量进行控制。一般采用压缩变形量为 $0.02b$ 所对应的荷载 $p_{0.02b}$ 作为地基容许承载力。必须指出,地基承载力还与基础的形状、底面尺寸、埋置深度等许多因素有关,由于荷载试验时承压板尺寸远小于实际地基的底面尺寸,用上述方法确定的地基容许承载力是偏保守的。在实际施工中,还要考虑实际情况,运用适合的方法计算地基容许承载力。

2.理论公式确定地基容许承载力

(1)临塑荷载。

临塑荷载是指在外荷载作用下,地基中刚开始产生塑性变形(局部剪切破坏)时,基础底面单位面积上所承受的荷载。

地基的临塑荷载 p_{cr} 按式(5-1)计算:

$$p_{cr} = \frac{\pi(\gamma d + c\cot\varphi)}{\cot\varphi - \frac{\pi}{2} + \varphi} + \gamma d = N_d \gamma d + N_c c \tag{5-1a}$$

$$N_d = \frac{\cot\varphi + \varphi + \frac{\pi}{2}}{\cot\varphi + \varphi - \frac{\pi}{2}} \tag{5-1b}$$

$$N_c = \frac{\pi\cot\varphi}{\cot\varphi + \varphi - \frac{\pi}{2}} \tag{5-1c}$$

式中:p_{cr}——地基的临塑荷载,kPa;

γ——基础埋深范围内土的重度,kN/m³;

d——基础埋深,m;

c——基础底面下土的黏聚力,kPa;

φ——基础底面下土的内摩擦角,(°);

N_d、N_c——承载力系数,可根据 φ 值按式(5-1b)、式(5-1c)计算或查表 5-1 确定。

承载力系数 N_d,N_c,$N_{\frac{1}{4}}$,$N_{\frac{1}{3}}$ 的数值　　　　　　表 5-1

$\varphi(°)$	N_d	N_c	$N_{\frac{1}{4}}$	$N_{\frac{1}{3}}$	$\varphi(°)$	N_d	N_c	$N_{\frac{1}{4}}$	$N_{\frac{1}{3}}$
0	1.0	3.0	0	0	24	3.9	6.5	0.7	1.0
2	1.1	3.3	0	0	26	4.4	6.9	0.8	1.1
4	1.2	3.5	0	0.1	28	4.9	7.4	1.0	1.3
6	1.4	3.7	0.1	0.1	30	5.6	8.0	1.2	1.5
8	1.6	3.9	0.1	0.2	32	6.3	8.5	1.4	1.8
10	1.7	4.2	0.2	0.2	34	7.2	9.2	1.6	2.1
12	1.9	4.4	0.2	0.3	36	8.2	10.0	1.8	2.4
14	2.2	4.7	0.3	0.4	38	9.4	10.8	2.1	2.8
16	2.4	5.0	0.4	0.5	40	10.8	12.8	2.5	3.3
18	2.7	5.3	0.4	0.6	42	11.7	12.8	2.9	3.8
20	3.1	5.6	0.5	0.7	44	14.5	14.0	3.4	4.5
22	3.4	6.0	0.6	0.8	46	15.6	14.6	3.7	4.9

(2)临界荷载。

在中心荷载作用下,当地基中塑性变形区最大展开深度 $z_{\max} = B/4$(B 为基础宽度)时,与此对应的基础底面的压力,称为临界荷载或塑性荷载,用 $p_{\frac{1}{4}}$ 表示:

$$p_{\frac{1}{4}} = \frac{\pi\left(\gamma d + \dfrac{1}{4}rd + c\cot\varphi\right)}{\cot\varphi - \dfrac{\pi}{2} + \varphi} + rd = N_{\frac{1}{4}}rd + N_d rd + N_c c \tag{5-2}$$

在偏心荷载作用下,当地基中塑性变形区最大展开深度 $z_{\max} = B/3$ 时,与此对应的基础底面的压力,称为临界荷载或塑性荷载,用 $p_{\frac{1}{3}}$ 表示:

$$p_{\frac{1}{3}} = \frac{\pi\left(\gamma d + \dfrac{1}{3}\gamma d + c\cot\varphi\right)}{\cot\varphi - \dfrac{\pi}{2} + \varphi} + \gamma d = N_{\frac{1}{3}}\gamma d + N_d \gamma d + N_c c \tag{5-3a}$$

$$N_{\frac{1}{4}} = \frac{\pi}{4\left(\cot\varphi + \varphi - \dfrac{\pi}{2}\right)} \tag{5-3b}$$

$$N_{\frac{1}{3}} = \frac{\pi}{3\left(\cot\varphi + \varphi - \dfrac{1}{2}\right)} \tag{5-3c}$$

式中:B——基础宽度,m,矩形基础取短边,圆形基础采用 $B = \sqrt{A}$,A 为圆形基础底面积;

$N_{\frac{1}{4}}$、$N_{\frac{1}{3}}$——承载力系数,根据基底下 φ 值分别按式(5-3b)、式(5-3c)计算,或查表 5-1 确定。

(3)极限荷载。

极限荷载是指地基即将要失去稳定,土体将从基底被挤出时,作用于地基的外荷载。

世界各国计算极限荷载的公式很多,但目前尚无公认的完美公式,大多限于条形荷载和均质地基。其主要区别是对地基破坏时的滑裂面形式作了不同的假定,使得计算结果很不一致,不能完全符合地基的实际状况。所以应用某种计算公式时,一定要注意它的适用范围。一般最常用的极限荷载计算公式有下述几种:太沙基公式、斯凯普顿(Skempton)公式和汉森(han-sen J. B.)公式。其中,太沙基公式适用于条形基础、方形基础和圆形基础;斯凯普顿公式适用于饱和软土地基,内摩擦角 $\varphi = 0°$ 的浅基础;汉森公式适用于倾斜荷载的情况。这里仅介绍太沙基公式。

太沙基公式假定基础是条形基础,均布荷载作用,且基础底面是粗糙的。当地基发生滑动时,滑动面的形状是两端为直线,中间为曲线,左右对称,如图5-3所示。将滑动土体分为3个区:Ⅰ区——位于基础底面下的土楔 $A'BA$。由于土体与基础粗糙的底面之间存在很大的摩擦阻力,此区的土体不

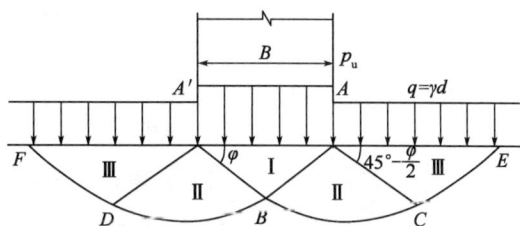

图5-3 太沙基公式地基滑动面

发生剪切位移,处于弹性压密状态,滑动面与基础底面之间的夹角为土的内摩擦角 φ。Ⅱ区——对称位于Ⅰ区左右下方,其滑动面为对数螺旋线 BC 或 BD。Ⅰ区正中底部的 B 点处对数螺旋线的切线方向为竖向,C 点处对数螺旋线的切线方向与水平线夹角为 $45° - \dfrac{\varphi}{2}$。Ⅲ区——对称位于Ⅱ区左右,呈等腰三角形,其滑动面为斜向平面 CE 或 DF,该斜面与水平地面的夹角也为 $45° - \dfrac{\varphi}{2}$。

太沙基认为在均匀分布的极限荷载 p_u 作用下,地基处于极限平衡状态时作用于Ⅰ区土楔上的诸力包括土楔 $A'BA$ 顶面的极限荷载 p_u、土楔 $A'BA$ 的自重、土楔斜面 $A'B$、AB 上作用的黏聚力 c 的竖向分力和Ⅱ区、Ⅲ区土体滑动时对斜面 $A'B$、AB 的被动土压力的竖向分力。太沙基根据作用于Ⅰ区土楔上的诸力在竖直方向的静力平衡条件,求得极限荷载 p_u 的公式为

$$p_u = \frac{1}{2}\gamma B N_r + c N_c + \gamma d N_q \tag{5-4}$$

式中:N_r、N_c、N_q——承载力系数,仅与地基土的内摩擦角 φ 值有关,可查专用的承载力系数曲线确定(图5-4中实曲线);

其余符号的意义同前。

式(5-4)适用的条件是:地基土较密实且地基土产生完全剪切整体滑动破坏,即荷载试验结果 p-S 曲线上有明显的第二拐点的情况,如图5-1中曲线Ⅰ所示。如果地基土松软,荷载试验结果 p-S 曲线上就会没有明显的拐点,如图5-1中曲线Ⅱ所示,太沙基称这类情况为局部剪损,此时极限荷载按式(5-5)计算:

$$p_u = \frac{1}{2}\gamma B N_r' + \frac{2}{3}N_c'c + \gamma d N_q' \tag{5-5}$$

式中:N_r'、N_c'、N_q'——局部剪损时的承载力系数,也仅与地基土的内摩擦角 φ 值有关,可查专用的承载力系数曲线确定(图5-4中虚曲线)。

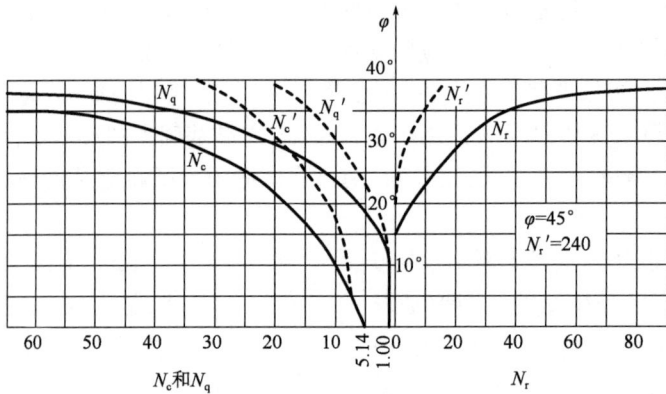

图 5-4 太沙基公式的承载力系数

太沙基的极限荷载公式[式(5-4)和式(5-5)]是由条形基础推导得来的。对于方形基础和圆形基础,太沙基对极限荷载公式中的数字作了适当的修改,提出了半经验公式。

方形基础:

$$p_u = 0.4\gamma B_0 N_r + 1.2cN_c + \gamma d N_q \tag{5-6}$$

式中:B_0——方形基础的边长,m。

圆形基础:

$$p_u = 0.3\gamma B_0 N_r + 1.2cN_c + \gamma d N_q \tag{5-7}$$

式中:B_0——圆形基础的直径,m。

理论公式法中所求得的临塑荷载p_{cr}、临界荷载$p_{\frac{1}{4}}$或$p_{\frac{1}{3}}$、极限荷载p_u均可作为地基容许承载力。但是临塑荷载p_{cr}作为地基容许承载力偏于保守;应有足够的安全储备,即取p_u/k值,其中k值为安全系数,$k = 1.5 \sim 3.0$;比较p_u和$p_{\frac{1}{4}}$或$p_{\frac{1}{3}}$两种结果,应取两者较小值作为地基容许承载力。但必须注意,这里只考虑了地基土的承载力,所以必要时还应验算基础沉降。

【例5-1】 某项目第7合同段某条形基础承受中心荷载,其底面宽$B = 2$m,埋置深度$d = 1$m,地基土的容重$\gamma = 20$kN/m³,内摩擦角$\varphi = 20°$,黏聚力$c = 30$kPa,适用理论公式确定地基容许承载力。

【解】 (1)计算地基的临塑荷载p_{cr}。

由已知内摩擦角$\varphi = 20°$,查表5-1得$N_d = 3.1$,$N_c = 5.6$,

$$p_{cr} = N_d \gamma d + N_c c = 3.1 \times 20 + 5.6 \times 30 = 230(\text{kPa})$$

(2)计算地基的临界荷载。

由已知内摩擦角$\varphi = 20°$,查表5-1得$N_d = 3.1$,$N_c = 5.6$,$N_{\frac{1}{4}} = 0.5$(受中心荷载)

$$p_{\frac{1}{4}} = N_{\frac{1}{4}} \gamma d + N_d \gamma d + N_c c = 0.5 \times 20 \times 2 + 230 = 250(\text{kPa})$$

(3)计算地基的极限荷载p_u。

由已知内摩擦角$\varphi = 20°$,查图5-4得$N_r = 4$,$N_c = 17.5$,$N_q = 7$。

按太沙基公式：

$$p_u = \frac{1}{2}\gamma B N_r + c N_c + \gamma d N_q = \frac{1}{2} \times 20 \times 2 \times 4 + 30 \times 17.5 + 20 \times 1 \times 7 = 745 (\text{kPa})$$

用太沙基极限荷载公式计算地基容许承载力时，其安全系数 k 应取 3.0，即地基的容许承载力为

$$f = \frac{p_u}{k} = \frac{745}{3} = 248.3(\text{kPa})$$

比较上述计算结果可以看出，其值还是比较接近的，取其最小值作为地基的容许承载力偏于安全。

3.按规范表法确定

一般各专业规范都列出了承载力表，规范承载力表值是根据大量工程实践经验、现场原位测试及室内试验数据，对相应的地基承载力进行统计、分析而制定的，对一般中小型工程应用最广且简便易行。应该指出，使用规范时必须注意各专业规范表列承载力值及规范表的用法各不相同，使用时要符合专业。附录Ⅱ-1《公路桥涵地基与基础设计规范》(JTG 3363—2019)中两个规范承载力表值是针对基宽和埋深均在一定范围内给出的，当基宽及埋深不在此范围内时，需要对表中查得的地基承载力值进行修正。各规范都给出了各自的修正公式，这样就可以确定地基容许承载力。由附录Ⅱ-1可见，《公路桥涵地基与基础设计规范》(JTG 3363—2019)给出了岩石、碎石土、砂土、粉土和黏性土等各类土体确定地基承载力的表格。

《建筑地基基础设计规范》(GBJ 7—1989)(已作废)也给出了类似的承载力表。但是，2011年修订的《建筑地基基础设计规范》(GB 50007—2011)考虑到我国幅员辽阔，土质各异，用几张表格很难概括全国范围内土体的规律，用查表法确定地基承载力，在大多数地区可能基本适合或偏保守，但也不排除个别地区可能不安全。随着设计水平的提高和对工程质量的要求趋于严格，变形控制已成为地基设计的重要原则，该规范作为国家标准，如仍沿用承载力表，显然已不符合当前的要求，故修订时取消了有关承载力表的条文和附录，勘察单位需根据试验和地区经验确定地基承载力等设计参数。建议采用载荷试验或其他原位测试、公式计算，并结合工程实际经验等方法综合确定。2011年的规范延续了这一原则。

5.2 地基承载力影响因素

前面介绍了确定地基承载力的各种方法。从理论公式可知，地基承载力的公式具有相同的形式，均由三项组成，即

$$[f] = \frac{1}{2}\gamma B N_r + q N_q + c N_c = \frac{1}{2}\gamma B N_r + \gamma d N_d + c N_c \tag{5-8}$$

从式(5-8)可以看出，影响地基承载力的因素主要有土的物理、力学性质 γ、c、φ 以及基础的宽度 B 和埋置深度 d 等三个方面。下面分别讨论各种因素的影响。

5.2.1　地下水位

地下水位的位置对浅基础的地基承载力的影响很大。地下水位以下的土体,不仅土体重度会因水的浮力而减小,而且土浸水会导致黏聚力等强度指标的降低。目前黏聚力降低值难以确定,而由水的浮力作用引起的承载力降低,可以采用如下方法考虑:式(5-8)中第一项重度为基础底面以下滑裂面范围以内的土体重度,第二项重度为基础埋深围内的土体重度,当土体处于水下均取浮重度。可见,水位的提高对承载力的影响是比较显著的,将导致地基承载力降低,尤其对于 $c = 0$kPa 无黏性土更为明显。

5.2.2　基础的宽度

地基承载力不仅取决于土的性质,而且与基础的尺寸和形状有关。由承载力的公式可知,基础的宽度 B 越大,承载力越高,因此,工程中常采用加大基础宽度来提高地基承载力,借以提高地基的稳定性。但是,一些研究表明,当基础的宽度达到某一数值以后,承载力不再随着宽度的增加而提高。因此,不能无限制地采取加大基础宽度的办法来提高承载力。有的规范,即使采用基础宽度按承载力公式计算时,也规定了基础宽度的上限。另外,应该指出,对于黏性土地基,宽度增加,虽然基底压应力可减小,但应力影响的深度会增加,有可能使地基变形加大。

5.2.3　基础的埋置深度

增加基础埋深同样可以提高地基承载力。而且埋置深度增加,基底附加应力将减小,相应地可以减少地基变形。因此,增加埋置深度对提高软黏性土地基的稳定性和减少变形均有明显效果,常被采用。但基础埋深越深,基坑开挖也越困难。

5.2.4　抗剪强度指标

土的抗剪强度指标对地基承载力具有显著影响。除了式(5-8)中的最后一项黏聚力 c 以外,各项的地基承载力系数均是根据内摩擦角 φ 查表确定的。正如模块2介绍的那样,土的抗剪强度指标需要根据土的类别和性质、排水条件、施工速率并结合荷载的组合以及安全系数的选择等进行选择,并需要参照当地的使用经验。

【例5-2】 某项目第7合同段某水中基础,其底面为 $4.0\text{m} \times 6.0\text{m}$ 的矩形,埋置深度为 3.5m,平均常水位到一般冲刷线的深度度为 2.5m。持力层为黏性土,它的天然孔隙比 $e = 0.7$,液性指数 $I_L = 0.45$,天然重度 $\gamma = 19.0\text{kN/m}^3$。基底以上全为中密的粉砂,其饱和重度 $\gamma_{\text{sat}} = 20.0\text{kN/m}^3$。当承受荷载作用短期效应组合时,试求持力层的地基承载力容许值。

【解】 持力层属一般黏性土,按其值 e、I_L,查表得 $[f_{a0}] = 300.0$kPa;查附录Ⅱ-1 表4.3.4 得宽、深度修正系数 $k_1 = 0$、$k_2 = 2.5$。由于持力层黏性土的 $I_L = 0.45 < 1.0$,呈硬塑状态,可视为不透水,$\gamma_2 = \gamma_{\text{sat}} = 20.0\text{kN/m}^3$,按查附录Ⅱ-1 式(4.3.4)可算得

$$[f_a] = [f_{a0}] + k_1 r_1 (B - 2) + k_2 r_2 (h - 3) = 300 + 0 + 2.5 \times 20 \times (3.5 - 3) = 325.0 (\text{kPa})$$

✒ 交流与讨论

地基承受建筑物荷载的作用后,内部应力发生变化。一方面,附加应力引起地基土变形,造成建筑物沉降。因此地基设计中大多数情况下需要验算地基变形。另一方面,附加应力引起地基内土体的剪应力增加,当某一点的剪应力达到土的抗剪强度时,这一点的土就处于极限平衡状态。若土体中某一区域内各点都达到极限平衡状态时,就形成极限平衡区,或称为塑性区。如荷载继续增大,地基内极限平衡区的发展范围随之不断扩大,局部的塑性区发展成为连续贯穿到地表的整体滑动面。这时,基础下一部分土体将沿滑动面产生整体滑动,称为地基失去稳定。如果这种情况发生,建筑物将发生严重的塌陷、倾倒等灾害性的破坏。因此地基基础设计中必须验算地基承载力。可见,地基承载力的确定成为其中的关键问题。

课后思考题

[5-1] 何谓临塑荷载、临界荷载和极限荷载?

[5-2] 怎样用《公路桥涵地基与基础设计规范》(JTG 3363—2019)确定地基的容许承载力?

课后练习题

有一条形基础,基底宽度 $B=2.0\text{m}$,基础埋深 $d=1.2\text{m}$,地基土的天然重度 $\gamma=21.0\text{kN/m}^3$,$c=15.0\text{kPa}$,$\varphi=20°$。试按太沙基公式求地基的极限承载力。

(答案:$f=174.3\text{kPa}$)

土压力及土坡稳定性分析

📖 学习目标

1. 计算挡土墙静止土压力；
2. 运用朗金土压力理论、库仑土压力理论计算挡土墙主动土压力、被动土压力；
3. 述说土坡失稳的原因；
4. 正确理解和处理土坡稳定分析中的常见问题。

◎ 工程背景引入

某项目第7合同段挡土墙、路基土坡的设计、施工要点如下：

(1)本路段采用的挡土墙为路肩墙和路堤墙。设计过程中,计算挡土墙土压力应严格按照设计规范和规程进行计算和验算。挡土墙施工时,待墙身强度达到设计强度的70%及以上时方可回填,夯实时宜用轻型机具,以避免墙身受较大冲击。

(2)对本路段路堤土坡进行稳定性分析,根据分析结果确定土坡处理方案:当填方路基土坡高度 $H < 8m$ 时,采用直线形土坡,设一级土坡,土坡坡率为1:1.5;当填方路基土坡高度 $8m < H \leqslant 12m$ 时,土坡坡率采用1:1.75,12m以上土坡,坡率为1:2.0;当填方路基土坡高度 $H > 20m$ 时,结合土坡稳定性验算结果进行特殊设计,设置阶梯形土坡形式。

(3)挖方路基土坡坡率见表6-1。

挖方路基土坡坡率 表6-1

土坡条件	坡率
土质、全风化岩石	1:1.5 ~ 1:1
强风化岩石	1:1 ~ 1:0.75
弱风化岩石	1:1 ~ 1:0.1
厚层砂岩、石灰岩等硬质岩	取陡值(1:0.5 ~ 1:0.1)

【启发思考】 从"工程背景引入"资料中可知,第7合同段计算土压力才能保证挡土墙的

安全使用和不同土质的路基土坡的坡率不同。如何计算挡土墙的土压力？土坡坡率确定的理论依据是什么？土坡稳定性分析方法有哪些？

【重点点拨】 本模块详细介绍了土压力产生的条件和类型、静止土压力的计算、朗金土压力理论和库仑土压力理论、无黏性土土坡直线滑动面稳定性分析方法、黏性土的土坡稳定性分析方法。

6.1 土压力概述

土压力是指作用于各种挡土结构物(统称为挡土墙)的侧向压力。它是挡土结构物承受的主要荷载,其值的大小直接影响挡土墙的稳定性,所以计算土压力是设计挡土结构物的一个重要环节。在道路与桥梁工程中,挡土结构物主要有桥台、路基挡土墙和路堑边坡挡土墙等。土压力的大小及其分布规律与挡土结构物的侧向位移的方向和大小、墙后填土的性质和挡土墙的状况(刚度、高度、墙背剖面的形状、墙背竖直或倾斜、墙背光滑或粗糙等)等因素有关。根据挡土墙可能产生位移的方向和墙后填土中不同的应力状态,将土压力分为如下三种。

6.1.1 静止土压力

如图6-1a)所示,挡土墙保持初始位置静止不动,此时作用在挡土墙上的土压力称为静止土压力。作用在每延米挡土墙上的静止土压力的合力用 E_0(kN/m)表示,其大小相当于图6-2中 a 点的纵坐标值,这时墙后填土中各点均处于弹性平衡状态。修筑在坚硬土质地基上且断面尺寸很大的挡土墙,如嵌固于岩基上的重力式挡土墙所承受的土压力,属于这种情况。

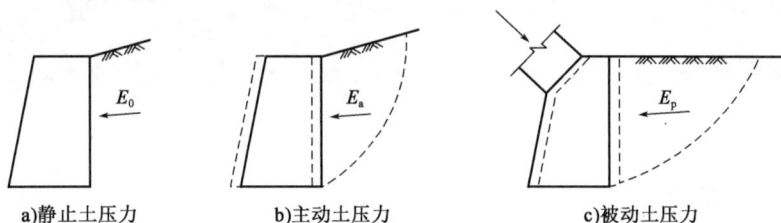

图6-1 挡墙上的三种土压力

6.1.2 主动土压力

挡土墙在墙后土体的作用下(土主动推墙)向前移动,如图6-1b)所示,墙后土体也随之向前移动,土中产生了剪应力 τ。随着位移的逐渐增大,土中剪应力随之增大,具有阻碍土体移动的抗剪强度 τ_f 逐渐发挥作用,使得作用于挡墙的土压力由静止土压力 E_0 开始逐渐减小。当土中剪应力达到极限值($\tau = \tau_f$)时,墙后土体达到极限平衡状态,此时土压力减至最小值,该值被称为主动土压

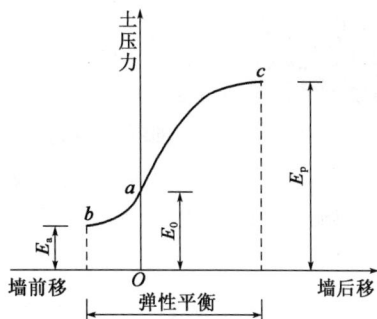

图6-2 挡土墙位移与土压力间的关系

力。作用于每延米挡墙的主动土压力用 E_a (kN/m)表示,其大小相当于图6-2中 b 点的纵坐标值。普通挡土墙所承受的土压力,多数属于这种情况。

6.1.3 被动土压力

挡土墙在某种外力的作用下(土被动受挤)向后移动,如图6-1c)所示,墙后土体也随之向后移动,土中产生了剪应力 τ。随着位移的逐渐增大,土中剪应力随之增大,具有阻碍土体移动的抗剪强度 τ_f 逐渐发挥作用,使得作用于挡墙上的土压力由静止土压力 E_0 开始逐渐增大。当土中剪应力达到极限值($\tau=\tau_f$)时,墙后土体达到极限平衡状态,此时土压力增至最大值,该值被称为被动土压力。作用于每延米挡土墙的被动土压力用 E_p (kN/m)表示,其大小相当于图6-2中 c 点的纵坐标值。某种水平外力作用在挡土墙前端,如拱桥桥台所承受的土压力,即属于这种情况。

在影响土压力大小及其分布的诸因素中,挡土结构物的位移是关键因素,图6-2给出了土压力与挡土结构物位移间的关系。从中可以看出,挡土结构物达到被动土压力所需的位移远大于导致主动土压力所需的位移。

在设计挡土墙时,究竟采用哪种土压力,除了根据挡土墙产生位移的方向确定外,还应根据结构物的受力情况、可能产生的位移及填土等具体情况来确定。一般对建于分散土地基上的梁桥桥台或挡土墙,按主动土压力计算;对拱桥桥台应根据受力和填土的压实情况,采用静止土压力或静止土压力加土抗力(土抗力是指土体对结构的弹性抗力,与位移成正比);对临时性挡土结构物(如板桩),按其变位和位置不同,采用主动土压力或静止土压力。

6.2 静止土压力理论

6.2.1 基本原理

在静止土压力作用下,挡土墙静止不动,土体无侧向位移,可假定墙后填土内的应力状态为半无限弹性体的应力状态。在半无限弹性土体中,任一竖直面都是对称面,对称面上无剪应力,所以竖直面和水平面都是主应力面。

微课:静止
土压力

如图6-3a)所示,在挡土墙后水平填土表面以下深度 z 处,土体自重所引起的竖向应力 $\sigma_z=\gamma z$,水平应力 $\sigma_x=\sigma_y=\xi\sigma_z=\xi\gamma z$ 。由于墙背静止不动,墙后土体无侧向位移,所以挡土墙背后在该点静止土压力强度就是该点由土体自重所引起的水平应力,即

$$p_0=\sigma_x=\xi\sigma_z=\xi\gamma z \tag{6-1}$$

式中: p_0 ——作用于墙背上的静止土压力强度,kPa;

ξ——静止土压力系数(土的侧压力系数),可参考表6-2;

γ——墙后填土的重度(在墙后填土中有地下水时,对于水下土应考虑水的浮力,γ 采用浮重度 γ′ 计算,同时考虑作用在挡土墙上的静水压力),kN/m³;

z——计算点离填土表面的深度,m。

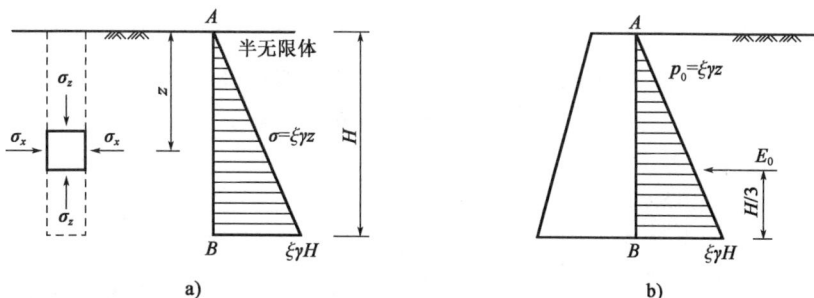

图6-3 静止土压力的计算图

压实土的静止土压力系数   表6-2

压实土的名称	砾石、卵石	砂土	亚砂土	亚黏性土	黏性土
ξ	0.20	0.25	0.35	0.45	0.55

挡土墙背后土体的静止土压力等于墙背由土体自重引起的水平应力的总和。

6.2.2 计算公式

由式(6-1)可知,静止土压力强度 p_0 与 z 成正比,p_0 沿深度的分布图为三角形。当墙高为 H 时,作用于每延米挡土墙上的静止土压力为

$$E_0 = \frac{1}{2}(\xi\gamma H)H = \frac{1}{2}\xi\gamma H^2 \tag{6-2}$$

式中:H——挡土墙高度,m。

E_0 的方向为水平,p_0 作用线通过分布图形心,离墙脚的高度为 $H/3$[图6-3b)]。

6.2.3 静止土压力计算公式应用

1.挡土墙墙后的填土表面作用有均布荷载 q 时

此时挡土墙墙后在深度 z 处的静止土压力强度 p_0 为

$$p_0 = \xi(q + \gamma z) \tag{6-3}$$

绘出 p_0 沿挡土墙高度 H 的分布图(此时分布图形为梯形),再求出分布图形的面积,就是作用在每延米挡土墙上的静止土压力 E_0,其值为

$$E_0 = \frac{1}{2}[\xi q + (q + \xi\gamma H)]H = \frac{1}{2}(2q + \gamma H)\xi H \tag{6-4}$$

E_0 的方向为水平,作用线通过梯形分布图的形心。

2. 挡土墙墙后填土中有地下水时

挡土墙墙后填土中有地下水时,对于水下土应考虑水的浮力,即式(6-2)中的 γ 应采用浮重度 γ',并同时计算作用在挡土墙上的静水压强 p_w,分别绘出 p_0 和 p_w 沿挡土墙高度 H 的分布图,再求出分布图形的总面积,就是作用在每延米挡土墙上的静止土压力 E_0。E_0 的方向为水平,作用线通过分布图的形心。

【例6-1】 某项目第 7 合同段嵌固于岩基上的重力式挡土墙所承受土压力,已知条件如图 6-4a)所示,其中 0.1 两点间的距离为 6m,1.2 两点间的距离为 4m。求嵌固于岩基上的重力式挡土墙所承受土压力。

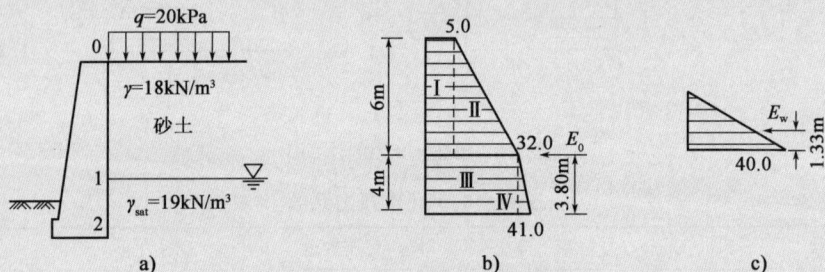

图6-4 【例6-1】p_0 及 p_w 分布图

【解】 因为是求嵌固于岩基上的重力式挡土墙所承受的土压力,故可按静止土压力计算。

(1)求各特征点的竖向应力。

$$\sigma_{z0} = q = 20.0(\text{kPa})$$

$$\sigma_{z1} = q + \gamma h_1 = 20 + 18 \times 6 = 128.0(\text{kPa})$$

$$\sigma_{z2} = \sigma_{z2} + \gamma' h_2 = 128 + (19 - 10) \times 4 = 164.0(\text{kPa})$$

(2)求各特征点的土压力强度。

查表 6-1,$\xi = 0.25$,则

$$p_{01} = \xi \sigma_{z0} = 0.25 \times 20 = 5.0(\text{kPa})$$

$$p_{02} = \xi \sigma_{z2} = 0.25 \times 128 = 32.0(\text{kPa})$$

$$p_{03} = \xi \sigma_{z3} = 0.25 \times 164.0 = 41.0(\text{kPa})$$

c 点静水压强:$p_{wc} = \gamma_w h_w = 10.0 \times 4 = 40.0(\text{kPa})$

按计算结果绘制 p_0 和 p_w 分布图,分别如图 6-4b)和 c)所示。

(3)求静止土压力及水压力。

把 p_0 分布图分为 4 块如图 6-4b)所示的矩形或三角形,分别求其面积,求和后即得 E_0:

$$E_{01} = p_{01} h_1 = 5.0 \times 6 = 30.0(\text{kN/m})$$

$$E_{02} = \frac{1}{2}(p_{02} - p_{01})h_1 = \frac{1}{2} \times (32.0 - 5.0) \times 6 = 81.0(\text{kN/m})$$

$$E_{03} = p_{02} h_2 = 32.0 \times 4 = 128.0(\text{kN/m})$$

$$E_{04} = \frac{1}{2}(p_{03} - p_{02})h_2 = \frac{1}{2} \times (41.0 - 32.0) \times 4 = 18.0(\text{kN/m})$$

$$E_0 = E_{01} + E_{02} + E_{03} + E_{04} = 30.0 + 81.0 + 128.0 + 18.0 = 257.0(\text{kN/m})$$

$$E_w = \frac{1}{2}p_w h_w = \frac{1}{2} \times 40 \times 4 = 80.0(\text{kN/m})$$

（4）求静止土压力和水压力的作用点位置。

$$z_{0c} = \frac{\sum E_{0i} z_i}{\sum E_{0i}} = \frac{E_{01}\left(h_2 + \frac{h_1}{2}\right) + E_{02}\left(h_2 + \frac{h_1}{3}\right) + E_{03}\frac{h_2}{2} + E_{04}\frac{h_2}{3}}{E_0}$$

$$= \frac{30.0 \times \left(4 + \frac{6}{2}\right) + 81.0 \times \left(4 + \frac{6}{3}\right) + 128.0 \times \frac{4}{2} + 18.0 \times \frac{4}{3}}{257.0} = 3.80(\text{m})$$

$$z_{wc} = \frac{h_w}{3} = \frac{4}{3} = 1.33(\text{m})$$

6.3 朗金土压力理论

6.3.1 基本原理

朗金（Rankine）于1857年提出的土压力理论虽然不够完善，但由于计算简单，在一定条件下，其计算结果与实际较符合，所以目前仍被广泛应用。

朗金土压力理论是从分析挡土结构物后面土体内部因自重产生的应力状态入手研究土压力的。如图6-5a）所示，在半无限土体中任意取一竖直切面 AB 即为对称面，对称面上剪应力为零，说明该面和与其垂直的水平面为主应力面，即 AB 面上深度 z 处的单元土体上的竖向应力 σ_z 和水平应力 σ_x 均为主应力。

当土体处于弹性平衡状态时，$\sigma_z = \gamma z$，$\sigma_x = \xi \gamma z$，其应力圆如图6-5b）所示，与土的抗剪强度线不相交。在 σ_z 不变的条件下，若 σ_x 逐渐减小，在土体达到极限平衡时，其应力圆将与抗剪强度线相切，如图6-5b）中的 MN_2 所示，σ_z 和 σ_x 分别为最大主应力及最小主应力，称为朗金主动极限平衡状态，土体中产生的两组滑动面与水平面所成的夹角为 $\left(45° + \frac{\varphi}{2}\right)$，如图6-5c）所示。在 σ_z 不变的条件下，若 σ_x 不断增大，在土体达到极限平衡时，其应力圆将与抗剪强度线相切，如图6-5b）中的 MN_3 所示，此时 σ_z 为最小主应力，σ_x 为最大主应力，称为朗金被动极限平衡状态，土体中产生的两组滑动面与水平面所成的夹角为 $\left(45° - \frac{\varphi}{2}\right)$，如图6-5d）所示。朗金假

定：把半无限土体中的任意竖直面 AB 看成一个虚设的光滑（无摩擦）的挡土墙墙背。当该墙背产生位移时，墙后土体达到主动或被动极限平衡状态，此时作用在墙背上的土压力强度等于相应状态下的水平应力 σ_x。

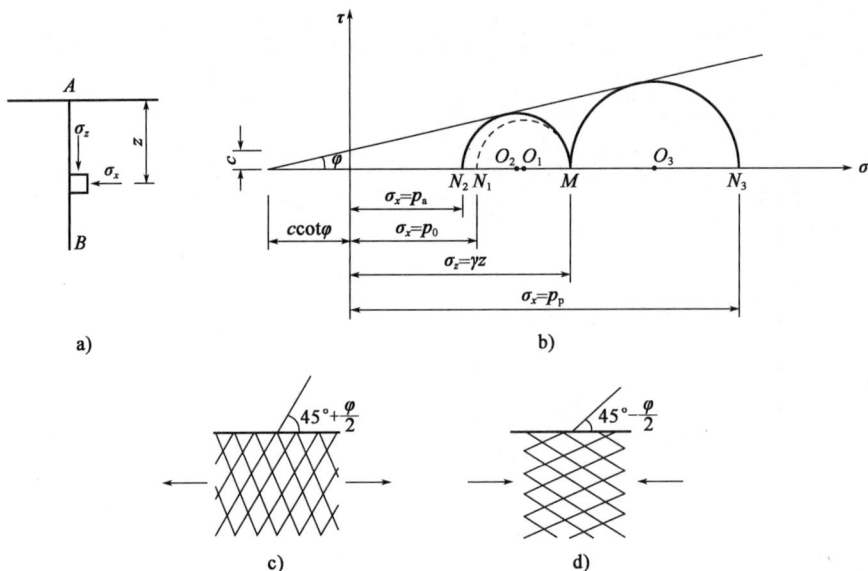

图6-5　朗金极限平衡状态

朗金土压力公式适用于墙背竖直光滑（不计墙背与土体间的摩擦力）、墙后填土表面水平且与墙顶齐平的情况。

6.3.2　计算公式

1. 主动土压力

由上述分析可知，当土体推墙发生位移，土体达到主动极限平衡状态时，如图6-6a)所示，$\sigma_x = \sigma_3 = p_a$，$\sigma_z = \sigma_1 = \gamma z$，根据极限平衡条件[式(6-6)]，可得出深度 z 处的主动土压力强度为

$$p_a = \sigma_z \tan^2\left(45° - \frac{\varphi}{2}\right) - c\tan\left(45° - \frac{\varphi}{2}\right) \tag{6-5}$$

$$p_a = \sigma_z m^2 - 2cm \tag{6-6}$$

式中：p_a——主动土压力强度，kPa；

　　　σ_z——深度 z 处的竖向应力，kPa；

　　　φ——土体的内摩擦角，(°)；

　　　c——土体的黏聚力，kPa；

　　　m——土压力系数，其值为 $\tan\left(45° - \frac{\varphi}{2}\right)$，或由 φ 值查表6-3得到。

土压力系数

表 6-3

φ	$m = \tan\left(45° - \dfrac{\varphi}{2}\right)$	m^2	$\dfrac{1}{m}$	$\dfrac{1}{m^2}$
0°	1.000	1.000	1.000	1.000
2°	0.996	0.992	1.036	1.073
4°	0.933	0.870	1.072	1.149
6°	0.900	0.810	1.111	1.234
8°	0.869	0.755	1.150	1.323
10°	0.839	0.704	1.192	1.421
12°	0.810	0.657	1.235	1.525
14°	0.781	0.610	1.280	1.638
16°	0.754	0.569	1.327	1.760
18°	0.727	0.528	1.376	1.893
20°	0.700	0.490	1.428	2.039
22°	0.675	0.455	1.483	2.199
24°	0.649	0.423	1.540	2.372
26°	0.625	0.391	1.600	2.560
28°	0.601	0.361	1.664	2.769
30°	0.577	0.333	1.732	3.000
32°	0.554	0.307	1.804	3.254
34°	0.532	0.283	1.881	3.538
36°	0.510	0.260	1.963	3.853
38°	0.488	0.238	2.050	4.203
40°	0.466	0.217	2.145	4.601
42°	0.445	0.198	2.246	5.045
44°	0.424	0.180	2.366	5.551
46°	0.404	0.163	2.475	6.126
48°	0.384	0.147	2.605	6.786
50°	0.364	0.132	2.747	7.546

（1）砂性土。

砂性土黏聚力 $c=0$，由式(6-6)得 $p_a = \sigma_z m^2 = \gamma z m^2$，$p_a$ 与 z 成正比，其分布图为三角形，如图 6-6a)、图 6-6b) 所示，作用于每延米挡土墙上的主动土压力合力 E_a 等于该三角形的面积，即

$$E_a = \frac{1}{2}\left(\gamma H m^2\right) H = \frac{1}{2}\gamma H^2 m^2 \tag{6-7}$$

E_a 的方向：水平指向挡土墙墙背。

E_a 的作用点：通过该面积形心，离墙脚的高度为 $z_c = \dfrac{H}{3}$，如图 6-6b) 所示。

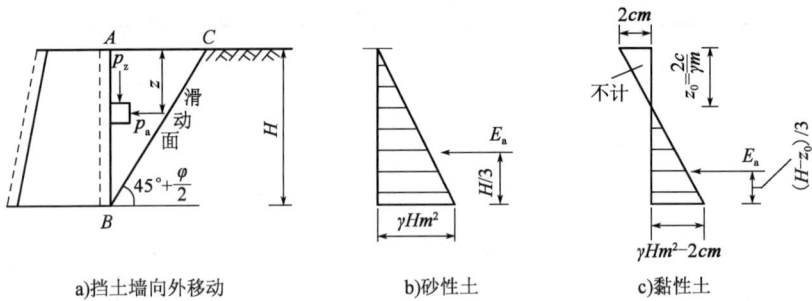

a)挡土墙向外移动　　　b)砂性土　　　c)黏性土

图6-6　朗金主动土压力计算图式

（2）黏性土。

黏性土黏聚力 $c \neq 0$，由式(6-6)可知，当 $z=0$ 时，$\sigma_z = \gamma z = 0$，$p_a = -2cm$；$z=H$ 时，$\sigma_z = \gamma H$，$p_a = \gamma H m^2 - 2cm$，其分布图为两个三角形，如图 6-6c)所示，其中面积为负的部分表示受拉，而墙背与土体间不可能存有拉应力，故计算土压力时，负值部分应略去不计。

假设 $p_a = 0$ 处的深度为 z_0，则由式(6-6)得

$$z_0 = \frac{2c}{\gamma m} \tag{6-8}$$

作用于每延米挡土墙的主动土压力合力 E_a 等于分布图中压力部分三角形的面积，即

$$E_a = \frac{1}{2}(\gamma H m^2 - 2cm)(H - Z_0) = \frac{1}{2}\gamma H^2 m^2 - 2Hcm + \frac{2c^2}{\gamma} \tag{6-9}$$

E_a 的方向：水平指向挡土墙墙背。

E_a 的作用点：通过分布图形心，即作用点离墙脚的高度为 $z_0 = \dfrac{H - z_0}{3}$，如图 6-6c)所示。

2. 被动土压力

同理，当墙推动土产生位移，土体达到被动极限平衡状态时，如图 6-7a)所示，$\sigma_x = \sigma_3 = p_p$，$\sigma_z = \sigma_3 = \gamma z$，根据极限平衡条件式(6-5)，可得出深度 z 处的被动土压力强度为

$$p_p = \sigma_z \tan^2\left(45° + \frac{\varphi}{2}\right) + c\tan\left(45° + \frac{\varphi}{2}\right) \tag{6-10}$$

$$p_p = \sigma_z \frac{1}{m^2} + \frac{c}{m} \tag{6-11}$$

式中：p_p——被动土压力强度，kPa；

$\dfrac{1}{m}$—— $\dfrac{1}{m} = \tan\left(45° + \dfrac{\varphi}{2}\right)$，可由 φ 值查表6-3 得到；

其余符号意义同前。

（1）砂性土。

砂性土黏聚力 $c=0$，$p_p = \sigma_z \dfrac{1}{m^2} = \dfrac{\gamma z}{m^2}$，$p_p$ 与 z 成正比，其分布图为三角形，如图 6-7a)、图 6-7b)所示，作用于每延米挡土墙上的被动土压力合力 E_p 等于该三角形的面积，即

$$E_p = \frac{1}{2} \cdot \frac{\gamma H}{m^2} \cdot H = \frac{\gamma H^2}{2m^2} \tag{6-12}$$

E_p 的方向:水平指向挡土墙墙背。

E_p 的作用点:通过该面积形心,离墙脚的高度为 $z_c = \dfrac{H}{3}$,如图 6-7b)所示。

(2)黏性土。

黏性土黏聚力 $c \neq 0$,当 $z = 0$ 时,$\sigma_z = 0$,$p_p = \dfrac{2c}{m}$;$z = H$ 时,$\sigma_z = \gamma H$,$p_p = \dfrac{\gamma H}{m^2} + \dfrac{2c}{m}$,其分布图为梯形,如图 6-7c)所示,作用于每延米挡土墙上的被动土压力合力 E_p 等于该梯形分布图的面积,即

$$E_p = \frac{\gamma H^2}{2m^2} + \frac{2cH}{m} \tag{6-13}$$

E_p 的方向:水平指向挡土墙墙背。

E_p 的作用点:通过其分布图的形心。

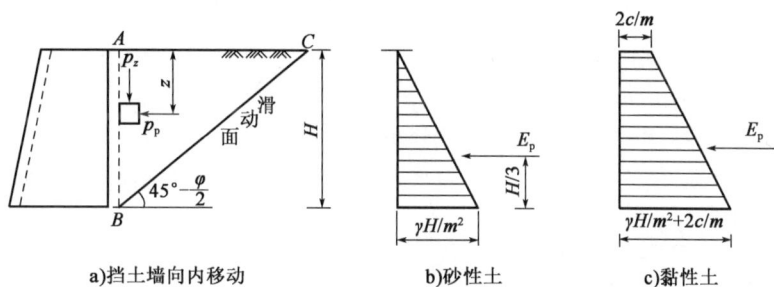

图 6-7 朗金被动土压力计算图式

6.3.3 朗金土压力计算公式应用

1.填土面上作用有连续均布荷载时

如图 6-8a)所示,当填土表面作用有连续均布荷载 q 时,先求出深度 z 处的竖向应力 $\sigma_z = q + \gamma z$,代入式(6-6)得

$$p_a = \sigma_z m^2 - 2cm = (q + \gamma z) m^2 - 2cm$$

(1)砂性土。

黏聚力 $c = 0$,当 $z = 0$ 时,$p_a = qm^2$;当 $z = H$ 时,$p_a = (q + \gamma z) m^2 - 2cm$,其土压力分布图为梯形,如图 6-8b)所示。

(2)黏性土。

黏聚力 $c \neq 0$,当 $z = 0$ 时,$p_a = qm^2 - 2cm$,若 $qm^2 > 2cm$,则 $p_a > 0$,p_a 分布图为梯形;若 $qm^2 \leq 2cm$,则 $p_a \leq 0$,p_a 分布图为三角形,如图 6-8c)所示,若有负值部分仍不考虑。

2.墙后填土为多层土时

如图 6-9 所示,当填土有两层或两层以上时,需分层计算其土压力。

(1)上部土层产生的土压力按前述方法计算,对于黏性土:

$$p_{a0} = -2c_1 m_1$$

$$p_{a1} = \sigma_{z1} m_1^2 - 2c_1 m_1 = \gamma_1 h_1 m_1^2 - 2c_1 m_1$$

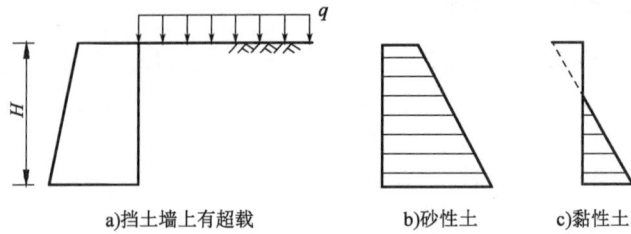

图6-8 填土上有超载时的主动土压力计算

其分布图如图6-9a)、图6-9b)所示。

(2)下部土层产生的土压力,可将上部土层视为均布荷载,即

$$q = \sigma_{z1} + \gamma_1 h_1$$

则

$$\sigma_{z2} = \gamma_1 h_1 + \gamma_2 h_2$$

$$p_{a1} = \sigma_{z1} m_2^2 - 2c_2 m_2 = \gamma_1 h_1 m_2^2 - 2c_2 m_2$$

$$p_{a2} = \sigma_{z2} m_2^2 - 2c_2 m_2 = (\gamma_1 h_1 + \gamma_2 h_2) m_2^2 - 2c_2 m_2$$

其分布图如图6-9c)所示。

(3)将上下土层得到的土压力相加,即将图6-9b)与图6-9c)土压力分布图的面积相加,为整个挡土墙所承受的土压力 E_a,E_a 作用方向为水平,作用点通过其分布图的形心,如图6-9d)所示。

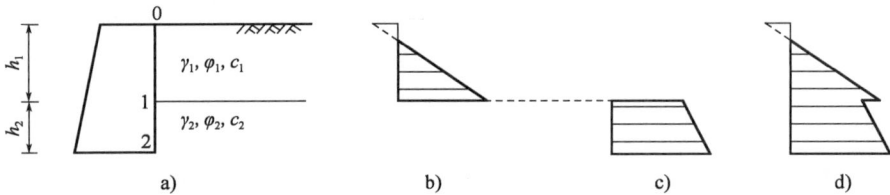

图6-9 多层土的主动土压力计算

3. 墙后填土中有地下水时

将地下水位处看作一个土层分界面,水位以下的土一般采用浮重度 γ',土压力计算方法同上,只是应注意计算静水压力。

【例6-2】 某项目第7合同段挡土墙后的填土面上作用有均布荷载 $q = 10.0\text{kPa}$,填土分两层,其厚度和物理力学性质指标如图6-10所示,求作用在挡土墙上的主动土压力。

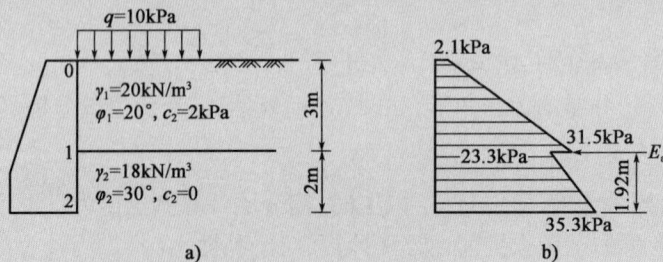

图6-10 【例6-2】图

【解】 (1)求各特征点的竖向应力。

$$\sigma_{z0} = q = 10.0(\text{kPa})$$

$$\sigma_{z1} = \sigma_{z0} + \gamma_1 h_1 = 10.0 + 20 \times 3 = 70.0(\text{kPa})$$

$$\sigma_{z2} = \sigma_{z2} + \gamma_2 h_2 = 70.0 + 18 \times 2 = 106.0(\text{kPa})$$

(2)求各特征点的土压力强度 p_a。

由 $\varphi_1 = 20°$,$\varphi_2 = 30°$,查表6-2得

$$m_1 = 0.700, m_1^2 = 0.490; m_2 = 0.577, m_2^2 = 0.333$$

上层:　　$p_{a0} = \sigma_{z0} m_1^2 - 2c_1 m_1 = 10 \times 0.49 - 2 \times 2 \times 0.7 = 2.1(\text{kPa})$

$$p_{a1上} = \sigma_{z1} m_1^2 - 2c_1 m_1 = 70.0 \times 0.490 - 2 \times 2 \times 0.700 = 31.5(\text{kPa})$$

下层:　　$p_{a1} = \sigma_{z1} m_2^2 - 2c_2 m_2 = 70 \times 0.333 - 0 = 23.3(\text{kPa})$

$$p_{a2} = \sigma_{z2} m_2^2 - 2c_2 m_2 = 106.0 \times 0.333 - 0 = 35.3(\text{kPa})$$

按计算结果绘出 p_a 分布图(图6-10)。

(3)求 E_a 值及其作用点。

p_a 分布图面积即为所求 E_a 值:

$$E_a = E_{a1} + E_{a2} + E_{a3} + E_{a3}$$

$$= 2.1 \times 3 + \frac{(31.5 - 2.1) \times 3}{2} + 23.3 \times 2 + \frac{(35.3 - 23.3) \times 2}{2}$$

$$= 6.3 + 44.1 + 46.6 + 12 = 109.0(\text{kN/m})$$

E_a 作用方向为水平指向挡墙,作用点距墙底高度为

$$z_c = \frac{\sum(E_{ai} z_i)}{\sum E_{ai}} = \frac{6.3 \times \left(2 + \frac{3}{2}\right) + 44.1 \times \left(2 + \frac{3}{3}\right) + 46.6 \times \frac{2}{2} + 12 \times \frac{2}{3}}{109.0} = 1.92(\text{m})$$

【例6-3】 某项目第7合同段挡土墙及填土情况如图6-11a)所示,其中,γ_1 为天然重度,γ_2 为饱和重度,求作用在挡土墙上的主动土压力及静水压力。

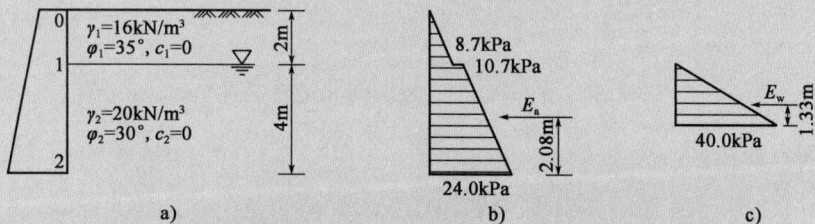

图6-11 【例6-3】图

【解】 (1)求各特征点的竖向应力。

$$\sigma_{z0} = 0(\text{kPa})$$

$$\sigma_{z1} = \sigma_{z0} + \gamma_1 h_1 = 0 + 16.0 \times 2 = 32.0(\text{kPa})$$

$$\sigma_{z2} = \sigma_{z2} + \gamma_2 h_2 = 32.0 + (20 - 10) \times 4 = 72.0(\text{kPa})$$

(2)求各特征点的土压力强度 p_a,并绘出其分布图。

由 $\varphi_1 = 35°$,$\varphi_2 = 30°$,查表6-2得

$$m_1 = 0.521, m_1^2 = 0.271; m_2 = 0.577, m_2^2 = 0.333$$

上层:$p_{a0} = \sigma_{z0} m_1^2 - 2c_1 m_1 = 0 (\text{kPa})$

$$p_{a1\pm} = \sigma_{z1} m_1^2 - 2c_1 m_1 = 32.0 \times 0.271 - 0 = 8.7 (\text{kPa})$$

下层:$p_{a1\mathbb{F}} = \sigma_{z1} m_2^2 - 2c_2 m_2 = 32.0 \times 0.333 - 0 = 10.7 (\text{kPa})$

$$p_{a2} = \sigma_{z2} m_2^2 - 2c_2 m_2 = 72.0 \times 0.333 - 0 = 24.0 (\text{kPa})$$

墙脚处水压力:$p_{wc} = \gamma_w h_w = 10.0 \times 4 = 40.0 (\text{kPa})$

按计算结果绘出 p_a 及 p_w 分布图,如图6-11b)所示。

(3)求 E_a、E_w 值及其作用点高度。

$$E_a = E_{a1} + E_{a2} + E_{a3}$$

$$= \frac{8.7 \times 2}{2} + 10.7 \times 4 + \frac{(24.0 - 10.7) \times 4}{2}$$

$$= 8.7 + 42.8 + 26.6 = 78.1 (\text{kN/m})$$

$$z_c = \frac{\sum (E_{ai} z_i)}{\sum E_{ai}} = \frac{8.7 \times \left(4 + \frac{2}{3}\right) + 42.8 \times \frac{4}{2} + 27.0 \times \frac{4}{3}}{78.1} = 2.08 (\text{m})$$

$$E_w = \frac{1}{2} p_w h_w = \frac{1}{2} \times 40 \times 4 = 80.0 (\text{kN/m})$$

$$z_{wc} = \frac{h_w}{3} = \frac{4}{3} = 1.33 (\text{m})$$

挡土墙承受的总压力 E 为

$$E = E_a + E_w = 78.1 + 80.0 = 156.1 (\text{kN/m})$$

合力作用点距墙脚高度为

$$z_c = \frac{78.1 \times 2.08 + 80.0 \times 1.33}{156.1} = 1.72 (\text{m})$$

此例中土压力和水压力几乎各占一半,可见挡土墙中采用排水措施十分重要。

目前,岩土工程界一般认为,对地下水的考虑应分成两种情况:对于砂性土和粉土采用水土分算法,即分别计算土压力和水压力,然后两者叠加;对于黏性土,可根据现场情况和工程经验,采用水土合算法或水土分算法。

✒ **交流与讨论**

朗金土压力理论计算挡土墙土压力(或计算静止土压力)的步骤如下:

(1)计算各特征点的竖向应力,特征点确定和计算原则与模块3中的自重应力计算类似。

(2)计算各特征点土压力强度,注意土中 c、φ(或 ξ)不同的交界面分别计算不同的土压力强度,并按照计算结果绘制强度分布图。

(3)根据强度分布图形,计算土压力值,即计算分布图形面积。

(4)计算作用点位置,即强度分布图形心,利用"合力力偶等于各分力力偶之和"求不规则图形的形心,先把不规则图形分割成三角形(形心为距底边 1/3 处)和矩形(形心距底边 1/2)等规则图形,然后计算各三角形和各矩形面积(分力)分别对挡土墙底边的力偶,然后求和;等于图形总面积(合力)对挡土墙底边的力偶。

6.4 库仑土压力理论

6.4.1 基本原理

1776 年,库仑(C. A. Coulomb)提出的土压力理论,由于计算方法简明,计算结果较符合实际,且能适用各种填土面和不同的墙背条件,至今仍被广泛应用。

库仑土压力理论研究的条件是墙后填土为松散的、匀质的砂性土,墙背粗糙(与土之间有摩擦力),墙背与墙后填土面均可以是倾斜的。库仑土压力理论的关键是破坏面形状和位置的确定,其计算假定是:①墙后填土为无黏性土($c = 0$);②滑动土楔体为刚体;③滑动破坏面为通过墙踵的平面。

微课:库仑土压力理论

有了上述条件和假定,根据刚性土楔体的静力平衡条件,即可计算出墙背上的土压力。

6.4.2 计算公式

1. 主动土压力

墙背向前(背离填土)移动一定值时,如图 6-12a)所示,墙后填土处于主动极限平衡状态,形成滑动面 AB 和 AC,因此,在 AB、AC 面上均产生摩擦阻力,以阻止土楔体下滑。此时作用于土楔体的力有土楔体自重 G、墙背 AB 面的反力 Q 和 AC 面的反力 R。G 通过 $\triangle ABC$ 的形心,方向垂直向下;Q 与 AB 面的法线所成角为 δ(δ 是墙背与土体间的摩擦角),Q 与水平面夹角为 $\alpha + \varphi$;R 与 AC 面的法线所成角为 φ(φ 为土的内摩擦角),AC 面与竖直面所成角为 θ,所以 R 与竖直面夹角为$90° - \theta - \varphi$。根据力的平衡原理可知:G、Q、R 三个力应交于一点,且应组成闭合的力三角形,如图 6-12b)所示。

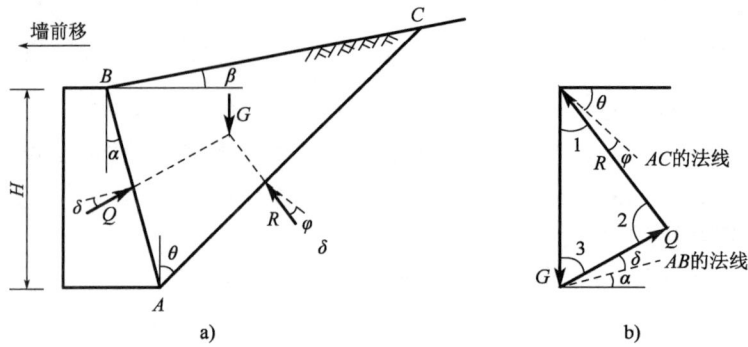

图 6-12　库仑主动土压力计算图示

在力三角形中, $\angle 1 = 90° - \theta - \varphi$, $\angle 2 = \theta + \varphi + \alpha + \delta$, $\angle 3 = 90° - \alpha - \delta$。由正弦定律得

$$Q = G\frac{\sin(90° - \theta - \varphi)}{\sin(\theta + \varphi + \alpha + \delta)} = G\frac{\cos(\theta + \varphi)}{\sin(\theta + \varphi + \alpha + \delta)} \tag{6-14}$$

Q 值是随 θ 而变化的, θ 为滑裂面与竖直面的夹角, 称为破裂角。由于滑动面 AC 是任意选择的, 因此它不一定是最危险的滑动面。因为 Q 值越大, 土楔体向下滑动的可能性越大。所以, 实际上产生最大 Q 值的滑动面即最危险的滑动面。按微分求极值的方法, 令 $\frac{\mathrm{d}E}{\mathrm{d}\theta} = 0$ 可确定 Q 值最大时的破裂角 θ, 即真正滑动面的位置。然后将 θ 代入式(6-11)即可求得主动土压力 E_a 值, 即

$$E_a = Q_{\max} = \frac{1}{2}\gamma H^2 \mu_a \tag{6-15}$$

其中

$$\mu_a = \frac{\cos^2(\varphi - \alpha)}{\cos^2\alpha\cos(\alpha + \delta)\left[1 + \sqrt{\dfrac{\sin(\delta + \varphi)\sin(\varphi - \beta)}{\cos(\alpha + \delta)\cos(\alpha - \beta)}}\right]^2} \tag{6-16}$$

主动土压力强度 p_a 为

$$p_a = \frac{\mathrm{d}E_a}{\mathrm{d}z} = \frac{\mathrm{d}\left(\dfrac{1}{2}\gamma z^2 \mu_a\right)}{\mathrm{d}z} = \gamma z\mu_a \tag{6-17}$$

式中: μ_a——库仑主动土压力系数, 可由式(6-6)计算求出, 当 $\beta = 0°$ 时可查表 6-4 得到;

$\quad\gamma$——墙后填土的容重, $\mathrm{kN/m^3}$;

$\quad H$——挡土墙高度, m;

$\quad\varphi$——填土的内摩擦角, (°);

$\quad\delta$——墙背与土体之间的摩擦角, (°), 由试验确定或参考表 6-5 得到;

$\quad\alpha$——墙背与竖直面间的夹角, (°), 墙背俯斜时为正值, 仰斜时为负值;

$\quad\beta$——填土面与水平面间的夹角, (°)。

$\beta=0°$时的库仑主动土压力系数μ_a 表6-4

墙背坡度		墙背与填土的摩擦角δ（°）	主动土压力系数μ_a					
			土的内摩擦角φ（°）					
			20	25	30	35	40	45
俯斜式挡土墙	1:0.33 ($\alpha=18°26'$)	$\frac{1}{2}\varphi$	0.598	0.523	0.459	0.402	0.353	0.307
		$\frac{2}{3}\varphi$	0.594	0.522	0.461	0.408	0.362	0.321
	1:0.29 ($\alpha=16°10'$)	$\frac{1}{2}\varphi$	0.572	0.498	0.433	0.376	0.327	0.283
		$\frac{2}{3}\varphi$	0.569	0.496	0.435	0.381	0.334	0.295
	1:0.25 ($\alpha=14°02'$)	$\frac{1}{2}\varphi$	0.556	0.479	0.414	0.358	0.309	0.265
		$\frac{2}{3}\varphi$	0.550	0.477	0.414	0.361	0.313	0.277
	1:0.20 ($\alpha=11°19'$)	$\frac{1}{2}\varphi$	0.532	0.455	0.390	0.334	0.285	0.241
		$\frac{2}{3}\varphi$	0.525	0.452	0.389	0.336	0.289	0.249
仰斜式挡土墙	1:0.29 ($\alpha=16°10'$)	$\frac{1}{2}\varphi$	0.351	0.269	0.203	0.150	0.110	0.077
		$\frac{2}{3}\varphi$	0.340	0.260	0.190	0.147	0.108	0.076
	1:0.25 ($\alpha=14°02'$)	$\frac{1}{2}\varphi$	0.363	0.279	0.241	0.161	0.119	0.086
		$\frac{2}{3}\varphi$	0.352	0.271	0.208	0.157	0.117	0.085
	1:0.20 ($\alpha=11°19'$)	$\frac{1}{2}\varphi$	0.377	0.295	0.229	0.176	0.133	0.098
		$\frac{2}{3}\varphi$	0.366	0.237	0.223	0.173	0.132	0.098
竖直墙背挡土墙	1:0 ($\alpha=0°$)	$\frac{1}{2}\varphi$	0.446	0.368	0.301	0.247	0.198	0.160
		$\frac{2}{3}\varphi$	0.439	0.361	0.297	0.245	0.199	0.162

土与墙背间的摩擦角 δ

表 6-5

挡土墙情况	摩擦角 δ	挡土墙情况	摩擦角 δ
墙背平滑、排水不良	$(0 \sim 0.33)\varphi$	墙背很粗糙,排水良好	$(0.5 \sim 0.67)\varphi$
墙背粗糙、排水良好	$(0.33 \sim 0.5)\varphi$	墙背与填土间不可能滑动	$(0.67 \sim 1.0)\varphi$

注:φ 为墙背填土的内摩擦角。

当 $\beta = 0°$、$\alpha = 0°$、$\delta = 0°$ 时,$\mu_a = \left(45° - \dfrac{\varphi}{2}\right) = m$,可见在这种特定条件下,库仑土压力公式与朗金土压力公式计算结果是相同的,说明朗金土压力公式是库仑土压力公式的一种特例。

由式(6-17)可知,主动土压力强度 p_α 沿墙高呈三角形分布。合力 E_a 作用点距墙脚的高度即 p_a 分布图的形心,即 $z_c = H/3$;其作用线方向与墙背法线所成的角为 δ,与水平面所成的角为 $\alpha + \delta$。

E_a 可分解为水平向和竖向两个分量:

$$E_{ax} = E_a \cos(\alpha + \delta) = \frac{1}{2}\gamma H^2 \mu_a \cos(\alpha + \delta) \tag{6-18}$$

$$E_{az} = E_a \sin(\alpha + \delta) = \frac{1}{2}\gamma H^2 \mu_a \sin(\alpha + \delta) \tag{6-19}$$

其中,E_{az} 至墙脚的水平距离为 $x_c = z_c \tan\alpha$。

2. 被动土压力

若挡土墙在外力下推向填土,当墙后土体达到被动极限平衡状态时,墙后填土中出现滑裂面 AC,土楔体将沿 AB、AC 面向上滑动。因此,作用在土楔体 AB、AC 面上的摩擦阻力均向下(与主动极限平衡时的方向相反),根据 G、Q、R 三力平衡条件,可推导出被动土压力公式:

$$E_p = \frac{1}{2}\gamma H^2 \mu_p \tag{6-20}$$

$$\mu_p = \frac{\cos^2(\varphi + \alpha)}{\cos^2\alpha \cos(\alpha - \delta)\left[1 - \sqrt{\dfrac{\sin(\delta + \varphi)\sin(\varphi + \beta)}{\cos(\alpha - \delta)\cos(\alpha - \beta)}}\right]^2} \tag{6-21}$$

式中:μ_p——库仑被动土压力系数,可由式(6-21)计算得出;

其他符号意义同前。

库仑被动土压力强度沿墙高的分布也呈三角形,合力作用点距离墙脚的高度也为 $H/3$。

6.4.3 库仑土压力计算公式应用

如图 6-13 所示,当挡土墙后的填土面上有连续均布荷载 q 作用时,$\sigma_z = q + \gamma z$,$p_a = \mu_a \sigma_z$ 仍按前述方法及步骤计算,绘出 p_a 分布图,求出分布图面积即得土压力合力 E_a。

实际应用中常用厚度为 h、重度为 γ、与填土相同的等代土层来代替 $q = \gamma h$,于是等代土层

的厚度 $h = q/\gamma$，同时设想墙背为 AB'，因而可求绘出三角形的土压力强度分布图。但 BB' 段墙背是虚设的，高度 h 范围内的侧压力不应计算，因此作用于墙背 AB 的土压力应为实际墙高 H 范围内的梯形面积，即

$$E_a = \frac{H}{2}[\mu_a\gamma h + \mu_a\gamma(H+h)]$$

$$= \frac{1}{2}\mu_a\gamma H(H+2h) \qquad (6\text{-}22)$$

E_a 作用点为梯形面积的形心：$Z_c = \frac{H}{3} \cdot \frac{H+3h}{H+2h}$ 方向与水平面所成的角为 $\alpha + \delta$。

E_a 在水平向和竖向的分量分别为

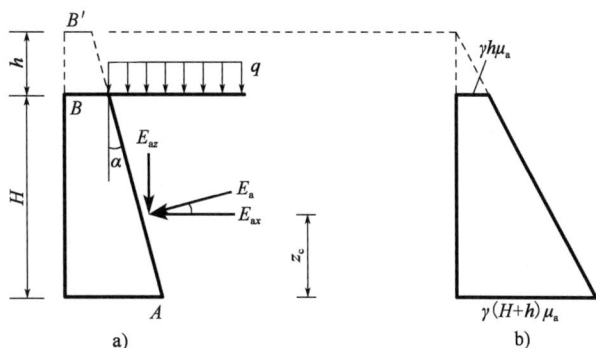

图 6-13 填土上有均布荷载的库仑土压力

$$E_{ax} = E_a\cos(\alpha + \delta) \qquad (6\text{-}23\text{a})$$

$$E_{az} = E_a\sin(\alpha + \delta) \qquad (6\text{-}23\text{b})$$

【例 6-4】 某项目第 7 合同段挡土墙如图 6-14a) 所示，填土为细砂，$\gamma = 19.0\text{kN/m}^3$，$\varphi = 30°$，取 $\delta = \frac{\varphi}{2} = 15°$。试按库仑理论求其主动土压力。

【解】

解法 1：

(1) 求深度 z 处的竖向应力和荷载强度：

$$\sigma_{zB} = q = 9.5(\text{kPa})$$

$$\sigma_{zA} = q + \gamma H = 9.5 + 19 \times 5 = 104.5(\text{kPa})$$

由 $\varphi = 30°$，$\alpha = 11°19'$，查表 6-3 得

$$\mu_a = 0.390$$

$$p_{aB} = \mu_a\sigma_{zB} = 0.390 \times 9.5 = 3.7(\text{kPa})$$

$$p_{aA} = \mu_a\sigma_{zA} = 0.390 \times 104.5 = 40.8(\text{kPa})$$

(2) 绘出 p_a 分布图，如图 6-14b) 所示，求出分布图面积，即为库仑土压力合力 E_a：

$$E_a = E_{a1} + E_{a2} = 3.7 \times 5 + \frac{1}{2} \times (40.8 - 3.7) \times 5 = 18.5 + 92.8 = 111.3(\text{kN/m})$$

(3) E_a 作用点为梯形面积的形心：

$$z_c = \frac{\sum(E_{ai}z_i)}{\sum E_{ai}} = \frac{18.5 \times \dfrac{5}{2} + 92.8 \times \dfrac{5}{3}}{111.3} = 1.81(\text{m})$$

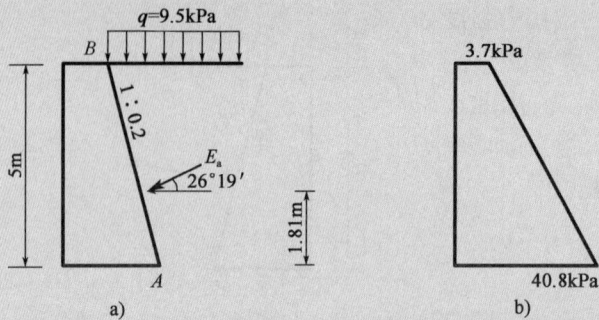

图6-14 【例6-4】图

E_a 作用线与水平面的夹角为 $\alpha + \delta = 11°19' + 15° = 26°19'$。

$$E_{ax} = E_a\cos(\alpha + \delta) = 111.3\cos 26°19' = 99.9(\text{kN/m})$$

$$E_{az} = E_a\sin(\alpha + \delta) = 111.3\sin 26°19' = 49.1(\text{kN/m})$$

解法2：

(1) 用厚度为 h、重度为 γ 与填土相同的等代土层来代替 q：

$$h = \frac{q}{\gamma} = \frac{9.5}{19} = 0.5(\text{m})$$

(2) 求库仑土压力合力 E_a：

由 $\varphi = 30°$，$\alpha = 11°19'$，查表6-3得

$$\mu_a = 0.390$$

$$E_a = \frac{1}{2}\mu_a\gamma H(H + 2h) = \frac{1}{2} \times 0.390 \times 19 \times 5 \times (5 + 2 \times 0.5) = 111.2(\text{kN/m})$$

(3) E_a 作用点为梯形面积的形心：

$$z_c = \frac{H}{3} \cdot \frac{H + 3h}{H + 2h} = \frac{5}{3} \times \frac{5 + 3 \times 0.5}{5 + 2 \times 0.5} = 1.81(\text{m})$$

E_a 与水平面间的夹角及 E_{ax}、E_{az} 同解法1。

📝 **交流与讨论**

(1) 由于库仑土压力理论研究的挡土墙墙后填土是砂土，实际中很多情况下墙后填土是非砂性土，这时可将 φ 值适当提高，采用所谓"等值内摩擦角 φ'"近似计算土压力，以反映凝聚力 c 对土压力的影响。规范建议：取 $\varphi' = 30° \sim 35°$ 或取 $\varphi' = \varphi + (5° \sim 10°)$。采用上述方法换算内摩擦角，对于矮挡土墙是偏于安全的，对于高挡土墙有时偏于危险。因此，对于高挡土墙，应按墙高酌情降低换算内摩擦角 φ' 的数值。

(2) 库仑主动土压力公式所得结果一般情况下都比较接近实际情况，且计算简便，适应范围又较广泛。因此，目前公路桥涵设计规范都推荐采用库仑土压力公式计算主动土压力。但

库仑被动土压力计算结果常常偏大，δ 值越大，偏差也越大，偏于危险，所以实践中一般不采用库仑被动土压力公式。

6.5 土坡稳定性评价和分析

所谓土坡就是具有倾斜坡面的土体。土坡有天然土坡，也有人工土坡。天然土坡是地质作用自然形成的土坡，如山坡、江河的岸坡等；人工土坡是经过人工挖、填的土工建筑物，如基坑、渠道、土坝、路堤等。

在道路、桥梁等土建工程中，经常遇到路堑、路堤或基坑开挖时的土坡稳定性问题。土坡由于表面倾斜，在自重或外力作用下，有可能滑动而丧失稳定性。土坡失稳产生滑坡不仅影响工程的正常施工，严重的还会造成人员伤亡、道桥结构物破坏。在土坡稳定性验算之前，应根据土坡水文地质、工程地质及土坡可能发生的破坏形式等进行稳定性分析和评价。研究路堑、路堤或基坑开挖时土坡的稳定问题，其目的是分析所设计的土坡断面是否安全、合理。在后续学习路基工程、基础工程等专业课程时有关土方边坡方面的知识点与本节内容的土坡知识点大致相同。

6.5.1 土坡失稳原因分析

土坡失稳受内部因素和外部因素影响，当土坡超过土体平衡条件时，其便发生失稳现象。

1. 土坡失稳的内部因素

（1）斜坡的土质：各种土质的抗剪强度、抗水能力是不一样的，如钙质或石膏质胶结的土、湿陷性黄土等，遇水后软化，使原来的强度降低很多。

（2）斜坡的土层结构：当在斜坡上堆有较厚的土层，特别是当下层土层（或岩层）不透水时，容易在交界面上发生滑动。

（3）斜坡的外形：凸肚形的斜坡由于重力作用，比上陡下缓的凹形坡易于下滑；由于黏性土有黏聚力，当土坡不高时尚可直立，但随着时间的推移和气候的变化，也会逐渐塌落。

2. 土坡失稳的外部因素

（1）降水或地下水的作用：持续的降雨或地下水渗入土层，使土中含水率增大，土中易溶盐溶解，土质变软，强度降低，还可使土的重度增大；另外孔隙水压力的产生，使土体作用有动、静水压力，促使土体失稳。故设计斜坡应针对这些原因，采用相应的排水措施。

（2）振动的作用：例如，在地震的反复作用下，砂土极易发生液化；黏性土振动时易使土的结构破坏，从而降低土的抗剪强度；施工打桩或爆破，振动也可使邻近土坡变形或失稳等。

（3）人为影响：人类不合理开挖，特别是开挖坡脚，或开挖基坑、沟渠、道路土坡时将弃土堆在坡顶附近，或在斜坡上建房或堆放重物，都可引起斜坡变形破坏。

6.5.2　土坡稳定性评价

1. 建筑土坡稳定性评价

对下列建筑土坡应进行稳定性评价

(1)选用建筑场地的自然土坡。

(2)开挖或填筑形成并需要进行稳定性验算的土坡。

(3)施工期间出现不利工况的土坡。

(4)使用条件发生变化的土坡。

2. 土坡稳定性评价的依据

土坡稳定性评价应在充分查明工程地质条件的基础上,根据土坡岩土类型和结构,综合采用工程地质类比法和刚体极限平衡计算法进行。对土质较软、地面荷载较大、高度较大的土坡,其坡脚地面抗隆起和抗渗流等稳定性评价应按现行有关标准执行。

3. 土坡稳定安全系数

土坡的稳定安全度用稳定安全系数 K 表示,它是指土的抗剪强度 τ_f 与土坡中可能滑动面上产生的剪应力 τ 间的比值,即 $K = \tau_f/\tau$。

土坡工程稳定性验算时,其稳定安全系数 K 应不小于表 6-6 的规定,否则应对土坡进行处理。

土坡稳定安全系数 K　　　　　　　　　　　　　　　　表 6-6

计算方法	土坡工程安全等级		
	一级土坡	二级土坡	三级土坡
平面滑动法、折线滑动法	1.35	1.30	1.25
圆弧滑动法	1.30	1.25	1.20

注:对地质条件很复杂或破坏后果极严重的土坡工程,其稳定安全系数宜适当提高。

6.5.3　简单土坡稳定性分析

在进行土坡稳定性计算之前,应根据土坡水文地质、工程地质、岩体结构特征以及已经出现的变形破坏情况,对土坡的可能破坏形式和土坡稳定性状态作出定性判断,确定土坡破坏的边界范围、土坡破坏的地质模型,对土坡破坏趋势作出判断。

对于土坡稳定性分析和验算,都是在假定滑动面形状的前提下进行的。所谓简单土坡是指土坡的顶面和底面均为水平,并且由均质土组成。一般土坡的纵向长度远大于横向宽度,因此在分析土坡稳定性时,通常将土坡视为无限延伸,沿土坡长度方向截取单位长度,按平面问题来验算坡体的稳定性。

1. 无黏性土的土坡稳定性分析

若无黏性土的土坡的坡度角过大,坡面土粒将发生连续下滑(滑动面为平面),直至坡度角减小到某一值时,这种下滑现象才停止。这时的坡度角称为天然休止角。显然,当坡度角等于天然休止角时,坡面上的土粒将处于极限平衡状态。

如图6-15所示的砂土边坡，设坡角为β，土的内摩擦角为φ，取坡面上的土粒M，其重力为G，可将G分解为垂直于坡面的正压力N以及平行坡面的滑移力T：

坡面正压力：$\qquad\qquad N = G\cos\beta$

坡面滑移力：$\qquad\qquad T = G\sin\beta$

坡面摩擦力，即抗滑力：$T' = N\tan\varphi = G\cos\beta\tan\varphi$

稳定安全系数：

$$K = \frac{抗滑力}{滑移力} = \frac{T'}{T} = \frac{G\cos\beta\tan\varphi}{G\sin\beta} = \frac{\tan\varphi}{\tan\beta}$$

$$(6\text{-}24)$$

由此可见，对于均质砂土土坡，稳定性与坡高无关。只要$\beta < \varphi$，$K > 1$，土坡就处于稳定状态，工程中为满足土坡稳定要求。当$\beta = \varphi$，$K = 1$时，抗滑力等于滑动力，即土坡处于极限平衡状态，这时坡角β为天然休止角。一般取安全系数$K = 1.1 \sim 1.5$。

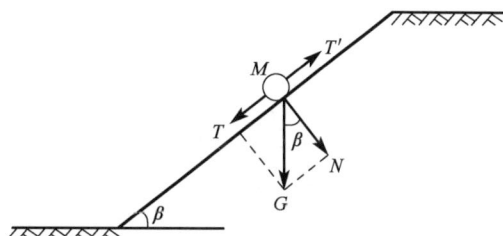

微课：无黏性土坡的稳定分析

图6-15　无黏性土的土坡稳定计算

2. 黏性土的土坡稳定性分析

黏性土的土坡的稳定性与工程地质条件有关。由于黏性土中存在黏聚力，其破坏时滑动面常常是一个曲面。为了简化稳定验算的方法，假定滑动破坏面为一圆弧。黏性土的土坡稳定性分析的方法有整体圆弧滑动法、瑞典条分法、稳定数法等。其中，瑞典条分法比较简单合理，在工程中得到了广泛的应用。

微课：黏性土土坡稳定分析

瑞典条分法的基本原理：假定土坡滑动面为通过坡脚的圆弧曲面，如图6-16所示，将圆弧滑动土体分成若干竖直土条，然后分别计算各土条对圆弧圆心的抗滑力矩和滑动力矩，由抗滑力矩与滑动力矩之比（稳定安全系数）来验算土坡的稳定性。

瑞典条分法具体分析步骤如下：

（1）按比例绘制土坡剖面图（图6-16）。

（2）任选一点O为圆心，以OA为半径（R）作圆弧AD，AD即为滑动圆弧面。

（3）将滑动土体竖直分成宽度相等的若干土条，土条的宽度一般可取$b = 0.1R$。

（4）计算每个土条的自重，并在其底部滑动圆弧面上分解为法向分力（正压力）N_i和切向分力（剪力）T_i：

图6-16　瑞典条分法计算土坡稳定

法向分力：$\qquad\qquad N_i = G_i\cos\beta_i$

切向分力：$\qquad\qquad T_i = G_i\sin\beta_i$

（5）计算滑动土体上的滑动力矩M_S（对滑动圆心O取距）：

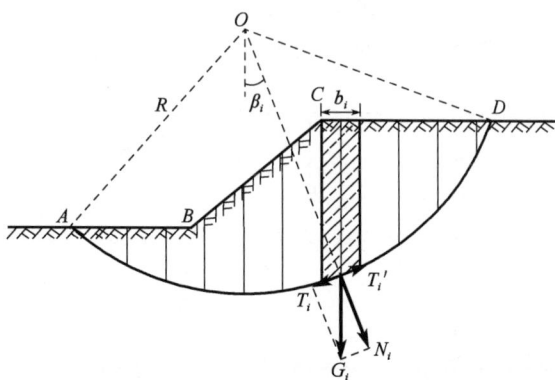

$$M_S = \sum_{i=1}^{n} T_i R = \sum_{i=1}^{n} G_i \sin\beta_i R \tag{6-25}$$

(6)计算阻止滑动土体滑动的抗滑力矩 M_R,即由摩擦力 $N_i \tan\varphi$ 和黏聚力 $c\Delta l_i$ 两部分产生的力矩:

$$M_R = \sum_{i=1}^{n} N_i \tan\varphi R + \sum_{i=1}^{n} c\Delta l_i R \tag{6-26}$$

(7)计算土坡稳定安全系数 K:

$$K = \frac{M_R}{M_S} = \frac{\sum\limits_{i=1}^{n} G_i \cos\beta_i \tan\varphi + \sum\limits_{i=1}^{n} c\Delta l_i}{\sum\limits_{i=1}^{n} G_i \sin\beta_i} \tag{6-27}$$

式中:φ——土的内摩擦角标准值,(°);

$\quad\beta_i$——第 i 土条弧面的切线与水平线的夹角,(°);

$\quad c$——黏聚力标准值,kPa;

$\quad\Delta l_i$——第 i 土条的弧长,m;

$\quad G_i$——第 i 土条重力标准值,kN,$G_i = \gamma b_i h_i$;

$\quad b_i$——第 i 土条的宽度,m;

$\quad h_i$——第 i 土条的中心高度,m。

(8)确定最危险滑动面,即选择若干个通过坡脚的圆弧滑动面,然后按上述方法试算求得相应的稳定安全系数,其中最小安全系数 K_{min} 所对应的滑动面为最危险滑动面,并要求最小安全系数 $K_{min} \geqslant 1.2$。

6.5.4　土坡稳定措施

在土坡整体稳定的条件下,对深度 10m 以内的基坑,土坡开挖应符合下列规定。

(1)土质土坡的坡度允许值应根据当地经验,参照同类土层的稳定坡度确定。当土质良好且均匀,无不良地质现象,地下水不丰富时,可按表 6-7 确定。

土坡坡度允许值　　　　　　　　　　　　　　　　表 6-7

土的类别	密实度或状态	坡度允许值(高宽比)	
		坡高在 5m 以内	坡高在 5~10m
碎石土	密实	1:0.50~1:0.35	1:0.75~1:0.50
	中密	1:0.75~1:0.50	1:1.00~1:0.75
	稍密	1:1.00~1:0.75	1:1.25~1:1.00
粉土	$S_r \leqslant 0.5$	1:1.25~1:1.00	1:1.50~1:1.25
黏性土	坚硬	1:1.00~1:0.75	1:1.25~1:1.00
	硬塑	1:1.25~1:1.00	1:1.50~1:1.25

注:1. 表中碎石土的充填物为坚硬或硬塑状态的黏性土。

　　2. 对于砂土或充填物为砂土的碎石土,其土坡坡度允许值均按自然休止角确定。

(2)土坡开挖时,应采取排水措施,土坡顶部应设置截水沟。在任何情况下不允许在坡脚及坡面上积水。

(3)土坡开挖时,应由上到下开挖,依次进行。弃土应分散处理,不得将弃土堆置在坡顶及坡面上。当必须在坡顶或坡面上设置弃土转运站时,应进行坡体稳定验算,严格控制土方量。

(4)土坡开挖后,应立即对边坡进行防护处理。

(5)当有条件时,基坑应采用局部或全部放坡开挖,放坡坡度应满足表6-6中稳定性要求。

📖 开阔视野

手算稳定安全系数本身是一个很复杂的过程,目前工程中采用计算机程序计算,使这一过程变得非常快捷。下面介绍一种可借助计算机的分析方法。对于瑞典条分法表达的土坡稳定安全系数用积分方式表达。

总应力法的稳定安全系数:

$$K = \frac{\int_{xA}^{xC} \left(\dfrac{c + \delta_c \tan\varphi}{1 + s(x)\tan\varphi} \right) \sqrt{1 + s^2(x)}\,\mathrm{d}x}{\displaystyle \int_{xA}^{xC} \frac{\delta_c s(x)\,\mathrm{d}x}{\sqrt{1 + s^2(x)}}} \quad (n \to \infty) \tag{6-28}$$

有效应力法的稳定安全系数:

$$K = \frac{\int_{xA}^{xC} \left(\dfrac{c' + \delta'_c \tan\varphi'}{1 + s(x)\tan\varphi'} \right) \sqrt{1 + s^2(x)}\,\mathrm{d}x}{\displaystyle \int_{xA}^{xC} \frac{\delta'_c s(x)\,\mathrm{d}x}{\sqrt{1 + s^2(x)}}} \quad (n \to \infty) \tag{6-29}$$

由于上述稳定安全系数均为积分表示,可以很方便地将其编制成计算软件。

📋 课后思考题

[6-1] 静止土压力属于哪一种平衡状态?它与主动土压力及被动土压力状态有何不同?

[6-2] 朗金土压力理论和库仑土压力理论的适用条件各有哪些?有人说"朗金土压力理论是库仑土压力理论的一种特殊情况",你认为这种说法是否确切?

[6-3] 挡土墙的位移及变形对土压力有什么影响?

[6-4] 土坡稳定性分析的目的是什么?何谓稳定安全系数?

[6-5] 简述瑞典条分法的基本原理及计算步骤。

✒ 课后练习题

[6-1] 某挡土墙高6m,墙背垂直光滑,墙后填土表面水平,土的重度 $\gamma = 20\text{kN/m}^3$,$\varphi = 20°$,$c = 10\text{kPa}$,试用朗金土压力理论计算挡土墙的主动土压力及作用点,并画出土压力分

布图。

（答案：102.37kPa，作用点距墙底 1.52m）

[6-2]　某挡土墙高 9m，墙背垂直光滑，墙后填土表面水平，并作用有均布荷载 $q = 20$ kPa 时，墙后填土分两层：上层厚 6m，土的重度为 $\gamma_1 = 18$ kN/m^3，$\varphi_1 = 20°$，$c_1 = 10$ kPa，地下水位埋深 3m；水位以下土的重度为 $\gamma_2 = 20$ kN/m^3，$\varphi_2 = 30°$，$c_2 = 0$ kPa。试用朗金土压力理论计算挡土墙主动土压力及作用点，并画出土压力分布图。

（答案：277.29kPa，作用点距墙底 3.09m）

模块7

土工常规试验

📖 学习目标

1. 规范采集土样和制备试样；
2. 理解试验原理、目的；
3. 掌握各种仪器的使用性能参数及使用方法；
4. 熟练测定土的物理性质、物理状态及力学指标，并进行结果处理，得出结论。
5. 利用试验结果对土进行分类，判断土的工程性质，供工程设计和施工使用。

◎ 工程背景引入

某项目第 7 合同段开工前，依据《公路路基施工技术规范》(JTG/T 3610—2019)规定的试验项目和相关要求，对路基填筑材料的物理性质指标、物理状态指标、力学指标进行测定。测定的各项指标的结果作为该项目施工的依据。

【启发思考】 从"工程背景引入"资料中可知第 7 合同段开工要求，模块 2 介绍了各类指标的物理意义、计算方法及测定方法，在工程实践中土的各类指标的测定具体如何操作？试验结果如何处理？

【重点点拨】 本模块详细介绍了土样采集和试样制备，《公路路基施工技术规范》(JTG/T 3610—2019)要求的土的物理性质、物理状态、力学指标及改良土等项目的测定原理、步骤、结果处理。

7.1 土样采集和试样制备

7.1.1 土样采集、运输和保管

1. 土样要求

(1)采集原状土还是扰动土视工程对象而定。凡属桥梁、涵洞、隧道、挡土墙、房屋建筑物的天然地基以及挖方土坡、渠道等,应采集原状土样;如为填土路基、堤坝、取土坑(场)或只要求土的分类试验者,可采集扰动土样。冻土采集原状土样时,应保持原土样温度,保持土样结构和含水率不变。

(2)土样可在试坑、平洞、竖井、天然地面及钻孔中采取。取原状土样时,必须保持土样的原状结构及天然含水率,并使土样不受扰动。用钻机取土时,土样直径不得小于10cm,并使用专门的薄壁取土器;在试坑中或天然地面下挖取原状土时,可用有上、下盖的铁壁取土筒打开下盖,扣在欲取样的土层上,边挖筒周围土,边压土筒至筒内装满土样,然后挖断筒底土层(或左、右摆动即断),取出土筒,翻转削平筒内土样。若周围有空隙,可用原土填满,盖好下盖,密封取土筒。取扰动土时,应先清除表层土,然后分层用四分法取样。

(3)土样量按相应试验项目规定采集。

(4)取土记录和编号:应采用韧质纸和不褪色笔记录相关内容后作为标签,贴在取土筒上(原状土)或折叠后放入取土袋内。取样记录簿记录内容应包含工程名称、路线桩号(或地点)、记录开始日期、记录完毕日期、取样单位、采取土样的特征、试坑号、取样深度、土样编号、取样袋号、土样名称、用途、要求试验项目或取样说明、取样者、取样日期等。对取样方法、扰动或原状、取样方向以及取土过程中出现的现象等,应记入土样取样记录表,见表7-1。

土样取样记录表(示例) 表7-1

取样单位: _____	工程名称: _____
路程桩号: _____	土样编号: _____
取样袋号: _____	试坑号: _____
土样名称: _____	过筛孔径(mm): _____
取样人: _____	取样日期: _____
试验项目: _____	
土样特征:	

2. 土样包装和运输

(1)原状土或需要保持天然含水率的扰动土,在取样之后,应立即密封取土筒,即先用胶布贴封取土筒上的所有缝隙,在两端盖上,用不褪色漆写明"上、下"字样,以示土样层位。原状土样应保持土样结构不变;对于冻土,原状土样应在负温下保存。

(2)密封后的原状土在装箱之前应放于阴凉处,冻土土样应保持温度不变。

(3)土样装箱时,应对照取样记录,确认无误后再装入。对原状土应按上、下部位将筒立放,木箱中筒间空隙宜以软物填紧,以免在运输过程中受振、受冻。木箱应编号并在箱上写明"小心轻放""切勿倒置""上""下"等字样。对已取好的扰动土样的土袋,对照清点后可以装入编织袋,扎紧袋口,在编织袋上写明编号并拴上标签(如同行李签),签上注明编织袋号数、袋内共装的土袋数和土袋号。取样标签如图7-1所示。

```
┌─────────────────────────────────┐
│            取样标签               │
│                                  │
│  工程名称_____ │
│                                  │
│  土样编号_____ │
│                                  │
│  取样袋号_____ │
│                                  │
│  袋内共装的土袋数_____  │
│                                  │
│  袋内土袋编号 _____ │
│                                  │
│  检验状态:□待检   □在检   □检毕  │
└─────────────────────────────────┘
```

图 7-1 取样标签

(4)盐渍土的扰动土样宜用塑料袋装。为防止取样记录标签在袋内湿烂,可用另一小塑料袋装标签,再放入土袋中。

3. 土样的接收与管理

(1)土样运到试验单位,应主动附送土工试验检测业务联系单,见表7-2。

土工试验检测业务联系单   表 7-2

发件单位		发件人/日期	
收件单位		收件人/日期	
受检合同段		要求检测日期	
检测参数	□颗粒级配 □液塑限 □击实(重型、轻型、表面振实仪) □比重 □天然稠度 □含水率 □承载比(93区、94区、96区) □(直剪、稳定土无侧限抗压强度)		

序号	取样位置	试样数量	代表数量	使用部位	备注

附件:合格证□ 外委报告□ 材质单□ 自检报告□ 其他□

单位工程:

分部工程:

分项工程:

(2)试验单位应核对验收土样,以满足试验要求。

(3)土样试验完毕,将余土标示密封保存一段时间,无人查询后可将土样处理。

7.1.2 土样和试件的制备

1.细粒土扰动土样的制备程序

(1)对扰动土样进行土样描述,如颜色、土类气味及夹杂物等;如有需要,将扰动土样充分拌匀,取代表性土样进行含水率测定。

(2)将块状扰动土放在橡皮板上用木碾或粉碎机碾散,但切勿压碎颗粒;如含水率较大不能碾散,应风干至可碾散为止。

(3)根据试验所需土样量,将碾散后的土样过筛。按规定过标准筛后,取出足够量的代表性试样,分别装入容器,标以标签。标签上应注明工程名称、土样编号、过筛孔径、用途、制备日期和人员等,以备各项试验之用。若是含有较多粗砂及少量细粒土(泥沙或黏性土)的松散土样,应加水润湿松散后,用四分法取出代表性试样;若系净砂,则可用匀土器取代表性试样。

(4)为配制一定含水率的试样,取过筛的足够试验用的风干土,按式(7-2)计算所需的加水量;然后将所取土样平铺于不吸水的盘内,用喷雾设备喷洒预计的加水量,并充分拌和;最后装入容器盖紧,润湿一昼夜备用(砂类土浸润时间可酌量缩短)。

(5)测定湿润土样不同位置的含水率(至少两个),要求差值满足含水率测定的允许平行差值。

(6)对不同土层的土样制备混合试样时,应根据各土层厚度,按比例计算相应质量,然后按(1)~(4)步骤进行扰动土的制备。

2.扰动土样制备的计算

(1)按式(7-1)计算干土质量。

$$m_s = \frac{m}{1+0.01w_h} \tag{7-1}$$

式中:m_s——干土质量,g;

m——风干土质量(或天然土质量),g;

w_h——风干含水率(或天然含水率),%。

(2)按式(7-2)计算制备土样所需加水量。

$$m_w = \frac{m}{1+0.01w_h} \times 0.01(w-w_h) \tag{7-2}$$

式中:m_w——土样所需加水量,g;

m——风干含水率时的土样质量,g;

w_h——风干含水率,%;

w——土样所要求的含水率,%。

(3)按式(7-3)计算制备扰动土样所需总土质量。

$$m = (1+0.01w_h)\rho_d V \tag{7-3}$$

式中:m——制备土样所需总土质量,g;

ρ_d——制备土样所要求的干密度,g/cm^3;

V——计算出的击实土样或压模土样体积,cm^3;

w_h——风干含水率,% 。

(4)按式(7-4)计算制备扰动土样应增加的水量。

$$\Delta m = 0.01(w-w_h)\rho_d V \tag{7-4}$$

式中:Δm——制备扰动土样应增加的水量,cm^2;

其余符号含义同前。

3.粗粒土扰动土样的制备程序

(1)无黏聚性的松散砂土、砂砾及砾石等按本小节1中的(3)制备土样,然后取具有代表性的足够试验用土样以备颗粒分析之用,其余过5mm筛,筛上筛下土样分别储存,供做比重及最大、最小孔隙比等试验用,取一部分过2mm筛的土样备力学性质试验之用。

(2)如砂砾土有部分黏性土黏附在砾石上,可用毛刷仔细刷净并捏碎过筛,或先用水浸泡,然后用2mm筛将浸泡过的土样在筛上冲洗,取筛上及筛下具有代表性试样以备颗粒分析之用。

(3)将过筛土样或冲洗下来的土浆风干至碾散为止,再按本小节1中(1)~(4)步骤操作。

4.扰动土样试件的制备程序

扰动土样制备可根据工程需要采用击实法和压样法。

(1)击实法。

①根据工程要求,选用相应的夯击功进行击实。

②按试件所要求的干质量、含水率,按本小节的1和3制备湿土样,并称量制备好的湿土样质量,准确至0.1g。

③将试验用的切土环刀内壁涂一薄层凡士林,刀口向下,放在试件上,用切土刀将试件切成略大于环刀直径的土柱。然后将环刀垂直向下压,边压边切,至土样伸出环刀上部为止,削平环刀两端,擦净环刀外壁,称环刀与土的合质量,准确至0.1g,并测定环刀两端所切下土样的含水率。

④试件制备应尽量迅速,以免水分蒸发。

⑤试件制备的数量视试验需要而定,一般应多制备1~2组备用;同一组试件或平行试件的密度、含水率与制备标准之差值,应分别在±0.1g/cm^{3}或2%范围之内。

(2)压样法。

①按本小节击实法的规定,将湿土倒入压模,拂平土样表面,以静压力将土压至一定高度,用推土器将土样推出。

②按击实法③~⑤的规定进行操作。

5.原状土试件制备程序

按土样上下层次小心开启原状土包装皮,将土样取出放正,整平两端。在环刀内壁涂一薄层凡士林,刀口向下,放在土样上,无特殊要求时,切土方向应与天然土层层面垂直。

按以上击实法③的操作步骤切取试件,试件与环刀要密合,否则应重取。切削过程中,应细心观察并记录试件的层次、气味、颜色、有无杂质、土质是否均匀、有无裂缝等。

如连续切取数个试件,应使含水率不发生变化。视试件本身及工程要求,决定对试件是否进行饱和处理;当不立即进行试验或饱和时,则将试件暂存于保湿器内。

切取试件后,剩余的原状土样用蜡纸包好置于保湿器内,以备补试验之用。切削的余土做物理性质试验。平行试验或同一组试件密度差值不大于 ±0.1g/cm³,含水率差值不大于 2%。制备冻土原状土样时,应保持原土样温度,保持土样的结构和含水率不变。

7.2 土的物理性质及物理状态指标测定

7.2.1 颗粒分析试验(筛分法)

筛分法是将一套孔径大小不同的标准筛由上至下按照由粗到细的顺序排列好,将称过质量的干土装入顶层,盖上盖子在摇筛机充分筛选,将留在各级筛上的土粒分别称重,然后计算小于某粒径的土粒含量。筛分法适用于分析土粒径范围 0.075 ~60.000mm 的土粒粒组含量和级配组成。

微课:土的颗粒
分析试验

1. 测定仪器

(1)标准筛:不同规范标准筛类型见表 7-3。

不同规范标准筛类型 表 7-3

规范型号	标准筛	
	粗筛孔径(mm)	细筛孔径(mm)
《土工试验方法标准》(GB/T 50123—2019)	60、40、20、10、5、2	2.0、1.0、0.5、0.25、0.1、0.075
《公路土工试验规程》(JTG 3430—2020)	60、40、20、10、5、2	2.0、1.0、0.5、0.25、0.075
《水运工程土工试验规程》(JTS/T 247—2023)	60、40、20、10、5、2	2.0、1.0、0.5、0.25、0.1、0.075
《铁路工程土工试验规程》(TB 10202—2023)	200、150、100、75、60、40、20、10、5、2	2.0、1.0、0.5、0.25、0.075

(2)天平:称量 5000g,感量 1g;称量 1000g,感量 0.01g。

(3)摇筛机。

(4)烘箱、筛刷、烧杯、木碾、研钵及杵等。

2. 取样

从风干、松散的土样中,用四分法按照下列规定取出具有代表性的试样,见表 7-4。

取样质量(g)　　　　　　　　　　　表 7-4

土粒最大粒径 (mm)	规范			
	《土工试验方法标准》 (GB/T 50123—2019)	《公路土工试验规程》 (JTG 3430—2020)	《水运工程土工 试验规程》 (JTS/T 247—2023)	《铁路工程土工 试验规程》 (TB 10202—2023)
<2	100 ~ 300	100 ~ 300	100 ~ 300	100 ~ 300
<10	300 ~ 1000	300 ~ 900	300 ~ 1000	300 ~ 1000
<20	1000 ~ 2000	1000 ~ 2000	1000 ~ 2000	1000 ~ 2000
<40	2000 ~ 4000	2000 ~ 4000	2000 ~ 4000	2000 ~ 4000
<60	>4000	>4000	>4000	≥5000
<75	—	—	—	≥6000
<100	—	—	—	≥8000
<150	—	—	—	≥10000
<200	—	—	—	≥10000

3.测定步骤

(1)对于无黏聚性的土。

①按规定称取试样,将试样分批过 2mm 筛。

②将大于 2mm 的试样按从大到小的次序,通过大于 2mm 的各级粗筛。分别称量留在筛上的土。

③2mm 筛下的土如数量过多,可用四分法缩分至 100 ~ 800g[仅《公路土工试验规程》(JTG 3430—2020)有此要求]。使试样按从大到小的次序通过小于 2mm 的各级细筛。可用摇筛机进行振摇。振摇时间一般为 10 ~ 15min。

④由最大孔径的筛开始,按顺序将各筛取下,在白方盘上用手轻叩摇晃,至每分钟筛下数量不大于该级筛余质量的 1% 为止。漏下的土粒应全部放入下一级筛,并将留在各筛上的土样用软毛刷刷净,分别称量。

⑤筛后各级留筛和筛下土总质量与筛前试样质量之差不应大于筛前试样总质量的 1%。

⑥如 2mm 筛下的土不超过试样总质量的 10%,可省略细筛分析;如 2mm 筛上的土不超过试样总质量的 10%,可省略粗筛分析。

(2)对于含有黏性土粒的砂砾土。

①将土样放在橡皮板上,用木碾将黏结的土团充分碾散、拌匀、烘干、称量。如土样过多,用四分法称取代表性土样。

②将试样置于盛有清水的瓷盆中,浸泡并搅拌,使粗细颗粒分散。

③将浸润后的混合液过 2mm 筛,边冲边洗过筛,直至筛上仅留大于 2mm 的土粒为止。然后,将筛上洗净的砂砾烘干称量。按以上方法进行粗筛分析。

④通过 2mm 筛的混合液存放在盆中,待稍沉淀,将上部悬液过 0.075mm 洗筛,用带橡皮头的玻璃棒研磨盆内浆液,再加清水,搅拌、研磨、静置、过筛,反复进行,直至盆内悬液澄清。最后,将全部土粒倒在 0.075mm 筛上,用水冲洗,直到筛上仅留大于 0.075mm 的净砂为止。

⑤将大于 0.075mm 的净砂烘干称量,并进行细筛分析。

⑥将大于 2mm 的颗粒及 2～0.075mm 的颗粒质量从原称量的总质量中减去,即为小于 0.075mm颗粒质量。

⑦如果小于 0.075mm 颗粒质量超过总土质量的 10%,必要时,将这部分土烘干、取样,另做比重计或移液管分析。

4. 计算、制图和记录

(1)按式(7-5)计算小于某粒径颗粒质量百分数。

$$X = \frac{A}{B} \times 100\% \qquad (7\text{-}5)$$

式中:X——小于某粒径颗粒的质量百分数,精确至 0.1%;

A——小于某粒径的颗粒质量,g;

B——试样的总质量,g。

(2)当小于 2mm 的颗粒用四分法缩分取样时,试样中小于某粒径的颗粒质量占总土质量的百分数按式(7-6)计算。

$$X = \frac{a}{b} \times p \times 100\% \qquad (7\text{-}6)$$

式中:X——小于某粒径颗粒的质量百分数,精确至 0.1%;

a——通过 2mm 筛的试样中小于某粒径的颗粒质量,g;

b——通过 2mm 筛的土样中所取试样的质量,g;

p——粒径小于 2mm 的颗粒质量百分数,%。

(3)必要时按式(7-7)计算不均匀系数。

$$C_u = \frac{d_{60}}{d_{10}} \qquad (7\text{-}7)$$

式中:C_u——不均匀系数,计算至 0.1 且含两位以上有效数字;

d_{60}——限制粒径,即土中小于该粒径的颗粒质量为 60% 的粒径,mm;

d_{10}——有效粒径,即土中小于该粒径的颗粒质量为 10% 的粒径,mm。

(4)必要时按式(7-8)计算曲率系数。

$$C_c = \frac{d_{30}^2}{d_{10}d_{60}} \qquad (7\text{-}8)$$

式中:C_c——曲率系数;

d_{30}——在粒径分布曲线上,小于该粒径的颗粒质量占总土质量为 30% 的粒径,mm。

(5)在半对数坐标纸上,以小于某粒径的颗粒质量百分数为纵坐标,以粒径(mm)为横坐标,绘制颗粒大小级配曲线,求出各粒组的颗粒质量百分数,以整数(%)表示。

(6)精度和允许差。

筛后各级筛上和筛底土的总质量与筛前试样质量之差不应大于 1%。

5. 注意事项

(1)用木碾或橡皮研棒研土块时,不要将土颗粒研碎。

（2）过筛前应检查筛网上是否夹有残余土颗粒，若有，应将其轻轻刷掉；同时，应将筛子按孔径大小，自上而下排列。

（3）摇筛和操作过程中，勿使土样外掉和飞扬，以免造成试样损失。

（4）过筛后，应检查筛网上是否夹有土颗粒，如有，应将其刷下来，然后放在该孔径留筛土样中。

（5）对于无黏聚性的土样，可采用干筛法（表7-5）；对于含有部分黏性土的砾类土，必须用水洗法（表7-6），以保证颗粒充分分散。

（6）水洗土样时，自来水的水不可太大太急，防止土样被冲出，自来水宜装有防溅水龙头。

（7）土样不能直接在0.075mm筛上冲洗，否则可能使筛面变形，筛孔堵塞，小于0.075mm土样不能通过筛孔。可考虑将筛底部浸入水中，并用铜丝刷在筛底部轻轻刷动，疏通堵塞，以便0.075mm以下的颗粒顺利通过筛网随水排到筛下容器中。

（8）在水洗土样的操作过程中，通过2mm筛的混合液应用盆装好，不能随意溢出流失，防止大于0.075mm的土颗粒随混合液流失。

颗粒分析试验记录表（干筛法）　　　　　　　　　　表7-5

试验单位：　　　　　　　　　　　　合同号：

试样名称：　　　　　　　　　　　　试验规程：

试样来源：　　　　　　　　　　　　试验日期：

试验人：　　　　　　　　　　　　审核人：

筛前总土质量=1505.1g　　　　　小于2mm取试样质量=575.1g

小于2mm土的质量=575.1g　　　　小于2mm土占总土质量=38.2%

筛孔尺寸(mm)	分计留筛质量(g)	累积筛余土质量(g)	通过该孔径的土质量(g)	通过该孔径土质量百分比(%)	筛孔尺寸(mm)	分计留筛质量(g)	累积筛余土质量(g)	通过该孔径的土质量(g)	通过该孔径土质量百分比(%)	占总土质量百分比(%)
(1)	(2)	(3)	(4)	(5)	(6)	(7)	(8)	(9)	(10)	(11)
					2	284.2	930.0	575.1	100.0	38.2
60					1	225.1	1155.1	350.0	60.9	23.3
40					0.5	198.8	1353.9	151.2	26.3	10.0
20	0.0	0.0	1505.1	100.0	0.25	80.7	1434.6	70.5	12.3	4.7
10	276.3	276.3	1228.8	81.6	0.074	68.3	1502.9	2.2	0.4	0.1
5	369.5	645.8	859.3	57.1	底盘					
2	284.2	930.0	575.1	38.2						

结论：

负责人：　　　　　　　　　　日期：

🖋 **交流与讨论**

表 7-5"(3)"列"累积筛余土质量" = "(2)"列"分计留筛质量"同行 + "(3)"列"累积筛余土质量"相邻上一行,如 $369.5 + 273.3 = 645.8$;"(4)"列"通过该孔径的土质量" = "筛前总土质量" – "(3)"列"累积筛余土质量",如 $1505.1 - 645.8 = 859.3$;"(5)"列"通过该孔径土质量百分比" = "(4)"列"通过该孔径的土质量" ÷ "筛前总土质量",如 $(859.3 ÷ 1505.1) × 100\% = 57.1\%$;"(8)"列"累积筛余土质量" = "(7)"列"分计留筛质量"同行 + "(8)"列"累积筛余土质量"相邻上一行,如 $225.1 + 930.0 = 1155.1$;"(9)"列"通过该孔径的土质量" = "筛前总土质量" – "(8)"列"通过该孔径的土质量",如 $1505.1 - 1155.1 = 350.0$;"(10)"列"通过该孔径土质量百分比" = "(9)"列"通过该孔径的土质量" ÷ "小于 2mm 取试样质量",如 $(350.0 ÷ 575.1) × 100\% = 60.9\%$;"(11)"列"占总土质量百分比" = "(9)"列"通过该孔径的土质量" ÷ "筛前总土质量",如 $(350.0 ÷ 1505.1) × 100\% = 23.3\%$。

颗粒分析试验记录表(水洗筛分法)　　　　　　表 7-6

试验单位:		合同号:	
试样名称:		试验规程:	
试样来源:		试验日期:	
试验人:		审核人:	

筛前总土质量 = 1075.1g　　　　　　　　　小于 2mm 取试样质量 = 925.1g

小于 2mm 土的质量 = 925.1g　　　　　　　小于 2mm 土占总土质量 = 86.1%

筛孔尺寸(mm)	分计留筛质量(g)	累积筛余土质量(g)	通过该孔径的土质量(g)	通过该孔径土质量百分比(%)	筛孔尺寸(mm)	分计留筛质量(g)	累积筛余土质量(g)	通过该孔径的土质量(g)	通过该孔径土质量百分比(%)	占总土质量百分比(%)
(1)	(2)	(3)	(4)	(5)	(6)	(7)	(8)	(9)	(10)	(11)
					2	0.0	0.0	925.1	100.0	86.1
60					1	25.1	25.1	900.0	97.3	83.7
40					0.5	29.8	54.9	870.2	94.1	80.9
20	0.0	0.0	1075.1	100.0	0.25	33.7	88.6	836.5	90.4	77.8
10	16.3	16.3	1058.8	98.5	0.074	127.3	215.9	709.2	76.7	66.0
5	49.5	65.8	1009.3	93.9	底盘					
2	84.2	150.0	925.1	86.1						

结论:

负责人:　　　　　　　　日期:

交流与讨论

表 7-6"(3)"列"累积筛余土质量"="(2)"列"分计留筛质量"同行+"(3)"列"累积筛余土质量"相邻上一行,如 49.5+16.3=65.8;"(4)"列"通过该孔径的土质量"="筛前总土质量(即水洗前取样的质量)"-"(3)"列"累积筛余土质量",如 1075.1-65.8=1009.3;"(5)"列"通过该孔径土质量百分比"="(4)"列"通过该孔径的土质量"÷"筛前总土质量(水洗前取样的质量)",如(1009.3÷1075.1)×100%=93.9%;"(8)"列"累积筛余土质量"="(7)"列"分计留筛质量"同行+"(8)"列"累积筛余土质量"相邻上一行,如 29.8+25.1=54.9;"(9)"列"通过该孔径的土质量"="小于2mm土的质量"-"(8)"列"通过该孔径的土质量",如 925.1-54.9=870.2;"(10)"列"通过该孔径土质量百分比"="(9)"列"通过该孔径的土质量"÷"小于2mm取试样质量",如(870.2÷925.1)×100%=94.1%;"(11)"列"占总土质量百分比"="(9)"列"通过该孔径的土质量"÷"筛前总土质量(水洗前取样的质量)",如(870.1÷1075.1)×100%=80.9%。以"(1)"和"(6)"列数据为横坐标,"(5)"和"(11)"列数据为纵坐标,通过所有的数据点所绘制的光滑的曲线为级配曲线(图 7-2)。

微课:土的颗粒分析试验数据处理

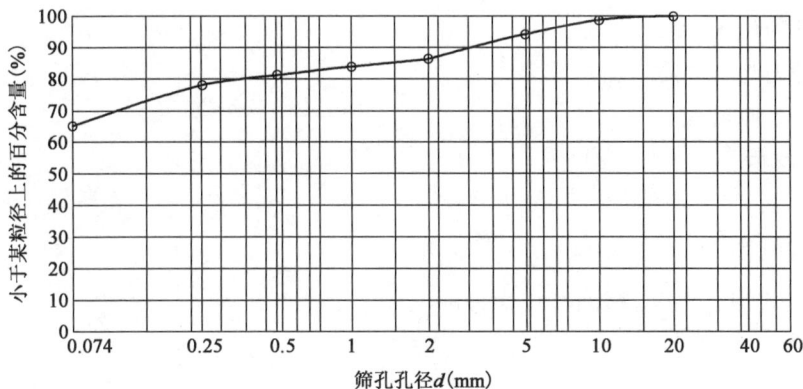

图 7-2 级配曲线图

对于无黏聚性的土样,可采用干筛法;对于部分黏性土的砂类土,必须采用水洗筛分法,以保证颗粒充分分散。水洗筛分法和干筛法在数据处理时有所不同,水洗筛分法筛分前质量去掉了粒径小于 0.075mm 的颗粒,而在数据处理时,应加上粒径小于 0.075mm 的颗粒质量。颗粒分析试验记录表(水洗筛分法)表格中的"(9)"列中数据加上了粒径小于 0.075mm 的颗粒质量。

7.2.2 天然密度试验(环刀法)

密度试验利用环刀容积一定,使环刀充满土样,称取质量,得到土的密度,了解土体的内部结构及密实情况,适用于细粒土。

微课:土的天然密度、
含水率试验

1. 测定仪器

(1)环刀:内径 6～8cm,高 2～5.4cm,壁厚 1.5～2.2mm。

(2)天平:感量 0.01g。

(3)修土刀、钢丝锯、凡士林等。

2. 测定步骤

(1)按工程要求取原状土或制备所需状态的扰动土样,整平两端,环刀内壁涂一薄层凡士林,刀口向下放在土样上。

(2)用修土刀或钢丝锯将土样上部削成略大于环刀直径的土柱,然后将环刀垂直下压,边压边削,至土样伸出环刀上部为止。削去两端余土,使环刀口面齐平,并用剩余土样测定含水率。

(3)擦净环刀外壁,称环刀与土的合质量 m_1,精确至 0.01g。

3. 计算和记录

(1)天然密度或湿密度按式(7-9)计算。

$$\rho = \frac{m_2 - m_1}{V} \tag{7-9}$$

式中:ρ——湿密度,g/cm^3,计算至 0.01g/cm^3;

V——环刀体积,cm^3;

m_1——环刀与土的质量,g;

m_2——环刀质量,g。

(2)干密度按式(7-10)计算。

$$\rho_d = \frac{\rho}{1 + 0.01w} \tag{7-10}$$

式中:ρ_d——干密度,g/cm^3,精确至 0.01g/cm^3;

w——含水率,%。

(3)精度和允许差。

本试验须进行两次平行测定,其平行差值不得大于 0.03g/cm^3。密度取其算术平均值,精确至 0.01g/cm^3。

4. 注意事项

(1)环刀压入土中时用力要适度,不可太大,以免试件变形和开裂破坏土样原密度。

(2)环刀压到位后,先修平上部,然后削去下部的余土再修平下部。不要先削去两端余土再修平。

(3)两端修平要仔细,不可出现太多坑洼、麻点。

(4)修平时削土量不能太大,否则难以达到要求。

密度(环刀法)试验记录表见表7-7。

密度(环刀法)试验记录表　　　　　　　　　　表 7-7

试验单位：　　　　　　　　　　合同号：

试样名称：　　　　　　　　　　试验规程：

试样来源：　　　　　　　　　　试验日期：

试验人：　　　　　　　　　　　审核人：

土样编号		1		2	
环刀号	(1)	1 号	2 号	3 号	4 号
环刀容积(cm³)	(2)	100	100	100	100
环刀质量(g)	(3)	54.94	55.19	55.15	54.93
土＋环刀质量(g)	(4)	243.29	243.80	243.05	240.46
土样质量(g)	(5)	188.35	188.61	187.9	185.53
湿密度(g/cm³)	(6)	1.88	1.87	1.88	1.86
含水率(%)	(7)	23.5	23.0	23.4	23.2
干密度(g/cm³)	(8)	1.52	1.52	1.52	1.51
平均干密度(g/cm³)	(9)	1.52		1.52	

结论：

负责人：　　　　　　　　　　日期：

交流与讨论

表 7-7"(5)"行"土样质量"＝"(4)"行"土＋环刀质量"－"(3)"行"环刀质量"，如 243.29－54.94＝188.35；"(6)"行"湿密度"＝"(5)"行"土样质量"÷"(2)"行"环刀容积"，如 188.35÷100＝1.88；"(8)"行"干密度"＝"(6)"行"湿密度"÷(1＋0.01×"(7)"行"含水率")，如 1.88÷(1＋0.01×23.5)＝1.52。

微课：土的天然密度、含水率试验数据处理

7.2.3　含水率试验

1.烘干法

烘干法是指在温度为 105～110℃ 的环境下烘恒量含水率(失去的水分质量和达到恒量后干土质量的比值)，以百分比表示。烘干法适用于测定黏质土、粉质土、砂类土、砾类土、有机质土和冻土等土类的含水率。

(1)测定仪器。

①烘箱。

②天平：称量 200g，感量 0.01g；称量 1000g，感量 1g。

③干燥器、称量盒(铝盒)等。

(2)测定步骤。

①清理称量盒，在称量盒中放入已编号的标签并称量 m_0。

②取具有代表性的试样，细粒土不小于 50g，砂类土、有机土不小于 100g，砂类土不小于

1kg 放入称量盒,立即盖好盒盖,称质量,称量结果即为盒加湿土质量 m_1。

③揭开盒盖,将试样和盒放入烘箱,在温度为 105 ~ 110℃的环境下恒温烘干。烘土时间,细粒土不得少于 8h,砂类土和砾类土不得少于 6h。所含机质超过 5%的土或含石膏的土,应将温度控制在 60 ~ 70℃的范围内,烘干时间不宜小于 24h。

④将烘干后的试样和盒取出,放入干燥器冷却(一般为 0.5 ~ 1h 即可)。冷却后盖好盒盖,称质量,称量结果为盒加干土质量 m_2。细粒土、砂类土和有机质土准确至 0.01g,砾类土准确至 1g。

(3)计算和记录。

①含水率按式(7-11)计算。

$$w = \frac{m_1 - m_2}{(m_2 - m_0) \times 100\%}$$ (7-11)

式中:w——含水率,%,精确至 0.1%;

m_1——盒 + 湿土质量,g;

m_0——称量盒质量,g;

m_2——盒 + 干土质量,g。

②精度和允许差。

本试验须进行两次平行测定,取其算术平均值,精确至 0.1%,允许平行差值应符合规定,见表 7-8,否则应重做试验。

含水率测定的允许平行差值见表 7-8。

含水率测定的允许平行差值 表 7-8

规范		含水率(%)	允许平均差值(%)
《土工试验方法标准》 (GB/T 50123—2019)		<10	0.5
		10 ~ 40	1.0
		>40	2.0
《公路土工试验规程》 (JTG 3430—2020)		≤5	≤0.3
		5 ~ 40	≤1
		>40	≤2
《水运工程土工试验规程》 (JTS/T 247—2023)		<10	0.5
		10 ~ 40	1.0
		>40	2.0
《铁路工程土工试验规程》 (TB 10202—2023)	砂类土、有机土、粉土、黏性土	≤10	0.5
		10 ~ 40	1.0
		>40	2.0
	砾石类、碎石类	≤10	1.0
		10 ~ 40	2.0

(4)注意事项。

①铝盒编号、称量以后,盒盖与盒底应按已配套状况使用,切记不要混淆。

②对大的土块应适当破碎成细小颗粒,以利于在烘烤中脱水。

③土样质量不要取得过少,以免影响精度。

④测含水率时两个平行土样的取样质量尽量接近。

⑤取样时要用器具,不要用手直接接触土样,以免造成土样含水状态的改变。

⑥称量时铝盒的外壁一定要保持干净。

含水率(烘干法)试验记录表见表7-9。

含水率(烘干法)试验记录表 表7-9

试验单位:		合同号:			
试样名称:		试验规程:			
试样来源:		试验日期:			
试验人:		审核人:			
盒号		1-1	1-2	1-3	1-4
盒质量(g)	(1)	15.28	13.30	13.46	14.82
盒+湿土质量(g)	(2)	44.92	43.49	43.18	44.51
盒+干土质量(g)	(3)	39.30	37.72	37.63	38.96
水质量(g)	(4)	5.62	5.77	5.55	5.55
干土质量(g)	(5)	24.02	24.42	24.17	24.14
含水率(%)	(6)	23.4	23.6	23.0	23.0
平均含水率(%)	(7)	23.5		23.0	
结论:					
	负责人:		日期:		

交流与讨论

表7-9"(4)"行"水质量"="(2)"行"盒+湿土质量"-"(3)"行"盒+干土质量",如44.92-39.30=5.62;"(5)"行"干土质量"="(3)"行"盒+干土质量"-"(1)"行"盒质量",如39.30-15.28=24.02;"(6)"行"含水率"="(4)"行"水质量"÷"(5)"行"干土质量",如(5.62÷24.02)×100%=23.4%。

2. 酒精燃烧法

酒精燃烧法利用酒精多次在土上燃烧,使土中水分蒸发,将土烤干,测定烤干前后土的质量,即得该土含水率。酒精燃烧法适用于快速简易测定细粒土(含有机质的土和盐渍土除外)的含水率。

(1)测定仪器。

①天平:感量0.01g。

②酒精:纯度95%。

③滴管、调土刀、称量盒(可定期调整为恒定质量)等。

(2)测定步骤。

①清理称量盒,在称量盒中放入已编号的标签并称量 m_0,精确至 $0.01g$。

②取代表性试样不小于 $10g$,放入称量盒,称湿土加盒质量 m_1,精确至 $0.01g$。

③用滴管将酒精注入放有试样的称量盒,直至盒中出现自由液面为止。为使酒精在试样中充分混合均匀,可在桌面上轻轻敲击盒底。

④点燃盒中酒精,燃至火焰熄灭。

⑤冷却数分钟,再次用滴管滴入酒精,不得用瓶直接向盒内倒酒精,以防发生意外。如此重新燃烧两次。

⑥待第三次火焰熄灭后,盖好盒盖,立即称干土加盒质量 m_2,精确至 $0.01g$(注:《铁路工程土工试验规程》TB 10202—2023 规定:黏性土应烧 4 次,砂类土应烧 3 次)。

其余同烘干法。

(3)注意事项。

①酒精纯度必须大于 95%。

②酒精加入量以液面刚好超出土样表面为宜。

③在点火燃烧过程中,不要用器具拨动土样,以免造成土样损失而影响精度。

④酒精属易挥发、易燃液体在操作过程中极易发生意外事故或造成烧伤,使用时应特别小心,严格遵守操作规程,应做好试验操作安全预案。

⑤每次燃烧完毕后,需将铝盒盖上,确认火焰熄灭后再加酒精。

⑥只能用滴管向铝盒中添加酒精,而不能直接用大瓶倒入,否则将造成严重事故。

⑦滴管加酒精时,滴管要呈倾斜状态,而不要垂直于土样表面。

7.2.4　界限含水率试验(液限和塑限联合测定法)

微课:土的界限含水率试验(路桥专业)　微课:土的界限含水率试验(铁道、城市轨道专业)

界限含水率试验是利用联合测定仪测定黏性土从某一状态过渡到另一状态的含水率,即液限和塑限两种界限含水率。界限含水率试验适用于粒径不大于 $0.5mm$、有机质含量不大于试样总质量 5% 的土。

1.测定仪器

(1)圆锥仪:不同规范圆锥仪主要部件规格见表7-10。

不同规范圆锥仪主要部件规格　　　　　　　　　　　　表7-10

规范名称	主要部件规格
《土工试验方法标准》 (GB/T 50123—2019)	锥质量为76g,锥角为30°
《公路土工试验规程》 (JTG 3430—2020)	锥质量为100g或76g,锥角为30°
《铁路工程土工试验规程》 (TB 10202—2023)	锥质量为76g,锥角为30°
《水运工程土工试验规程》 (JTS/T 247—2023)	锥质量为76g,锥角为30°

（2）读数显示：采用光电式、数码式、游标式、百分表式。

（3）盛土杯：直径50mm，深度40~50mm。

（4）天平：感量0.01g。

（5）筛（孔径0.5mm）、调土刀、调土皿、称量盒、吸管、凡士林、研钵（附带橡皮头的研杵或橡皮板、木棒）等。

2.测定步骤

（1）取有代表性的天然含水率或风干土样进行试验。如土中含大于0.5mm的土粒或杂物，应将风干土样用带橡皮头的研杵研碎或用木棒在橡皮板上压碎，过0.5mm筛。

（2）取0.5mm筛下的代表性土样600g，分开放入3个盛土皿，加不同量的纯水，土样的含水量控制及焖料时间见表7-11。

不同规范含水率控制及焖料时间   表7-11

规范名称	含水率控制及焖料时间规定
《土工试验方法标准》（GB/T 50123—2019）	控制在接近液限、塑限和二者的中间状态。测天然含水率的土样时，静置时间视原含水率大小而定；测风干土的土样，调成均匀土膏，然后放入密封的保湿缸，静置24h
《公路土工试验规程》（JTG 3430—2020）	控制在液限（a点）、略大于塑限（c点）和二者的中间状态（b点）。测定a点的锥入深度，对于100g锥应为（20 ± 0.2）mm，对于76g锥应为17 ± 0.2mm。测定c点的锥入深度，对于100g锥应控制在5mm以下，对于76g锥应控制在2mm以下。对于砂类土，用100g锥测定c点的锥入深度可大于5mm，用76g锥测定c点的锥入深度可大于2mm。用调土刀调匀，盖上湿布，放置18h以上
《铁路工程土工试验规程》（TB 10202—2023）	按下沉深度为3~5mm、9~11mm及16~18mm（或分别按接近液限、塑限和二者的中间状态）测定。测天然含水率的土样时，静置时间视原含水率大小而定；测风干土的土样，调成均匀土膏然后放入密封的保湿缸，静置24h
《水运工程土工试验规程》（JTS/T 247—2023）	按下沉深度3~5mm、8~12mm及两者的中间状态测定。测天然含水率的土样时，静置时间视原含水率大小而定；测风干土的土样，调成均匀土膏然后放入密封的保湿缸，静置24h

（3）将制备的土样充分拌匀，分层装入盛土杯，用力压密，使空气逸出。对于较干的土样，应先充分搓揉，用调土刀反复压实。试杯装满后，刮成与杯边平齐。

（4）当用游标式或百分表式液塑限联合测定仪试验时，调平机身，提上锥体（此时读数窗上数码显示应为零），锥头上涂少许凡士林。

（5）将装好土样的试杯放在升降座上，转动升降旋钮，试杯徐徐上升，土样表面与锥尖刚好接触时，指示灯亮，停止转动旋钮，锥体立刻自行下沉（如没有此功能，则按测量按钮），5s时，锥体自动停止下落，读数窗上显示锥入深度h_1。

（6）改变锥尖与土接触位置（锥尖两次锥入位置距离不小于1cm），重复本试验的（4）和（5）步骤，得锥入深度h_2。h_1、h_2两点的允许误差为0.5mm，否则应重做。取h_1、h_2的平均值作为该点的锥入深度。

(7)去掉锥尖入土接触处的凡士林,取 10g 以上的土样两个,分别装入称量盒,称质量(准确至 0.01g),测定其含水率 w_1、w_2(计算到 0.1%),并计算含水率平均值 w。

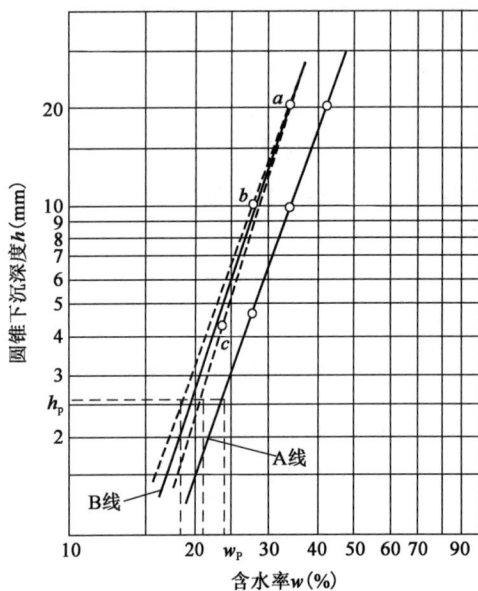

图 7-3 锥入深度与含水率(h-w)关系图

(8)重复步骤(3) ~ (7),对两个含水率土样进行试验,测其锥入深度和含水率。

3. 计算、绘图及记录

(1)在双对数坐标纸上,以含水率 w 为横坐标,以锥入深度 h 为纵坐标,点绘 a、b、c 三点的 h - w 图,连此三点,应成一条直线,如图 7-3 锥入深度与含水率(h-w)关系 A 线所示。如三点不在同一直线上,要通过 a 点与 b、c 两点连成两条直线,如图 7-3 锥入深度与含水率(h-w)关系 B 线所示。根据缩限(a 点含水率)在 h_P - w_L 图上查得缩限的 h_P,以此 h_P 再在 h-w 图上的 ab 及 ac 两直线上求出相应的两个含水率。当两含水率的差值小于 2% 时,将该两点含水量的平均值与 a 点连成一条直线 ad。当两含水率的差值大于 2% 时,应重做试验。

(2)不同规范液限的确定方法见表 7-12。

不同规范液限的确定方法 表 7-12

规范名称	液限的确定方法
《土工试验方法标准》(GB/T 50123—2019)	在 h-w 图上,查得纵坐标入土深度 $h=17$mm 所对应的横坐标的含水率 w,即为该土样的液限 w_L,以百分数表示,精确至 0.1%
《公路土工试验规程》(JTG 3430—2020)	若采用 76g 锥做液限试验,则在 h-w 图上,查得纵坐标入土深度 $h=17$mm 所对应的横坐标的含水率 w,即为该土样的液限 w_L,以百分数表示,精确至 0.1%。 若采用 100g 锥做液限试验,则在 h-w 图上,查得纵坐标入土深度 $h=20$mm 所对应的横坐标的含水率 w,即为该土样的液限 w_L,以百分数表示,精确至 0.1%
《铁路工程土工试验规程》(TB 10202—2023)	在 h-w 图上,查得纵坐标入土深度 $h=17$mm 所对应的横坐标的含水率 w,为该土样 17mm 的液限 w_L;查得纵坐标入土深度 $h=10$mm 所对应的横坐标的含水率 w,为该土样 10mm 的液限,以百分数表示,精确至 0.1%
《水运工程土工试验规程》(JTS/T 247—2023)	在 h-w 图上,查得纵坐标入土深度 $h=10$mm 所对应的横坐标的含水率 w,即为该土样的液限 w_L,以百分数表示,取整数

(3)不同规范塑限的确定方法见表 7-13。

不同规范塑限的确定方法　　　　　　　　　　表 7-13

规范名称	塑限的确定方法
《土工试验方法标准》 (GB/T 50123—2019)	在 $h\text{-}w$ 图上，查得纵坐标入土深度 $h=2mm$ 所对应的横坐标的含水率 w，即为该土样的塑限 w_P，以百分数表示，精确至 0.1%
《公路土工试验规程》 (JTG 3430—2020)	根据本试验中液限的确定方法求出的液限，通过76g锥入土深度 h 与含水率 w 的关系曲线(图7-3)，查得锥入深度为2mm所对应的含水率即为该土的塑限 w_P，以百分数表示，精确至 0.1%。 　　根据本试验中液限的确定方法求出的液限，通过液限 w_L 与塑限 w_P 入土深度 h_P 的关系曲线(图7-4)，查得 h_P，再在图7-4上求出入土深度为 h_P 时所对应的含水率，即为该土的塑限 w_P。查图 7-4 $h_P - w_L$ 关系图时，须先通过简易鉴别法及筛分法[见《公路土工试验规程》(JTG 3430—2020)中 3 土的工程分类]把砂类土与细粒土区别开来，再按这两种土分别采用相应的 $h_P - w_L$ 关系曲线。对于细粒土，用双曲线确定 h_P 值；对于砂粒土，用多项式曲线确定 h_P 值。 　　若根据本试验中液限的确定方法求出的液限，当 a 点锥入深度在 $(20\pm0.2)mm$ 范围以内时，应在 ad 线上查得入土深度为 20mm 处相对应的含水率，此为该土样的液限 w_L。再用液限在图 7-4 上找出与之相对应的塑限入土深度，然后到图 7-3A、B 直线上查得相对应的含水率，此为塑限 w_P，以百分数表示，精确至 0.1%
《铁路工程土工试验规程》 (TB 10202—2023)	在 $h\text{-}w$ 图上，查得纵坐标入土深度 $h=2mm$ 所对应的横坐标的含水率 w，为该土样的塑限 w_P；以百分数表示，精确至 0.1%
《水运工程土工试验规程》 (JTS/T 247—2023)	在 $h\text{-}w$ 图上，查得纵坐标入土深度 $h=2mm$ 所对应的横坐标的含水率 w，即为该土样的塑限 w_P。以百分数表示，精确至 0.1%

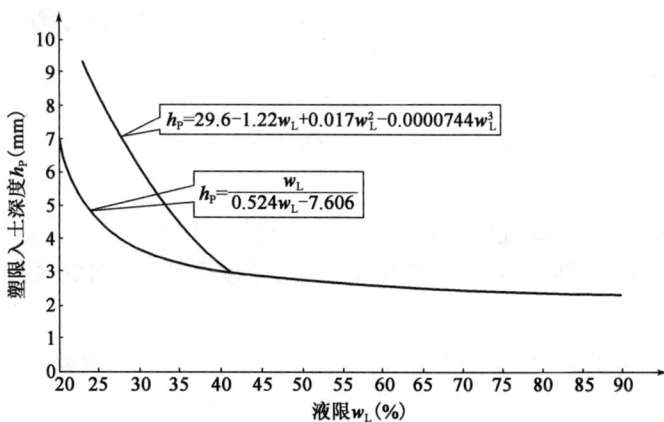

图 7-4　《公路土工试验规程》(JTG 3430—2020) $h_P\text{-}w_L$ 关系曲线

（4）塑性指数和液性指数按式(7-12)、式(7-13)计算。

$$I_p = w_L - w_P \tag{7-12}$$

$$I_L = \frac{w_L - w}{I_P} \tag{7-13}$$

式中：I_P——塑性指数；

I_L——液性指数，%，精确至0.01；

w_L——液限，%；

w_P——塑限，%；

w——天然含水率，%。

（5）精度和允许差

《公路土工试验规程》(JTG 3430—2020)要求：本试验须进行两次平行测定，取其算术平均值，以整数(%)表示。允许平均差值为：高液限土小于或等于2%，低液限土小于或等于1%。《土工试验方法标准》(GB/T 50123—2019)、《铁路工程土工试验规程》(TB 10202—2023)、《水运工程土工试验规程》(JTS/T 247—2023)要求：本试验进行一次测定。

4. 注意事项

（1）做每个点前在毛玻璃板上所拌的土量不能太少。

（2）每次拌土一定要均匀，特别是在同皿两点锥入深度值相差较大时，更要注意。

（3）土样的含水率均匀及密实与否，对试验精度影响极大。制备土样时，三个土样的含水率不宜十分接近，否则不易控制曲线的走向，影响试验精度。

（4）含水率接近液限的土样，对测定影响很大。当含水率等于液限时，该点控制曲线走向最准。但此时土样很难调制。为了便于操作，根据经验，此时以锥入深度4～5mm为宜。

（5）同一试样两次锥入土时，锥入位置距离不少于1cm，距盛土杯边缘不少于1cm。

（6）当仪器灵敏度不够，锥尖接触土样表面红色指示未亮时，以锥尖接触土样表面为准。

（7）盛样皿底部、仪器工作平台、锥尖三个部位在每次测试时要保持干净，否则会影响仪器的正常工作。

（8）盛样皿中装土样时，要分层装入并压实，充分排出土中的气泡和空隙。

（9）从盛样皿装土样至同皿两点的测试全过程，速度要快，以减少水分蒸发，避免两点差值偏大。

界限含水率试验记录表(100g锥)见表7-14。

界限含水率试验记录表（100g 锥）　　　　　　　　表 7-14

试验单位:						合同号:
试样名称:						试验规程:
试样来源:						试验日期:
试验人:						审核人:

	试验次数	1		2		3	
锥入深度（mm）	h_1	4.8		9.8		20.1	
	h_2	4.7		9.9		20.1	
	$(h_1+h_2)/2$	4.9		9.9		20.1	
含水率（%）	盒号	1-1	1-2	1-3	1-4	1-5	1-6
	盒质量(g)	11.83	13.40	11.72	12.10	11.56	12.20
	盒+湿土质量(g)	27.04	28.77	27.08	27.48	26.72	27.14
	盒+干土质量(g)	24.12	25.80	23.75	24.09	22.84	23.29
	水质量(g)	2.92	2.97	3.33	3.39	3.88	3.85
	干土质量(g)	12.29	12.40	12.03	11.99	11.28	11.09
	含水率(%)	23.8	24.0	27.7	28.3	34.4	34.7
	平均含水率(%)	23.9		28.0		34.6	

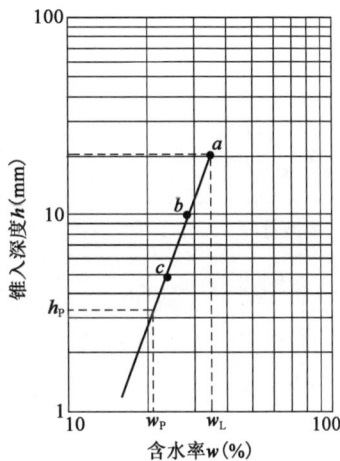

液限 w_L	34.7%	塑限 w_P	20.9%
塑性指数 I_P		13.8	

结论:

负责人:　　　　　　　　　　　　　　日期:

交流与讨论

表 7-14 中含水率与表 7-9 计算相同。以"锥入深度平均值"为纵坐标,以"平均含水率"为横坐标绘制在表 7-14 中 h-w 图上,三点在同一条直线上连成直线。锥入深度（表 7-14 中 h-w 图纵坐标）20mm 与直线相交所对应横坐标的含水率 w 为液限,即 $w_L = 34.7\%$;该土为细粒土,用双曲线确定 h_P 值,$h_P = \dfrac{w_L}{0.524w_L - 7.606} = \dfrac{34.7}{0.524 \times 34.7 - 7.606} \approx$

微课:土的界限含水率试验数据处理(路桥专业)

微课:土的界限含水率试验数据处理(铁道、城市轨道专业)

3.28(mm),锥入深度（表 7-14 中 h-w 图纵坐标）3.28mm 与直线相交所对应横坐标的含水率 w 为塑限,即 $w_P = 20.9\%$;塑性指数 $I_P = (34.7\% - 20.9\%) \times 100 = 13.8$。

界限含水率试验记录表(76g 锥)见表 7-15。

界限含水率试验记录表(76g锥)　　　　　　　　　　　表 7-15

试验单位：							合同号：		
试样名称：							试验规程：		
试样来源：							试验日期：		
试验人：							审核人：		

	试验次数	1		2		3			
入土深度(mm)	h_1	3.7		9.5		17.0			
	h_2	3.5		9.7		17.0			
	$(h_1+h_2)/2$	3.6		9.6		17.0			
含水率(%)	盒号	1-1	1-2	1-3	1-4	1-5	1-6		
	盒质量(g)	11.83	13.40	11.72	12.10	11.56	12.20		
	盒+湿土质量(g)	27.24	29.77	28.17	26.98	27.22	22.65		
	盒+干土质量(g)	23.85	26.10	23.57	22.81	22.26	22.65		
	水质量(g)	3.39	3.67	4.60	4.17	4.96	4.89		
	干土质量(g)	12.02	12.70	11.85	10.71	10.70	10.45		
	含水率(%)	28.2	28.9	38.8	38.9	46.4	46.8		
	平均含水率(%)	28.6		38.9		46.6			

液限 w_L	46.6%	塑限 w_P	24.6%
塑性指数 I_P		22.0	

结论：

负责人：　　　　　　　　　　　日期：

✏ **交流与讨论**

表7-15中含水率与表7-9计算相同。以"锥入深度平均值"数据为纵坐标,以"平均含水率"数据为横坐标绘制在表7-15中 h-w 图上,三点不在同一条直线上,将最高点与其他两点分别连成两条直线。锥入深度(表7-15中 h-w 图纵坐标)17mm与直线相交所对应横坐标的含水率 w 为液限,即 $w_L=46.6\%$;锥入深度(表7-15右的 h-w 图纵坐标)2mm与直线相交所对应横坐标的含水率 w 为塑限,即 $w_{P1}=23.9\%$、$w_{P2}=25.2\%$,$w_{P2}-w_{P1}=25.2-23.9\%=1.3\%<2\%$,塑限 $w_P=(23.9\%+25.2\%)/2=24.6\%$;塑性指数 $I_P=(46.6\%-24.6\%)\times100=22.0$。

7.2.5　击实试验

击实试验是用击实筒锤击土样,使其密度增大到最佳程度的一种试验方法。土在同一击实效果下,因含水率不同,其密度也不同。在标准击实条件下,使土到达最大干密度时的含水率为最佳含水率。本试验方法适用于细粒土。

本试验分轻型击实和重型击实。应根据工程要求和试样最大粒径按表7-16选用击实试验方法。当粒径大于40mm的颗粒含量大于5%且不大于30%时,应对试验结果进行校正。粒径大于40mm的颗粒含量大于30%时,按粗粒土和巨粒土最大干密度试验方法,即表面振动压实仪法进行试验。

微课:土的击实试验

1. 测定仪器

(1)标准击实仪:不同的专业击实试验方法和相应设备的主要参数应符合表7-16~表7-18的要求,路桥专业见表2-8。

击实仪主要部件尺寸规格表《水运工程土工试验规程》(JTS/T 247—2023)　　表7-16

试验方法	类别	锤底直径(cm)	锤质量(kg)	落高(cm)	试筒尺寸		试样尺寸		层数	每层击数	击实功(kJ/m³)	最大粒径(mm)
					内径(cm)	高(cm)	高度(cm)	容积(cm³)				
轻型Ⅰ法	Ⅰ-1	5	2.5	30	10	12.7	12.7	997	3	27	598.2	20
	Ⅰ-2	5	2.5	30	15.2	17	12	2177	3	59	598.2	40
重型Ⅱ法	Ⅱ-1	5	4.5	45	10	12.7	12.7	997	5	27	2687.0	20
	Ⅱ-2	5	4.5	45	15.2	17	12	2177	3	98	2680.0	40

击实仪主要部件尺寸规格表《土工试验方法标准》(GB/T 50123—2019)　　表7-17

试验方法	锤底直径(mm)	锤质量(kg)	落高(mm)	层数	每层击数	击实筒			护筒高度(mm)	最大粒径(mm)
						内径(mm)	高度(cm)	容积(cm³)		
轻型	51	2.5	305	3	25	102	116	947.4	≥50	5 或 20
				3	56	152	116	2103.9	≥50	
重型	51	4.5	457	3	42	102	116	947.4	≥50	20
				3	94	152	116	2103.9	≥50	
				3	56		116		≥50	

击实仪主要部件尺寸规格表《铁路工程土工试验规程》(TB 10202—2023)　　表7-18

试验方法	类别	击锤			击实筒			护筒高度(cm)	层数	每层击数	击实功(kJ/m³)	最大粒径(mm)
		锤底直径(mm)	锤质量(kg)	落高(mm)	内径(mm)	筒高(mm)	容积(cm³)					
轻型	Q1	51	2.5	305	102	116	947.4	50	3	25	592	5
	Q2	51	2.5	305	152	116	2103.9	50	3	56	597	20
重型	Z1	51	4.5	457	102	116	947.4	50	5	25	2659	5
	Z2	51	4.5	457	152	116	2103.9	50	5	56	2682	20
	Z3	51	4.5	457	152	116	2103.9	50	3	94	2701	40

(2)烘箱及干燥器。

(3)电子天平:称量2000g,感量0.01g;称量10kg,感量1g。

(4)圆孔筛:孔径40mm、20mm和5mm各1个。

(5)拌和工具:400mm×(600mm、700mm)的金属盘、土铲。

(6)喷水设备、碾土器、盛土器、量筒、推土器、铝盒、削土刀、平直尺等。

2. 制备试样

(1)本试验可分别采用不同的方法准备试样。各方法可按表7-19准备试料,击实试验后的试样不宜重复使用。

使用方法	试筒内径(cm)	最大粒径(mm)	试样用量
干土法	10.0	20	至少5个试样,每个3kg
	15.2	40	至少5个试样,每个6kg
湿土法	10.0	20	至少5个试样,每个3kg
	15.2	40	至少5个试样,每个6kg

试样用量表　　　　　　　　　　　　表7-19

(2)干土法。过40mm筛后,按四分法至少准备5个试样,分别加入不同水分(按1% ~ 3%含水率递增),将土样拌和均匀,拌匀后焖料一夜备用。

(3)湿土法。对于高含水率土,可省略过筛步骤,用手拣除大于40mm的粗石子即可。保持天然含水率的第一个土样,可立即用于击实试验。其余几个试样,将土分成小土块,分别风干,使含水率按2% ~4%递减。

3. 测定步骤

(1)根据工程要求,按表7-16 ~ 表7-18规定选择轻型或重型试验方法。选用干土法或湿土法。

(2)称取试筒质量 m_1 ,精确至1g。将击实筒放在坚硬的地面上,在筒壁上抹一薄层凡士林,并在筒底(小试筒)或垫块(大试筒)上放置蜡纸或塑料薄膜。取制备好的土样分3~5次倒入筒内。对于小试筒,采用三层法时,每次800 ~900g(其量应使击实后的试样等于或略高于筒高的1/3);采用五层法时,每次400 ~500g(其量应使击实后的土样等于或略高于筒高的1/5)。对于大试筒,先将垫块放入筒内底板上,采用三层法,每层需试样1700g左右。整平表面,并稍加压紧,然后按规定的击数进行第一层土的击实。击实时击锤应自由垂直落下,锤迹必须均匀分布于土样表面。第一层击实完后,将试样层面"拉毛",然后装入套筒。重复上述方法进行其余各层土的击实。小试筒击实后,试样不应高出筒顶面5mm;大试筒击实后,试样不应高出筒顶面6mm。

(3)用修土刀沿套筒内壁削刮,使试样与套筒脱离后,扭动并取下套筒,齐筒顶细心削平试样,拆除底板,擦净筒外壁,称筒与土的总质量 m_2 ,精确至1g。

(4)用推土器推出筒内试样,从试样中心处取样测其含水率,精确至0.1%。测定含水率使用试样的量应符合表7-20的规定。

最大粒径(mm)	试样质量(g)	个数
<5	约100	2
约5	约200	1
约20	约400	1
约40	约800	1

测定含水率用试样的数量　　　　　　　　表7-20

4. 计算、绘图及记录

(1)按式(7-14)计算击实后各点的干密度。

$$\rho_{d} = \frac{\rho}{1 + 0.01w} \tag{7-14}$$

式中:ρ_d——干密度,精确至 $0.01\mathrm{g/cm^3}$;

ρ——湿密度,$\mathrm{g/cm^3}$;

w——含水率,%。

(2)以干密度为纵坐标,以含水率为横坐标,绘制干密度与含水率的关系曲线(称击实曲线)(图 2-14),曲线上峰值的纵、横坐标分别为最大干密度和最佳含水率。如曲线不能绘出明显的峰值点,应进行补点或重做。

(3)按式(7-15)、式(7-16)计算饱和曲线的饱和含水率 w_{max},并绘制饱和含水率与干密度的关系曲线图。

$$w_{max} = \left[\frac{G_{s}\rho_{w}(1+w) - \rho}{G_{s}\rho}\right] \times 100 \tag{7-15}$$

或

$$w_{max} = \left(\frac{\rho_{w}}{\rho_{d}} - \frac{1}{G_{s}}\right) \times 100 \tag{7-16}$$

式中:w_{max}——饱和含水率,精确至 0.01%;

ρ——试样的湿密度,$\mathrm{g/cm^3}$;

ρ_w——水在4℃时的密度,$\mathrm{g/cm^3}$;

ρ_d——干密度,$\mathrm{g/cm^3}$,精确至 $0.01\mathrm{g/cm^3}$;

G_s——试样土粒比重,对于粗粒土,则为土中粗细颗粒的混合比重;

w——试样的含水率,%。

(4)当试样中有大于40mm 的颗粒时,应先取大于40mm 的颗粒,并求得其百分率 ρ,把小于40mm 部分做击实试验,按式(7-17)、式(7-18)分别对试验所得的最大干密度和最佳含水率进行校正(适用大于40mm 颗粒的含量小于30%时)。

最大干密度按式(7-17)校正:

$$\rho_{dm}' = \frac{1}{\dfrac{1-0.01\rho}{\rho_{dm}} + \dfrac{0.01\rho}{\rho_{w}G_{s}'}} \tag{7-17}$$

式中:ρ_{dm}'——校正后的最大干密度,$\mathrm{g/cm^3}$,精确至 $0.01\mathrm{g/cm^3}$;

ρ_{dm}——用粒径小于40mm 的土样试验所得的最大干密度,$\mathrm{g/cm^3}$;

ρ——试样中粒径大于40mm 颗粒的百分率,%;

G_s'——粒径大于40mm 颗粒的毛体积比重,精确至 0.01。

最佳含率按式(7-18)校正:

$$w_{o}' = w_{o}(1-0.01\rho) + 0.01\rho w_{2} \tag{7-18}$$

式中:w_o'——校正后的最佳含水率,精确至,0.01%;

w_o——用粒径小于40mm 的土样试验所得最佳含水率,%;

ρ——试样中粒径大于40mm 颗粒的百分率,%;

w_2——粒径大于 40mm 颗粒的吸水量,% 。

(5)精度和允许差。最大干密度精确至 0.01g/cm^3,最佳含水率精确至 0.1% 。

5. 注意事项

(1)配土称量时,两种不同粒径的土样不要交替进行称量,频繁移动案(台)秤游码和调换砝码容易出错。应先称一种粒径的土样 5 份,然后再称另一种粒径的土样。

(2)每份土样从加水拌和开始,就要有标签随行,直至土样烘干后称质量。整个过程中,标签不能混乱,以免造成土样含水率与实际情况不相符。

(3)击实时,要密切注意每个不同加水量土样的湿密度走势(小—大—小),使之符合理想状态。

(4)击实时,击锤必须提升到位,自由落下,并且垂直于土样表面。

(5)在脱去套筒时,要先削刮套筒内壁土样,再旋转套筒,使土样与套筒分离后再取下套筒。尽可能不要使套筒和试模强行拉开,以免造成分离土体表面形成不平整的凹面。试模内土体形成凹面则需补土,补土容易造成密度的改变,与实际情况产生差异。

(6)绘制实曲线图时,应注意坐标设置要合理,整个图形不要太小,否则会使最大干密度和最佳含水率数据准确度降低。

击实试验记录表见表 7-21。

击实试验记录表　　　　　　　　　　　　　　　　　　　　　　　表 7-21

试验单位:							合同号:			
试样名称:							试验规程:			
试样来源:							试验日期:			
试验人:							审核人:			

	加水率(%)		2		4		6		8		10	
干密度	(筒+湿土)质量(g)	(1)	4812		4883		4957		4948		4948	
	筒质量(g)	(2)	2860		2860		2860		2860		2860	
	湿土质量(g)	(3)	1952		2023		2097		2088		2088	
	试筒体积(cm³)	(4)	997		997		997		997		997	
	湿密度(g/cm³)	(5)	1.96		2.03		2.10		2.09		2.09	
	干密度(g/cm³)	(6)	1.75		1.78		1.81		1.77		1.74	
含水率	盒号		1-1	1-2	1-3	1-4	1-5	1-6	1-7	1-8	1-9	1-10
	盒质量(g)	—	16.89	17.19	16.56	15.52	16.29	16.74	15.61	16.13	17.13	17.03
	(盒+湿土)质量(g)	—	117.12	118.20	116.70	116.23	116.50	116.89	116.01	117.02	118.04	118.09
	(盒+干土)质量(g)	—	106.31	107.10	104.26	103.52	102.62	102.82	100.66	101.51	101.32	101.16
	水质量(g)	—	10.81	11.10	12.44	12.71	13.88	14.07	15.35	15.51	16.72	16.93
	干土质量(g)	—	89.42	89.91	87.70	88.00	86.33	86.08	85.05	85.38	84.19	84.13
	含水率(%)	—	12.1	12.3	14.2	14.4	16.1	16.3	18.0	18.2	19.9	20.1
	平均含水率(%)	(7)	12.2		14.3		16.2		18.1		20.0	

最大干密度 $\rho_{\text{dm}} = 1.81\text{g/cm}^3$,最佳含水率 $w_{\text{o}} = 16.2\%$

大于 40mm 颗粒含量(%) = 0.0% ,校正后最大干密度 $\rho_{\text{dm}} = 1.81\text{g/cm}^3$,最佳含水率 $w_{\text{o}} = 16.2\%$

续上表

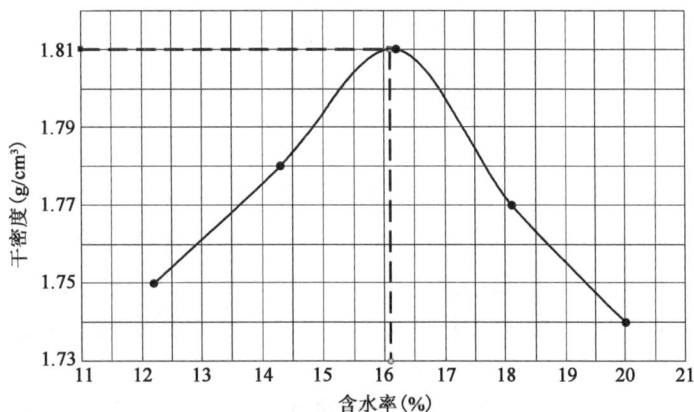

结论:		
	负责人:	日期:

交流与讨论

表7-21中含水率与表7-9计算相同。"(3)"行"湿土质量" = "(1)"行"筒 + 湿土质量" – "(2)"行"筒质量",如 4812 – 2860 = 1952;"(5)"行"湿密度" = "(3)"行"湿土质量" ÷ "(4)"行"试筒体积",如 1952 ÷ 997 = 1.96;"(6)"行 "干密度" = "(5)"行"湿密度" ÷ (1 + "(7)"行"平均含水率"),如 1.96 ÷ (1 + 0.01 × 12.2) = 1.75。

微课:土的击实
试验数据处理

以"(5)"行"干密度"数据为纵坐标以"(7)"行"平均含水率"数据为横坐标,在干密度-含水率关系坐标图中通过所有的数据点绘制击实曲线,则击实曲线最高点对应的纵坐标为最大干密度 = $1.81g/cm^3$,横坐标为最佳含水率 = 16.1%。绘制击实曲线时注意纵横坐标的起点值,一般不设置为"0",依据击实试验记录表中的数据区间确定坐标的起点值,坐标的单位数据尽量偏小,尤其是纵坐标的单位数据。有需要时还要对最大干密度和最佳含水率进行修正。

7.2.6 土粒比重试验(比重瓶法)

土的比重是土在 105～110℃环境下烘至恒量时的质量与同体积4℃蒸馏水质量的比值。土粒比重试验适用于粒径小于5mm的土。

1.测定仪器

(1)比重瓶:容量 100(或50)mL。

(2)天平:称量200g,感量0.001g。

(3)恒温水槽:灵敏度±1℃。

(4)砂浴。

(5)真空抽气设备。

(6)温度计:刻度为0~50℃,分度值为0.5℃。

(7)烘箱、蒸馏水、中性液体(如煤油)、孔径2mm及5mm筛、漏斗、滴管等。

2. 比重瓶校正

(1)将比重瓶洗净、烘干,称比重瓶质量,精确至0.001g。

(2)将煮沸后冷却的纯水注入比重瓶。对长颈比重瓶注水至刻度处,对短颈比重瓶应注满纯水,塞紧瓶塞,多余水分自瓶塞毛细管中溢出。调节恒温水槽至5℃或10℃,然后将比重瓶放入恒温水槽,直至瓶内水温稳定。取出比重瓶,擦干外壁,称瓶、水总质量,精确至0.001g。

(3)以5℃为级差,调节恒温水槽的水温,逐级测定不同温度下的比重瓶、水总质量,至达到本地区最高自然气温为止。每个温度均应进行两次平行测定,两次测定的差值不得大于0.002g,取两次测定的平均值。绘制温度与瓶、水总质量的关系曲线。

3. 测定步骤

(1)将比重瓶烘干,将15g烘干土装入100mL比重瓶(若用50mL比重瓶,装烘干土约12g),称量。

(2)为排除土中空气,将已装有干土的比重瓶,注蒸馏水至瓶的一半处,摇动比重瓶,并将瓶在砂浴中煮沸,煮沸时间自悬液沸腾时算起,砂及低缩限黏性土应不小于30min,高缩限黏性土应不小于1h,使土粒分散。注意沸腾后调节砂浴温度,不使土液溢出瓶外。

(3)如用长颈比重瓶,用滴管调整液面恰至刻度(以弯液面下缘为准),擦干瓶外及瓶内壁刻度以上部分的水,称瓶、水、土总质量。如用短颈比重瓶,将纯水注满,使多余水分自瓶塞毛细管中溢出,将瓶外水分擦干后,称瓶、水土总质量,称量后立即测出瓶内水的温度,精确至0.5℃。

(4)根据测得的温度,从已绘制的温度与瓶、水总质量关系曲线中查得瓶水总质量。如比重瓶体积事先未经温度校正,则立即倾去悬液,洗净比重瓶,注入事先煮沸过且与试验时同温度的蒸馏水至同一体积刻度处。短颈比重瓶则注水至满,按本试验步骤(3)调整液面后,将瓶外水分擦干,称瓶、水总质量。

(5)如试样为砂土,煮沸时砂粒易跳出,允许用真空抽气法代替煮沸法排除土中空气,其余步骤与(3)至(4)相同。

(6)对含有某一定量的可溶盐、不亲性胶体或有机质的土,必须用中性液体(如煤油)测定,并用真空抽气法排除土中气体。真空压力表读数值为100kPa,抽气时间1~2h(直至悬液内无气泡为止),其余步骤同步骤(3)至(4)。

(7)本试验称量应精确至0.001g。

4. 计算、绘图及记录

(1)用蒸馏水测定时,按式(7-19)计算比重:

$$G_s = \frac{m_s}{m_1 + m_s - m_2} \times G_{wt} \quad (7\text{-}19)$$

式中：G_s——土的比重，精确至 0.001；

　　m_s——干土质量，g；

　　m_1——瓶、水总质量，g；

　　m_2——瓶、水、土总质量，g；

　　G_{wt}——t℃时蒸馏水的比重(水的比重可查物理手册)，精确至 0.001。

(2)用中性液体测定时，按式(7-20)计算比重：

$$G_s = \frac{m_s}{m_1' + m_s - m_2'} \times G_{kt} \quad (7\text{-}20)$$

式中：G_s——土的比重，精确至 0.001；

　　m_1'——瓶、中性液体总质量，g；

　　m_2'——瓶、土、中性液体总质量，g；

　　G_{kt}——t℃时中性液体比重(应实测)，精确至 0.001g。

(3)精度和允许差。

本试验必须进行两次平行测定，取其算术平均值，以两位小数表示，其平行差值不得大于 0.02。

5.注意事项

(1)本试验适用粒径小于 5mm 的土。

(2)本试验建议采用 100mL 的比重瓶，因 100mL 的比重瓶可以多取些试样，使试样的代表性和试验的精度提高，但也允许采用 50mL 的比重瓶。

(3)比重瓶校正一般有两种方法：称量校正法和计算校正法。前一种方法精度比较高，后一种方法引入了某些假设，但一般认为对比重影响不大。

(4)试样规定用烘干土，是考虑烘焙对土中胶粒有机质的影响尚无一致意见。也可用风干或天然湿度试样。

(5)一般规定有机质含量小于 5% 时，可以用纯水测定；含盐量大于 0.5% 时，用中性液体测定。

(6)排气方法，规程中仍以煮沸法为主。如需用中性液体，则采用真空抽气法。

(7)粗、细粒土混合料比重的测定，本试验规定分别测定粗、细粒土的比重，然后取加权平均值。水的温度与水的比重对比表见表 7-22。

水的温度与水的比重对比表　　　　　　　　　　　　表 7-22

温度(℃)	4	5	10	15	16	17
比重 ρ_w(g/cm³)	1.00000	0.9999919	0.9997277	0.9991265	0.9989701	0.9988022
温度(℃)	18	19	20	25	30	35
比重 ρ_w(g/cm³)	0.9986232	0.998454331	0.9982323	0.9970739	0.9956756	0.9940594

土粒比重试验记录表见表 7-23。

土粒比重试验记录表   表7-23

试验单位:					合同号:					
试样名称:					试验规程:					
试样来源:					试验日期:					
试验人:					审核人:					

试验编号	比重瓶号	温度(℃)	液体比重 ρ_w (g/cm³)	比重瓶质量(g)	干土质量(g)	瓶液合质量(g)	瓶液土合质量(g)	与干土同体积的液体质量(g)	比重(土粒密度) ρ_w (g/cm³)	平均值	备注
		(1)	(2)	(3)	(4)	(5)	(6)	(7)	(8)	(9)	
1	1	20.0	0.998	56.138	15.0	160.837	170.116	5.721	2.62	2.60	
	2	20.0	0.998	52.106	15.0	161.210	170.463	5.747	2.60		

结论:											
					负责人:				日期:		

✎ **交流与讨论**

表7-23"(7)"列"与干土同体积的液体质量"=["(4)"列"干土质量"+"(5)"列"瓶液合质量"]−"(6)"列"瓶液土合质量",如(15.0+160.837)−170.116=5.721;"(8)"列"比重(土粒密度)"=["(4)"列"干土质量"÷"(7)"列"与干土同体积的液体质量"]×"(2)"列"液体比重",如(150÷5.721)×0.998=2.62。

7.3 土的力学指标测定

7.3.1 土的承载比试验

土的承载比(CBR)是指试样贯入量达到2.5mm时,单位压力对标准碎石压入相同贯入量时标准荷载强度的比值。土的承载比试验适用于在规定的试筒内制件后测定承载比。试样的最大粒径宜控制在20mm以内,最大不得超过40mm,且粒径在20~40mm的颗粒含量不超过5%。

1.测定仪器

(1)圆孔筛:孔径40mm、20mm及5mm筛各1个。

(2)试筒:内径152mm、高170mm的金属圆筒;套环,高50mm;筒内垫块,直径151mm、高50mm,夯击底板,击实仪。

(3)夯锤和导管:夯锤的底面直径50mm,总质量4.5kg。夯锤在导管内部的行程为450mm,夯锤的形式和尺寸与重型击实试验法所用的相同,不同专业见表2-8和表7-16~表7-18。

(4)贯入杆:端面直径50mm、长约100mm的金属柱。

(5)路面材料强度仪或载荷装置:能调节贯入速度至每分钟贯入数毫米,测力环应包括

7.5kN、15kN、30kN、60kN、100kN 和 150kN 等型号。

(6)百分表:3 个。

(7)试件顶面上的多孔板(测试件吸水时的膨胀量)。

(8)多孔底板(试件放上后浸泡水中)。

(9)测膨胀量时支承百分表的架子,或采用压力传感器测试。

(10)荷载板:直径 150mm,中心孔眼直径 52mm,每块质量 1.25kg,共 4 块,并沿直径分为两个半圆块。

(11)水槽:浸泡试件用,槽内水面应高出试件顶面 25mm。

(12)天平:称量 2000g,感量 0.01g;称量 50kg,感量 5g。

(13)拌和盘、直尺、滤纸、推土器等与击实试验相同。

2. 制备试样

(1)将具有代表性的风干试样(必要时可在 50℃烘箱内烘干)用木碾捣碎,土团均应捣碎后过 5mm 筛。用 40mm 筛筛除大于 40mm 的颗粒,并记录超尺寸颗粒的百分数。

(2)按击实试验方法确定试样的最大干密度和最佳含水率。

3. 测定步骤

(1)试件制作。

①测定具有代表性的风干试样的风干含水率,按最佳含水率制备 3 个试件。掺水,将试样充分拌匀后装入密闭容器或塑料口袋浸润。浸润时间:重黏性土不得少于 24h,轻黏性土可缩短到 12h,砂土可缩短到 1h,天然砂砾可缩短到 2h 左右。

注:需要时,可制备三种干密度试件。使试件的干密度控制在最大干密度的 90% ~100% 范围内。如每种干密度试件制 3 个,则共制 9 个试件,9 个试件共需试样约 55kg。采用击实成型试件时,每层击数分别为 30 次、50 次和 98 次。采用静压成型时,根据确定的压实度计算所需的试样量,一次静压成型。

②称试筒本身的质量 m_1,将试筒固定在底板上,将垫块放入筒内,并在垫块上放张滤纸,安上套环。

③将备好的试样分 3 次倒入筒内(每次需试样 1500 ~1750g,其量应使击实后的试样高出 1/3 筒高 1 ~2mm)。整平表面,并稍加压紧,然后按规定的击数进行第一层试样的击实,击实时锤应自由垂直落下,锤迹必须均匀分布于试样面上。第一层击实完后,将试样层面"拉毛",然后装入套筒,重复上述方法进行其余每层试样的击实。大试筒击实后,试样不宜高出筒高超过 10mm。

④每击实 3 筒试件,取代表性试样进行含水率试验。

⑤卸下套环,用直刮刀沿试筒顶修平击实的试件,表面不平整处用细料修补。取出垫块,称试筒和试件的质量 m_2。

⑥试样采用静压成型时,根据确定的压实度计算所需的试样量,一次静压成型。

(2)泡水测膨胀量。

①在试件制成后,取下试件顶面的破残滤纸,放一张好滤纸,并在上面安装附有调节杆的多孔板,在多孔板上加 4 块荷载板。

②将试筒与多孔板一起放入槽内(先不放水),并用拉杆将模具拉紧,安装百分表,并读取初读数。

③向水槽内放水,使水漫过试筒顶部。在泡水期间,槽内水面应保持在试件顶面以上大约

25mm,通常试件要泡水 4 昼夜。

④泡水终了时,读取试件上百分表的终读数,并用下式计算膨胀量:

$$\delta_e = \frac{H_1 - H_0}{H_0} \times 100\% \tag{7-21}$$

式中:δ_e——试件泡水后的膨胀率,精确至 0.1%;

H_1——试件泡水终了的高度,mm;

H_0——试件初始高度,mm。

⑤从水槽中取出试件,倒出试件顶面的水,静置 15min,让其排水,然后卸去附加荷载和多孔板、底板和滤纸,并称量 m_3,以计算试件的温度和密度的变化。

(3)贯入试验。

①选用合适吨位的测力环,贯入结束时测力环读数宜占其量程的 1/3 以上。

②将泡水试验终了的试件放到路面材料强度试验仪的升降台上,调整扁球座,使贯入杆与试件顶面全面接触,在贯入杆周围放置 4 块荷载板。

③先在贯入杆上施加少许荷载,以便试件与土样紧密接触,然后将测力和测变形的百分表的指针均调整至整数,并记录初始读数。

④加荷,使贯入杆以 1.00~1.25mm/min 的速度压入试件,同时记录三个百分表的读数。记录测力计内百分表某些整读数(如 20、40、60)时的贯入量,并注意使贯入量为 250×10^{-2}mm 时,能有 5 个以上的读数。因此,测力计内的第一个读数应是贯入量 30×10^{-2}mm 左右。

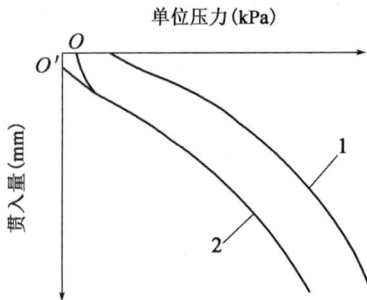

图 7-5 单位压力与贯入量关系曲线

4.计算、绘图及记录

(1)以单位压力 p 为横坐标,以贯入量 L 为纵坐标,绘制 p-L 关系曲线。如图 7-5 所示,图上曲线 1 是合适的,曲线 2 开始段是凹曲线,需要进行修正。修正时在变曲率点引一切线,与纵坐标交于 O' 点,O' 即为修正后的原点。

(2)按式(7-22)、式(7-23)分别计算贯入量为 2.5mm 和 5mm 时的 CBR,即

$$CBR = \frac{p}{7000} \times 100\% \tag{7-22}$$

$$CBR = \frac{p}{10500} \times 100\% \tag{7-23}$$

取两者的较大值作为该材料的 CBR。

(3)试件的湿密度用式(7-24)计算。

$$\rho = \frac{m_2 - m_1}{2177} \tag{7-24}$$

式中:ρ——试件的湿密度,g/cm³,精确至 0.01g/cm³;

m_2——试筒和试件的合质量,g;

m_1——试筒的质量,g;

2177——试筒的容积,cm³。

(4)试件的干密度用式(7-25)计算。

$$\rho_d = \frac{\rho}{1 + 0.01w} \tag{7-25}$$

式中：ρ_d——干密度 g/cm³，精确至 0.01g/cm³；

　　ρ——湿密度，g/cm³；

　　w——含水率，%。

（5）泡水后试件的吸水量按式（7-26）计算。

$$m_w = m_3 - m_2 \qquad\qquad (7\text{-}26)$$

式中：m_w——泡水后试件的吸水量，g；

　　m_3——泡水后试筒和试件的合质量，g；

　　m_2——试筒和试件的合质量，g。

（6）精度要求和允许误差。计算 3 个平行试验的承载比变异系数 C_V。如 C_V 小于 12%，则取 3 个结果的平均值；如 C_V 大于 12%，则去掉一个偏离大的值，取其余 2 个结果的平均值。

CBR 值（%）与膨胀量（%）取小数点后一位。

变异系数按式（7-27）~式（7-29）计算：

$$\bar{x} = \frac{\sum\limits_{i=1}^{N} x_i}{N} \qquad\qquad (7\text{-}27)$$

$$s = \sqrt{\frac{\sum\limits_{i=1}^{N}(x_i - \bar{x})^2}{N-1}} \qquad\qquad (7\text{-}28)$$

$$C_v = \frac{s}{\bar{x}} \times 100\% \qquad\qquad (7\text{-}29)$$

式中：$\sum\limits_{i=1}^{N} x_i$——指标各测定值的总和；

　　N——指标测定的总次数；

　　s——标准差；

　　C_v——变异系数。

5. 注意事项

（1）该试验分为四大步骤：①击实，求最大干密度、最佳含水率；②制件泡水；③贯入；④作图求值。

（2）击实用土与承载比试验制件的土样状况需相同类型，因此，试验备土要一次性备足。

（3）选择击实筒与承载比试验试模要一致。

（4）承载比试验制件拌土时，以最佳含水率 +0.5% 来加水（弥补在拌制过程中的水分损失，以免影响制件成型密度）。

（5）确定最佳焖料时间，尽量减少含水率对击实效果的影响。

（6）承载比试验制件时，计算每一层的用土量并称量加土量，使每层击实功更加均匀，准确得到本层的最大密实度。

（7）试件成型后，立即装膨胀装置并检查多孔板和底板孔有无堵塞，底板上的滤纸应与试模重合，同时换掉上面残破的滤纸，不可用纸代替滤纸使用。

（8）荷载板的结合缝应不在同一断面上，应十字叠放。

（9）试件浸泡时，水面高出试模顶部 2.5cm，并保持该高度。过低影响试件吸水率，过高使百分表进水而损坏。

（10）在每次贯入前应将贯入杆上的泥土擦干净。

土的承载比试验记录表见表 7-24。

土的承载比试验记录表

试验单位：　　　　　　合同号：　　　　　　试样名称：　　　　　　试验规程：
试样来源：　　　　　　试验日期：　　　　　　试验人：　　　　　　审核人：

表 7-24

击实试件含水率

筒号	1		2		3	
每层击数	98		50		30	
盒号	1-1	1-2	1-3	1-4	1-5	1-6
盒+湿土质量(g)	118.98	111.90	115.12	117.62	113.80	113.11
盒+干土质量(g)	103.00	97.57	100.29	102.16	99.12	98.61
盒质量(g)	21.45	24.11	23.85	22.87	23.84	23.86
水分质量(g)	15.98	14.32	14.83	15.46	14.68	14.50
干土质量(g)	81.55	73.46	76.44	79.29	75.28	74.75
含水率(%)	19.6	19.5	19.4	19.5	19.5	19.4
平均含水率(%)	19.6		19.5		19.5	

膨胀量试验(98击) 百分表初读数(0.01mm)：11　6　20

试件密实度

每层击次	30	50	98
筒号	3	2	1
筒+湿土质量(g)	9139	9320	9514
筒质量(g)	4763	4792	4812
湿土质量(g)	4222	4373	4553
试模体积(cm³)	2177		
湿密度(g/cm³)	2.01	2.08	2.16
含水率(%)	19.5	19.5	19.6
干密度(g/cm³)	1.68	1.74	1.81
最大干密度(g/cm³)	1.81		
试件成型压实度(%)	92.8	96.2	99.8

贯入试验

应力环校正系数：118.3N/(0.01mm)　　贯入杆面积：A = 19.635cm⁻²

筒号	贯入量(0.01mm) 左	右	百分表读数(0.01mm)	荷载(kPa)
1	0	0	100	0
	40	44	105	301.2
	50	62	106	361.5
	100	118	108	482.0
	160	164	110	602.5
	200	222	111	662.7
	250	260	112	723.0
	300	324	114	843.5
	410	418	116	964.0
	500	510	117	1024.2

筒号	贯入量(0.01mm) 左	右	百分表读数(0.01mm)	荷载(kPa)
2	0	0	100	0
	40	40	104	241.0
	60	64	105	301.2
	110	108	107	421.7
	160	158	108	482.0
	210	208	109	542.2
	260	260	110	602.5
	300	306	111	662.7
	400	412	113	783.2
	500	516	114	843.5

筒号	贯入量(0.01mm) 左	右	百分表读数(0.01mm)	荷载(kPa)
3	0	0	100	0
	30	26	102	61.1
	50	50	103	122.2
	80	80	103	183.3
	100	108	104	244.4
	150	158	106	366.5
	210	208	107	427.6
	300	316	108	488.7
	410	410	109	549.8
	500	510	110	610.9

续上表

| | 试验单位：　　　　　　　　合同号：　　　　　　　　试样名称：　　　　　　　　试验规程： | | | | | | | | | | | | | |
| 试样来源：　　　　　　　　试验日期：　　　　　　　　试验人：　　　　　　　　审核人： | | | | | | | | | | | | | | |

		击实试件含水率			试件密实度			贯入试验						
百分表终读数(0.01mm)		95	100	104		600	616	119	1144.7	600	614	116	964.0	600	606	112	733.1
膨胀量(%)		0.74	0.74	0.70										
膨胀量平均值(%)			0.73											
泡水后筒＋试件合质量(g)(98击)		9604	9625	9645		700	714	121	1265.2	700	712	117	1024.2	700	704	113	794.2
吸水量(g)		90	101	97										
吸水量平均值(g)			96			800	818	122	1325.5	800	816	118	1084.5	800	808	114	855.3

承载比试验记录表见表 7-25。

承载比试验记录表(单位压力-贯入量曲线)

表 7-25

试验单位:		合同号:
试样名称:		试验规程:
试样来源:		试验日期:
试验人:		审核人:

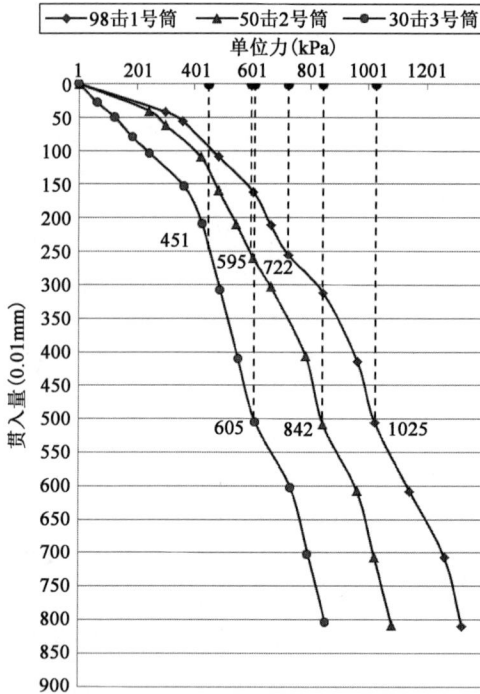

击数:98

$C = 2.5\text{mm}$

$\text{CBR} = \dfrac{722}{7000} \times 100\% = 10.3\%$

$C = 5.0\text{mm}$

$\text{CBR} = \dfrac{1025}{10500} \times 100\% = 9.8\%$

击数:50

$C = 2.5\text{mm}$

$\text{CBR} = \dfrac{595}{7000} \times 100\% = 8.5\%$

$C = 5.0\text{mm}$

$\text{CBR} = \dfrac{842}{10500} \times 100\% = 8.0\%$

击数:30

$C = 2.5\text{mm}$

$\text{CBR} = \dfrac{451}{7000} \times 100\% = 6.4\%$

$C = 5.0\text{mm}$

$\text{CBR} = \dfrac{605}{10500} \times 100\% = 5.8\%$

结论:			
		负责人:	日期:

CBR 与干密度对照记录表见表 7-26。

CBR 与干密度对照记录表

表 7-26

试验单位:　　　　　　　　　　合同号:
试样名称:　　　　　　　　　　试验规程:
试样来源:　　　　　　　　　　试验日期:
试验人:　　　　　　　　　　　审核人:

98 击	$C=2.5\text{mm}$	$C=5.0\text{mm}$	平均值	$C=2.5\text{mm}$ 10.5%
$CBR_1 =$	10.3%	9.8%	$S =$	0.26%
$CBR_2 =$	10.8%	9.9%	$C_v =$	2.5%
$CBR_3 =$	10.4%	9.8%		
50 击	$C=2.5\text{mm}$	$C=5.0\text{mm}$	平均值	$C=2.5\text{mm}$ 8.6%
$CBR_1 =$	8.6%	8.0%	$S =$	0.07%
$CBR_2 =$	8.5%	8.0%	$C_v =$	0.8%
$CBR_3 =$	8.6%	8.1%		
30 击	$C=2.5\text{mm}$	$C=5.0\text{mm}$	平均值	$C=2.5\text{mm}$ 6.3%
$CBR_1 =$	6.4%	5.8%	$S =$	0.17%
$CBR_2 =$	6.4%	5.2%	$C_v =$	2.7%
$CBR_3 =$	6.1%	5.8%		

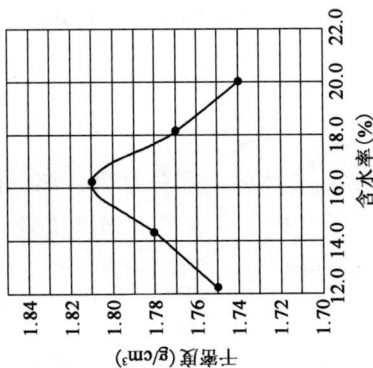

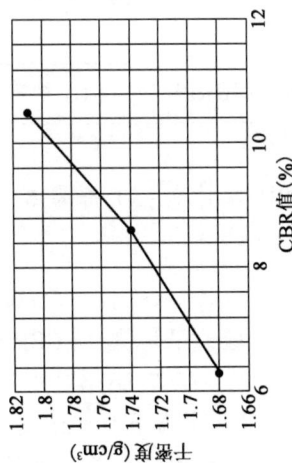

压实度为 100% 时 CBR =10.5%　　　　压实度为 96% 时 CBR =8.6%

压实度为 94% 时 CBR =7.1%　　　　　压实度为 93% 时 CBR =6.3%

负责人:　　　　　　　　　　　日期:

结论:

交流与讨论

由于教材的篇幅有限,该试验的数据处理表只列举了一部分,表7-24同类型的表(30击、50击、98击各一张),表7-25同类型表(30击、50击、98击各一张),计算方法相同。

(1)表7-24中"膨胀量"=("百分表终读数"-"百分表初读数")÷试件初始高度,如$\frac{0.95-0.06}{120}\times 100\%=0.74\%$;"吸水量"="泡水后筒+试件合质量"-"筒+湿土质量",如$9604-9514=90$;贯入试验中的"荷载"=("百分表终读数"-"百分表初读数")×应力环校正系数÷贯入杆面积,如$\frac{(106-100)\times 118.3\times 10^{-3}}{19.635\times 10^{-4}}=361.5$。

(2)以"贯入量左、右"百分表读数平均值为纵坐标,以"荷载"数据为横坐标,通过所有的数据点绘制单位压力与贯入量关系曲线,在单位压力与贯入量关系曲线中纵坐标为250(0.01mm)和500(0.01mm),与曲线相交对应的横坐标(单位压力)按式(7-22)、式(7-23)计算得贯入量为2.5mm和5.0mm时CBR(表7-25)。表7-26取两者较大值作为该材料的CBR,如98击CBR为10.3%、10.8%、10.4%;平均值$\bar{x}=\frac{10.3\%+10.8\%+10.4\%}{3}=10.5\%$;标准差$s=\sqrt{\dfrac{\sum\limits_{i=1}^{3}(10.3\%-10.5\%)^2+(10.8\%-10.5\%)^2+(10.4\%-10.5\%)^2}{3-1}}=0.26\%$,变异系数$C_v=\frac{0.26}{10.5}\times 100\%=2.5\%$,最终CBR取值为:30击为6.3%,50击为8.6%,98击为10.5%。

(3)以表7-24中"干密度"数据为纵坐标[按本试验条款(6),如果CBR值是取三个平行试验的平均值,则干密度也应取三个平行试验的平均值;或CBR值取两个平行试验的平均值,干密度取CBR相应的两个平行试验的平均值],表7-26各击"CBR平均值"数据为横坐标,通过所有的数据绘制CBR值与干密度对照图(从上而下两点连线),压实度为100%换算成干密度$\rho_d=\lambda\times \rho_{dmax}=100\%\times 1.81=1.81$,以"CBR值与干密度对照图"中纵坐标数值1.81与折线(直线)相交对应的横坐标为CBR值,即压实度100%时CBR值为10.5%。其余不同压实度的CBR值用相同的方法可得。

7.3.2 直接剪切试验

土的抗剪强度是指土在外力作用下,土体的一部分对另一部分产生相对滑动时所具有的抵抗剪切破坏的极限强度。测定不同压应力下土的抗剪强度决定土的内摩擦角φ和黏聚力c。直接剪切试验适用于细粒土或粒径2mm以下的砂类土。

1.测定仪器

(1)应变控制式直剪仪:由剪切盒、垂直加荷设备、剪切传动装置、测力计和位移测量系统组成。

(2)环刀：内径 61.8mm，高 20mm。

(3)位移量测设备：百分表或传感器。

2.试样制备

(1)原状土试样制备。

①每组试样不得小于 4 个。

②按土样上下层次小心开启原状土包装皮，将土样取出放正，整平两端。

③将试验用的切土环刀内壁涂一薄层凡士林，刀口向下，放在试件上，用切土刀将试件削成略大于环刀直径的土柱。然后将环刀垂直向下压，边压边削，至土样伸出环刀上部为止，削平环刀两端，擦净环刀外壁，称环土合质量，精确至 0.1g，并测定环刀两端所削下土样的含水率。试件与环刀要密合，否则应重取。

切削过程中，应细心观察并记录试件的层次、气味、颜色、有无杂质、土质是否均匀、有无裂缝等。

如连续切取数个试件，应使含水率不发生变化。

视试件本身及工程要求，决定试件是否进行饱和。如不立即进行试验或饱和，则应将试件暂存于保湿器内。

切取试件后，剩余的原状土样用蜡纸包好置于保湿器内，以备补试验之用。切削的余土做物理性试验，平行试验或同一组试件密度差值不大于 ±0.1g/cm³，含水率差值不大于 2%。

(2)扰动土样的制备程序按本模块 7.1.2 中 4 相关规定进行。

3.测定步骤

(1)对准剪切容器上下盒，插入固定销，在下盒内放透水石和滤纸，将带有试样的环刀刃向上，对准剪切口，在试样上放滤纸和透水石，将试样小心地推入剪切盒。

(2)移动传动装置，使上盒前端钢珠刚好与测力计接触，依次加上传压板、加压框架，安装垂直位移量测装置，测记初始读数。

(3)根据工程实际和土的软硬程度施加各级垂直压力，然后向盒内注水。当试件为非饱和试件时，应在加压板周围包以湿棉花。

(4)施加垂直压力，每 1h 测记垂直变形一次，试件固结稳定时的垂直变形值为每 1h 不大于 0.005mm。

(5)拔去固定销，以 0.8mm/min 的速度进行剪切，并每隔一定时间测记测力计百分表读数，直至剪损。

(6)当测力计百分表读数不变或后退时，继续剪切至剪切位移为 4mm 时停止，记下破坏值；当剪切过程中测力计百分表无峰值时，剪切至剪切位移达 6mm 时停止。

(7)剪切结束，吸去盒内积水，退掉剪切力和垂直压力，移动压力框架，取出试样，测定其含水率。

4.计算、绘图及记录

(1)按式(7-30)计算每个试样的剪应力：

$$\tau = cR \qquad\qquad (7\text{-}30)$$

式中：τ——剪应力，kPa，精确至 0.1kPa；

c——量力环系数,$kPa/0.01mm$;

R——量力环中测微表初读数与终读数之差值,即量力环的径向压缩量,$0.01mm$。

(2)以垂直压力 p 为横坐标,以抗剪强度 s 为纵坐标,将每一试样的最大抗剪强度点绘在坐标纸上,连成一条直线。此直线的倾角为摩擦角 φ,纵坐标上的截距为黏聚力 c。

5.注意事项

(1)制备土样时应注意以下事项。

①土颗粒要均匀所用土样要进行筛分。

②天然含水率相同采用同一种土样制备试样。

③加水量相同用量筒准确配水。

(2)击实时应注意以下事项。

①每层加土量相同用秤称量(400~450g)每层加土量。

②每层击实数相同 27 次/层(重型)。

③锤迹均匀分布土样表面击锤紧靠筒壁,螺旋状移动。

(3)用环刀制试件时应注意以下事项。

①环刀压入土中时用力不可太大,以免破坏土样原密度。

②两端修平要仔细,不可出现太多坑洼和麻点。

③环刀本身要没有变形(失圆、刃口变形)。

(4)测含水率时应注意,在用环刀制试件时,取切削下来的细小土样测含水率。

①做平行试验,取 2 个土样,每份土样的质量相近。

②每份土样不要取得太少。

(5)剪切试验时应注意以下事项。

① 4 个试件在剪切前用调整螺栓进行各接触点相连调整时,量力环上百分表指针移动格数要相同。

②在拨动剪切前进挡开关时,切记拔去剪切盒上的固定销,然后开始剪切。

(6)在整个计算过程中,小数点的位数尽可能保留多几位,在最终数据整理中再按取舍规则来取舍。在计算过程中多次取舍会使差值偏大。

直接剪切试验记录见表7-27。

直接剪切试验记录 表 7-27

试验单位:			合同号:			
试样名称:			试验规程:			
试样来源:			试验日期:			
试验人:			审核人:			
仪器编号		012 号				
量力环编号		2675 号				
环刀面积(mm²)		3000				
土样编号		1 号	2 号	3 号	4 号	5 号
垂直压应力 σ(kPa)	(1)	50	100	200	300	400

续上表

量力环初读数 (0.01mm)	(2)	10	15	10	20	10
量力环终读数 (0.01mm)	(3)	62	90	108	143	155
量力环读数差 R (0.01mm)	(4)	52	75	98	123	145
量力环系数 (kPa/0.01mm)	(5)	1.789				
抗剪强度 τ_f(kPa)	(6)	93.0	134.2	175.3	220.0	259.4

$\varphi = 21.1°$	$c = 53.7$kPa

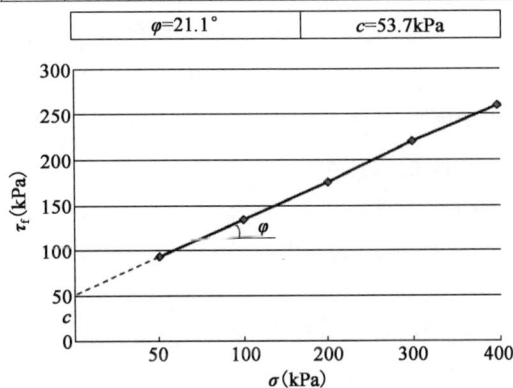

交流与讨论

表7-27"(4)"行"量力环读数差 R"×"量力环系数",如 $52 \times 1.789 = 93.0$kPa。以"(1)"行数据为横坐标,"(6)"行数据为纵坐标,通过所有数据点绘制抗剪强度曲线(此试验为库仑-莫尔强度曲线,可近似为直线)。抗剪强度指标:黏聚力 c 为表2-27图中直线与纵坐标的切距,内摩擦角 φ 为直线的倾斜角。

7.3.3 固结试验(快速试验法)

固结试验是在无侧向膨胀条件下,对土样分级施加竖向压力,并测出在不同压力作用下,土样变形稳定时的压缩量,从而算出相应的土的孔隙比。本试验适用于黏质土。

1. 测定仪器

(1)固结仪:试样面积 50cm^2,高 2cm。

(2)加压设备:常用的加压设备为杠杆式。

(3)变形量测设备:测微表量程 10mm,精度为 0.01mm。

(4)环刀:直径为 61.8mm 和 79.2mm,高度为 20mm。

(5)透水石:由氧化铝或不受土腐蚀的金属材料组成,其透水系数应大于试样的渗透系数。

(6)天平、秒表、烘箱、钢丝锯、刮土刀、铝盒等。

2. 试样制备

(1)根据工程需要,切取原状土样或制备所需密度与含水率的扰动土样。

(2)用环刀切取原状土样或制备好的扰动土样。在切取试样时,应在环刀内壁涂一层凡士林,然后,使环刀刃口垂直向下加压,边压边修,直至环刀装满土样为止。再用刮刀修平两端,同时应注意在刮平试样时,不得用刮刀反复涂抹土面。

(3)擦净环刀外壁,称环刀与土的总质量,精确至0.1g,并取环刀两面修下来的土样测定含水率。

3. 测定步骤

(1)在切好土样的环刀外壁涂一薄层凡士林,然后刀口向下放入护环。

(2)将底板放入容器,底板上放透水石,借助提环螺钉将土样环刀及护环放入容器,土样上面覆透水石,然后放下加压导环和传压活塞,使各部密切接触,保持平稳。

(3)将压缩容器置于加压框架正中,密合传压活塞及横梁,预加1.0kPa压力,使固结仪各部分紧密接触,装好百分表,并调整读数至零。

(4)去掉预压荷载,立即加第一级荷载。加砝码时应避免冲击和摇晃,在加上砝码的同时,立即开动秒表。荷载等级一般规定为50kPa、100kPa、300kPa和400kPa。有时可以根据土的软硬程度,第一级荷载考虑用25kPa。

(5)试样如果是饱和的,则在施加第一级荷载后,立即向容器中注水至满。试样如果是非饱和的,须以湿棉纱围住上下透水面四周,避免水分蒸发。

(6)按照加荷的顺序依次施加荷载50kPa、100kPa、200kPa、400kPa,均为压缩时间满10min时读数,400kPa压缩10min读数后,再稳定压缩15min读数。

(7)记下压缩变形稳定后的测微表读数,然后加下一级荷载,依次加荷试验,按此步骤逐级加压至试验结束。

(8)试验结束后拆除仪器,小心取出完整土样,称其质量,并测定其最终含水率(如不需测定试验后的饱和度,则不必测定终结含水率),最后将仪器洗干净。

4. 计算及记录

按式(7-31)计算试验开始时的孔隙比:

$$e_0 = \frac{\rho_s(1 + 0.01 w_0)}{\rho_0} - 1 \tag{7-31}$$

按式(7-32)计算单位沉降量:

$$S_i = \frac{\sum \Delta h_i}{h_0} \tag{7-32}$$

按式(7-33)计算各级荷载下变形稳定后的孔隙比:

$$e_i = e_0 - (1 + e_0) \times \frac{\sum \Delta h_i}{h_0} \tag{7-33}$$

按式(7-34)计算某一荷载范围的压缩系数:

$$a = \frac{e_i - e_{i+1}}{p_{i+1} - p_i} \tag{7-34}$$

按式(7-35),式(7-36)计算土的压缩指数:

$$a_{1\text{-}2} = \frac{e_1 - e_2}{p_2 - p_1} \tag{7-35}$$

$$E_{s(1\text{-}2)} = \frac{1 + e_1}{a_{1-2}} \tag{7-36}$$

式中：e_0——试验开始时试样的孔隙比，精确至 0.01；

ρ_s——土粒密度（数值上等于土粒比重），g/cm^3；

w_0——试验开始时试样的含水率，%；

ρ_0——试验开始时试样的密度，g/cm^3；

S_i——某一级荷载下的沉降量，精确至 0.01；

$\sum \Delta h_i$——某一级荷载下的总变形量，等于该荷载下百分表读数，即试样和仪器的变形量减去该荷载下的仪器变形量，mm；

h_0——试样起始时的高度，mm；

e_i——某一荷载下压缩稳定后的孔隙比，精确至 0.01；

p_i——某一荷载值，kPa；

a_{1-2}——取 $P_1 = 0.1MPa$ 及 $P_2 = 0.2MPa$ 时的压缩系数，MPa^{-1}，精确至 0.01；

$E_{s(1\text{-}2)}$——取 $P_1 = 0.1MPa$ 及 $P_2 = 0.2MPa$ 时的压缩模量，MPa，精确至 0.01。

按式（7-37）计算各级荷载作用下试样校正后的总变形量：

$$\sum \Delta h_i = (h_i)_t \frac{(h_n)_T}{(h_n)_t} = K(h_i)_t \tag{7-37}$$

式中：$\sum \Delta h_i$——某一级荷载下的总变形量，mm；

$(h_i)_t$——同一荷载下压缩 1h 的总变量减去该荷载下的仪器变形量，mm；

$(h_n)_t$——最后一级荷载下压缩 1h 的总变量减去该荷载下的仪器变形量，mm；

$(h_n)_T$——最后一级荷载下达到稳定标准的总变量减去该荷载下的仪器变形量，mm；

K——大于 1 的校正系数，$K = \dfrac{(h_n)_T}{(h_n)_t}$。

5. 注意事项

（1）环刀内壁涂凡士林。

（2）环刀制作试件。

（3）环刀外壁涂凡士林。

（4）手轮顺时针（向右）旋转到位后，反转 1~2 圈。

（5）平衡杆调至气泡居中。（调平衡杆后面的平衡块，调好后用螺母锁紧）

（6）试件装入固结盒：

先将护环放入盒中，大吸水石放下层，加滤纸，环刀刃口向下放入护环，再加压导环，然后将滤纸放在试样表面，最后放置小吸水石和传压活塞。

（7）将固结盒放到加压框架下，向下旋转传压框架上的螺栓并对准传压活塞上凹处与之接触，但要注意不能使之受力，要使平衡杆上的气泡仍然居中，用螺栓上的圆盘固定螺栓位置，同时要注意气泡居中。

（8）挂砝码托盘和预压荷载砝码。（此时气泡有所变化，但幅度不大）

（9）记录百分表上的大、小指针读数，为初读数。（小指针读调整到 8~10mm）

（10）去掉预压荷载砝码，并加上第一级荷载 50kPa。（加砝码时用手托住砝码托盘，使之

平衡杆不受力,加完荷载后手缓慢松开。加砝码数根据工作台左侧表格中规定)

（11）手轮逆时针（向左）旋转至气泡居中,要缓慢旋转,切记不能旋转过头后再反转。

（12）计时开始,并静待10min。

（13）10min后记录此时的百分表读数（大、小指针）,为本级荷载的终读数。

（14）按照加荷的顺序依次施加荷载50kPa、100kPa、200kPa、400kPa,均为压缩时间满10min时读数,400kPa压缩10min读数后,再稳定压缩15min读数。

（15）最后提醒,在整个试验过程中,要时刻注意平衡杆上的气泡居中,特别是平衡杆挂砝码托盘的一端不能高于水平状态,即气泡不能向砝码托盘一端移动,出现异常应及时寻找原因。

土的压缩指数的测定记录表见表7-28。

土的压缩指数的测定记录表 表7-28

试验单位:		合同号:	
试样名称:		试验规程:	
试样来源:		试验日期:	
试验人:		审核人:	

开始加荷时间(h:min:s) <u>××:××:××</u>　百分表初读数:9.985mm

$w = 22.3\%$ 、$\rho = 1.89g/cm^3$ 、$\rho_s = G_s = 2.71g/cm^3$ 、$h_0 = 20mm$ 、$k = 1.031$

读数时间 (h:min:s)	加荷持续时间 (min)	压力 (kPa)	百分表读数 (0.01mm)	校正前土样变形量h_{it}(mm)	校正后土样变形量$\sum \Delta h_i$(mm)	压缩后孔隙比
		(1)	(2)	(3)	(4)	(5)
××:××:××	10	50	9.244	0.741	0.764	0.68
××:××:××	20	100	8.856	1.129	1.164	0.65
××:××:××	30	200	8.382	1.603	1.653	0.61
××:××:××	40	300	8.081	1.904	1.963	0.58
××:××:××	65	400	7.814	2.171	2.383	0.54

结论:	
	负责人:　　　　　　　日期:

✍ 交流与讨论

表7-28"（3）"列="百分表初读数"-"（2）"列"百分表读数",如$9.985 - 8.856 = 1.129$；"（4）"列="（3）"列$\times k$,如$1.129 \times 1.031 = 1.164$；"（5）"列由式(7-31)得

$$e_0 = \frac{\rho_s(1 + 0.01w_0)}{\rho_0} - 1 = \frac{2.71 \times (1 + 0.01 \times 22.3)}{1.89} - 1 = 0.75$$

$$e = e_0 - (1 + e_0) \times \frac{\sum \Delta h_i}{h_0} = 0.75 - (1 + 0.75) \times \frac{1.164}{20} = 0.65$$

计算土的压缩指数由式(7-35)、式(7-36)得

$$a_{1\text{-}2} = \frac{e_1 - e_2}{p_2 - p_1} = \frac{0.65 - 0.61}{0.2 - 0.1} = 0.4 \, (\text{MPa}^{-1})$$

$$E_{s(1\text{-}2)} = \frac{1 + e_1}{a_{1\text{-}2}} = \frac{1 + 0.65}{0.4} = 4.13 \, (\text{MPa})$$

7.3.4 化学改良土试验

化学改良土试验用于测定化学改良土的配合比、最大干密度、最佳含水率、无侧限抗压强度、延迟时间及外掺剂量。化学改良土试验适用于最大粒径不大 15mm 的化学改良土。

1. 一般规定

(1)取样方法。

①四分法:将试样放在清洁、平整、坚硬的平面上,加清水使样品潮湿,用铲翻动成圆锥体的料堆,再用铲翻动成一个新料堆,如此重复 3 次。形成新料堆时,每铲翻料都要放在锥顶,应使滑动边部的样品尽可能均匀,并保持锥体中心不移动。自最后形成的一料堆顶部用平头铲反复交错垂直插入,使锥体顶部变平,每次插入提起铲时不得带有试样,最后将料堆等分成 4 份,将对角的两份铲到一边,剩余两份重复上述拌和方法缩分到所需试样质量为止。

②分料器法:将材料充分拌和后通过分料器,保留一部分,另一部分再通过分料器,如此重复进行,直至达到所需试样质量为止。

(2)试样制备。

①含水率测定称取试样时,粉土、黏性土称取约 100g,精确至 0.01g;其他土称取约 500g,精确至 0.2g。

②本试验不得重复使用试样。

③化学改良土室内配合比应经过生产验证满足要求后方可投入使用,否则应对配合比进行调整。

④水泥类改良土现场最大干密度、无侧限抗压强度等控制指标应采用延迟$(H-1)$h 开始试验的检测指标。

⑤水泥剂量应在水泥终凝之前测定;石灰剂量应在搅拌后尽快测定,否则应采用相应龄期的乙二胺四乙酸(EDTA 二钠)标准溶液消耗量标准曲线确定。

2. 配合比试验

(1)原土样准备。

①原土样应按设计要求进行相关检测,如砂类土、粉土和黏性土应进行颗粒分析、界限含水率、有机质含量、硫酸盐含量等常规试验。

②特殊土(膨胀土、盐渍土等)应考虑与外掺料的适应性,除进行常规试验外,还应进行矿物成分分析、崩解试验、膨胀试验及设计要求的其他试验。

③原土样取样质量见表7-29。

原土样取样质量

表7-29

土的类别	取样质量(kg)
砂类土、粉土、黏性土	150
特殊土	250

④外掺料应按设计要求进行相关试验检测,如水泥应进行强度等级、凝结时间、安定性等试验,石灰应进行氧化钙(CaO)与氧化镁(MgO)含量、未消化残渣含量等试验,粉煤灰应进行矿物成分$(SiO_2 + Al_2O_3 + Fe_2O_3)$含量、$SO_3$含量、烧失量、细度等试验。

⑤土样及外掺料质量应符合设计要求。

⑥配合比技术标准、经化学改良后填料的7d龄期饱和无侧限抗压强度应符合设计要求。

(2)试验步骤。

①配制不少于3种不同掺入比的混合料,最佳含水率和最大干密度确定应符合击实试验的规定。水泥类改良土应考虑延迟时间效应,击实试验应在浸泡土样加水泥拌和后1h内完成。

②按改良土所处路基结构不同部位的压实系数要求,计算干密度和最佳含水率,制备试件。水泥类改良土应考虑延迟时间效应,其成型应浸泡土样加水泥拌和后1h内完成。

③试件制备及养护等其他要求按无侧限抗压强度试验确定。

(3)计算、绘图及记录。

①无侧限抗压强度试验,根据试验结果,强度代表值R_d^0应按式(7-38)计算。

$$R_d^0 = \bar{R}(1 - Z_a C_v) \tag{7-38}$$

式中:$\bar{R}$——一组试验的强度平均值,kPa;

Z_a——标准正态分布表中随保证率而变的系数,保证率取95%时,$Z_a = 1.645$;

C_v——试验结果的相对标准偏差,以小数计。

②强度代表值R_d^0应不小于强度标准值R_d,否则需重新进行配合比试验;依据设计、生产、效益选定满足要求的掺配参数。

③当采用两种外掺料的混合料时,应确定两种外掺料的各自掺入比及两种外掺料混合后的掺入比,并进行配合比设计。

④化学改良土室内配合比参数生产验证。

a. 当采用水泥类改良土时,按延迟时间试验确定容许延迟时间H。

b. 混合料最终的最佳含水率和最大干密度按击实试验确定,水泥类应在延迟$(H-1)$h后开始试验,并在1h内完成。

c. 混合料的无侧限抗压强度应按无侧限抗压强度试验确定,水泥类应在延迟$(H-1)$h后开始试验,并在1h内完成,如不满足设计要求,应重新选定配比参数或进行配合比试验。

d. 绘制不少于5个点的外掺料剂量标定曲线,按水泥或石灰剂量试验确定。

⑤经生产验证,选定符合要求的施工参数,计算实际施工外掺料的消耗量时,可按较室内试验确定的掺入比大0.5% ~ 1.0%计算。当采用集中场拌施工方法时可增加0.5%,当采用路拌施工方法时可增加1.0%。

3. 击实试验

(1)测定仪器。

本试验所采用的仪器设备应符合击实试验规定。

（2）试样制备。

①按击实试验规定取风干试样,过筛的试料用四分法缩分,细粒土不少于 30kg,粗粒土不少于 35kg。

②击实试验前,应按烘干法分别测定土、石灰、粉煤灰等试样的风干含水率,水泥含水率应为零。

③改良土混合料应根据设计文件要求的配合比和实测各种风干试样的含水率进行配制。

（3）测定步骤。

①将准备好的风干试样分成 5~6 份。每份试样的干质量按颗粒大小称取:细粒土约 5.0kg,粗粒土约 8.0kg。

②每份试样按预定的不同含水率,依次相差 1%~2%,其中至少有两份小于最佳含水率和两份大于最佳含水率。最佳含水率可参照土的缩限进行估计。

a. 各份试样含水率控制。对粗粒土的最佳含水率附近取相差 1%,其余 2%;对细粒土取相差 2%,对黏性土取 3%。

b. 最佳含水率的估计。细粒土一般最佳含水率较土的塑限小 3%~10%（砂性土接近 3%,黏性土为 6%~10%）。天然砂砾、级配集料最佳含水率与集料中细粒土含量和塑性指数有关,细粒土少的,塑性指数 I_p 为零的未筛分砂砾土的最佳含水率接近 5%;细粒土偏多,塑性指数 I_p 较大的砂砾土一般在 10% 左右。水泥改良土的最佳含水率与土接近,石灰改良土的最佳含水率较土大 1%~3%。

③将每份风干试样分别平铺于金属盘内,按式(7-39)计算各份试样预定含水率应加的水量。将应加的水均匀喷洒在试样上,用拌和工具充分拌和均匀。试料为石灰改良土、石灰粉煤灰综合改良土、水泥石灰综合改良土和水泥粉煤灰综合改良土时,可将石灰、粉煤灰和试样一起拌匀,然后装入密封器或塑料袋浸润备用。水泥应在土样浸润后拌入,但水泥的加水量在计算时应予计入。

$$m_w = \left(\frac{m_0}{1+0.01w_0} + \frac{m_c}{1+0.01w_c} \right) \times 0.01w' - \left(\frac{0.01w_0 m_0}{1+0.01w_0} + \frac{0.01w_c m_c}{1+0.01w_c} \right) \quad (7\text{-}39)$$

式中:m_w——单一外掺料时混合料中应加的水量,g;

m_0——混合料中风干土或集料的质量,g;

m_c——混合料中风干石灰(或水泥)的质量,g;

w_0——混合料中土或集料风干含水率,%;

w_c——混合料中石灰(或水泥)风干含水率,%;

w'——混合料要求达到的含水率,%。

④浸润时间。生石灰不少于 24h,黏性土 12~24h,粉性土 6~8h,砂性土、砂砾土、细土砂砾、级配砂砾等约 4h,含土很少的未筛分砂砾或砂约 2h。

⑤水泥改良土延迟时间应符合延迟时间试验。在浸润后的试样中加入所需外掺料,拌和料应用湿布覆盖,在延时(H-1)h 内,每 0.5h 用拌和工具充分搅拌。

⑥将击实仪平稳放置于刚性基础上,击实筒与底座应连接良好,装好套环,击实筒内壁均匀涂层润滑油。取制备好的试样倒入击实筒(其量应略高于筒高的 1/5),平整表面,稍加压实

后,按规定的击实数进行第一层击实(锤迹应均匀分布于试样表面)。第一层击实后应检查该层高度是否合适,并调整下一层试样用量。用刮刀将击实面拉毛,然后重复第一层的做法,进行其余各层试样的击实。最后一层试样击实后,试件超出试筒顶的高度应小于6mm(超出高度过大的试件应作废)。

⑦卸下套环,用直刮刀修平试筒顶部的试件,拆除底板,再修平试件底部,擦净试筒外壁,称量筒和试件的总质量,精确至1g。

⑧用脱模器将试件从试筒内推出,从上到下取两个代表性试件,按烘干法规定测定含水率。

(4)计算及记录。

①化学改良土密度和干密度按式(7-40)、式(7-41)计算

$$\rho_{g} = \frac{m_{2} - m_{1}}{V} \tag{7-40}$$

$$\rho_{dg} = \frac{\rho_{g}}{1 + 0.01 w_{g}} \tag{7-41}$$

式中:ρ_{g}——化学改良土的密度,g/cm³,精确至0.01g/cm³;

ρ_{dg}——化学改良土的干密度,g/cm³,精确至0.01g/cm³;

m_{1}——击实筒的质量,g;

m_{2}——击实筒与试样总质量,g;

V——击实筒的容积,cm³;

w_{g}——化学改良土试样的含水率,%。

②以干密度为纵坐标,以含水率为横坐标,在直角坐标纸上绘制干密度和含水率的关系曲线,曲线上峰值点的纵横坐标分别表示该改良土的最大干密度和最佳含水率。$\rho_{g,dmax}$精确至0.01g/cm³,$w_{g,dmax}$精确至0.1%。当曲线不能绘出明显的峰值点时,应进行补点或重做。

③超尺寸颗粒的校正。试件中大于规定最大粒径的超尺寸颗粒含量小于5%的可不进行校正,超尺寸颗粒的含量为5%~30%时,应按式(7-42)、式(7-43)校正。

$$\rho'_{g,dmax} = \rho_{g,dmax}(1 - 0.01P) + 0.9 \times 0.01P\rho_{a} \tag{7-42}$$

$$w'_{g,dmax} = w_{g,dmax}(1 - 0.01P) + 0.01Pw_{a} \tag{7-43}$$

式中:$\rho'_{g,dmax}$——校正后最大干密度,g/cm³,精确至0.01g/cm³;

$w'_{g,dmax}$——校正后最佳含水率,%,计算精度同本条款;

$\rho_{g,dmax}$——试验所得最大干密度,g/cm³,精确至0.01g/cm³;

$w_{g,dmax}$——试验所得最优含水率,%;

P——试件中超尺寸颗粒的百分率,%;

ρ_{a}——超尺寸颗粒的毛体积密度,g/cm³;

w_{a}——超尺寸颗粒的吸着含水率,%。

④精度和允许差。本试验应进行平行试验,允许平行差值符合表7-30的规定。取算术平均值。平行测定的差值不满足要求时,应重新进行试验。

平行试验允许差值

表7-30

土类	最大干密度允许平行差值	最佳含水率允许平行差值
化学改良细粒土	不应超过 0.05g/cm³	$w_{g,dmax}$ < 10% 不应超过 0.5%,
化学改良粗粒土	不应超过 0.08g/cm³	$w_{g,dmax}$ > 10% 不应超过 1.0%

4. 无侧限抗压强度试验

(1)测定仪器。

①分析筛:孔径为 5mm、10mm、15mm。

②试模尺寸(直径×高):细粒土 50mm×50mm、粗粒土 100mm×100mm。

③脱模器。

④液压千斤顶:0.2~1.0MN。

⑤反力框架:400kN 以上。

⑥恒温恒湿或混凝土标准养护室。

⑦水槽:深度应比试件高 50mm。

⑧材料试验机:不大于 200kN。

⑨天平:称量 200g,感量 0.01g。

⑩台称:称量 10kg,感量 1g。

⑪量筒、拌和工具、漏斗、电热干燥箱、称量盒。

微课:改良土的无侧限
抗压强度试验

(2)试样准备。

①按化学改良土试验中一般方法规定条款取具有代表性的风干试料,必要时,可在 50℃ 电热干燥箱内烘干,用木槌或木碾捣碎(不破坏原颗粒粒径),将试料过筛(细粒土应除去大于 5mm 颗粒,粗粒土应除去大于 15mm 颗粒)备用。试料质量:细粒土 1.1~1.3kg,粗粒土 16~ 17kg。试验前一天,按烘干法条款测定风干含水率。

②混合料的最佳含水率和最大干密度应预先按击实试验条款确定。

(3)试件准备。

①同一化学改良土应制备相同状态的试件数量:细粒土不少于 6 个,粗粒土不少于 9 个。 细粒土可以一次称取 6 个试件的试料,粗粒土可以一次称取 3 个试件的试料。

②根据试模尺寸,每个试件所需干试料质量 ϕ50mm×50mm 试件需 180~210g;ϕ100mm× 100mm 试件需 1700~1900g。所需风干试料的质量由式(7-44)计算。

$$m_g = m_{dg}(1 + 0.01w_g) \tag{7-44}$$

式中:m_g——风干化学改良土试料质量,g;

w_g——化学改良土试料的风干含水率,%;

m_{dg}——化学改良土干试料质量,g。

③将称取的风干试料放入方盘,所需加的水量应按式(7-39)计算。试样浸泡水应符合击 实试验条款的规定。

④水泥改良土延迟时间应符合延迟时间试验。在浸泡后的试样中加入所需外掺料,在拌 和过程中将预留的 3% 水加入试样中,使混合料的含水率达到最佳含水率。拌和后应用湿布 覆盖,在延时(H-1)h 内,每 0.5h 用拌和工具充分搅拌,之后在 1h 内完成试件制备全过程。

(4)试件制作。

①静力压实法:利用反力框架和液压千斤顶,或采用压力试验机,将混合试样压入试模。加入混合试样的质量按式(7-45)计算。

$$m_{ag} = \rho_{dg}V(1 + 0.01w_{ag}) \qquad (7-45)$$

式中:m_{ag}——应取浸润混合料数量,g;

$\quad w_{ag}$——浸润混合料的含水率,%;

$\quad \rho_{dg}$——化学改良土试件的干密度,g/cm³;

$\quad V$——试模的容积,cm³。

②将试模内壁和上下压柱底部涂上一薄层润滑油,再将试模的下压柱放入试模的下部,约外露 2cm。将称取预定数量的浸泡混合料分 2~3 次(如制取尺寸直径×高为 50mm ×50mm 的小试件,可以将试样一次倒入试模中)用漏斗灌入试模,每次灌入后都用夯棒轻轻均匀插实。然后将上压柱放入试模,约外露 2cm(上下垫块露出试模外的部分相等)。将整个试模连同上下压柱,放到反力框架内的千斤顶上(或压力试验机),千斤顶下应放一扁球座,施加压力直至上下压柱都压入试模为止,维持 1min。解除压力,用脱模器进行脱模,称取试件质量(ϕ50mm ×50mm 试件精确至 1g,ϕ100mm ×100mm 试件精确至 2g)。用游标卡尺量试件高度,精确至 0.1mm。

③用水泥改良具有黏结性的材料制成的试件可以立即脱模,用水泥改良无黏结性材料制成试件宜过数小时后再脱模。

(5)试件养护。

①试件脱模称量后应立即放入密封的恒温恒湿箱进行养护,养护时试件应采用塑料薄膜包裹。

②养护期视需要而定(宜为 7d、14d、28d 等)。养护期间的温度应控制在(20 ±2)℃ 范围内,相对湿度控制在≥95%。

③养护期的最后一天,将试件取出,观察试件的边角有无磨损和缺块,并将试件再次称量。试件需要浸水时,应将试件放入水[(20 ±2)℃]中浸泡 24h,水面应高出试件顶部 2.5cm。取出试件,用柔软的抹布吸去试件表面的余水,称取试件的质量。养护期间试件质量的损失:ϕ50mm ×50mm 试件不得超过 1g,ϕ100mm ×100mm 试件不得超过 4g。试件质量损失超过规定的应作废。

(6)测定步骤。

①取养护后(或已浸泡 24h)试件用游标卡尺量取试件高度,精确至 0.1mm。

②将试件两顶面用刮刀刮平,必要时可用快凝水泥砂浆抹平试件顶面。

③将试件安装在材料试验机的升降台上进行抗压试验。试件需放置在竖向荷载的中心位置。如采用测力计,测力计中心、球形支座、上压板、试件及下压板(或半球形支座)应处在同一条直线上,避免偏载对试验结果的影响。试验过程中,应使试件的变形等速增加,并保持速率约 1mm/min,记录试件被破坏时的最大压力。

④从破碎试件中取代表性试样,测定其含水率。

(7)计算及记录。

①按式(7-46)计算无侧限抗压强度。

$$R = \frac{P}{A} \tag{7-46}$$

式中：R——无侧限抗压强度，MPa，小于 2.0MPa 计算至 0.01MPa，大于 2.0MPa 计算至 0.1MPa；

　　P——试件破坏时最大荷载，N；

　　A——试件面积，mm^2。

②允许相对标准偏差应符合下列规定：

a. 无侧限抗压强度相对标准偏差按式(4-47)计算。

$$C_v = \left(\frac{S}{\overline{R}}\right) \times 100\% \tag{7-47a}$$

$$\overline{R} = \frac{1}{n}\sum_{i=1}^{n} R \tag{7-47b}$$

$$s = \sqrt{\frac{1}{n}\sum_{i=1}^{n}(R - \overline{R})^2} \tag{7-47c}$$

式中：C_v——相对标准偏差，%；

　　$\overline{R}$——无侧限抗压强度平均值，MPa；

　　s——无侧限抗压强度标准偏差，MPa；

　　n——无侧限抗压强度试验试件个数。

b. 允许相对标准偏差 C_v。ϕ50mm × 50mm 试件不得大于 10%，ϕ100mm × 100mm 试件不得大于 15%。不满足上述要求时，应重新进行试验。

5. 延迟时间试验

(1)测定仪器。

仪器设备应符合无侧限抗压强度试验的规定。

(2)试样准备。

①取样数量及要求应符合无侧限抗压强度试验条款第 3 条的规定。

②混合料根据选定的水泥剂量进行拌和，按击实试验规定分别按延迟时间 2h、3h、4h 完成击实试验，确定最大干密度、最佳含水率。

(3)试件制备。

①混合料按选定的剂量、不同延迟时间干密度(按现场压实系数计算)和最佳含水率的条件拌和，在浸泡后的试样中加入所需外掺料，拌和过程中预留的 3% 水加入试样，使混合料的含水率达到最佳含水率。从水泥掺入的时间开始计算，分别按焖料 2h 再压实、焖料 3h 再压实、焖料 4h 再压实等条件成型标准试件。

②试件制备其他要求应符合无侧限抗压强度试验条款第 4 条的规定。

(4)测定步骤。

①试件养护应符合无侧限抗压强度试验条款第 5 条的规定。

②试验步骤应符合无侧限抗压强度试验条款第 6 条的规定。

③试验结果计算应符合无侧限抗压强度试验条款第 7 条的规定，确定不同延迟时间试件的无侧限抗压强度试验。

(5)计算、绘图及记录。

容许延迟时间确定的方法如下。

①以掺加外掺料拌和不同延迟时间为横坐标,以 7d 无侧限抗压强度为纵坐标,绘制混合料强度代表值的变化曲线(图 7-6)。根据设计及规范要求,得到混合料满足设计强度要求的延迟时间 H。

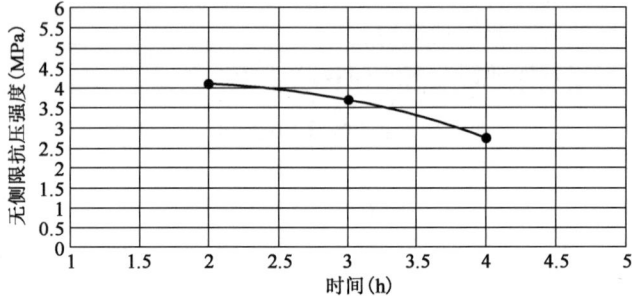

图 7-6　改良土无侧限抗压强度与延迟时间曲线

②混合料容许延迟时间应取水泥初凝时间、混合料延迟时间中较短的时间,同时应结合施工工艺及质量控制的实际需要来确定。

6. 水泥或石灰的剂量试验(EDAT 滴定法)

(1)测定仪器。

①分析筛:孔径 2mm、2.5mm。

②搪瓷杯:容积约 1200mL(10 个)。

③搅拌棍:不锈钢或粗玻棒(10 根)。

④量筒:容量 100mL、50mL、5mL 各一个。

⑤电子天平:称量 200g,感量 1mg;称量 100g,感量 0.1g;称量 500g,感量 0.5g。

⑥容量瓶:1000mL(1 个)。

⑦烧杯:约 2000mL(1 只)、300mL(10 只)。

⑧锥形瓶:容量约 250mL(带橡胶塞)(10 只)。

⑨移液管:容量 10mL(10 支)。

⑩滴定管:酸式 50mL,感量 0.1mL(1 支)。

⑪滴定台及滴定管夹:一套。

⑫秒表、表面皿(10 个)、玛瑙研钵、pH 试纸(pH12～14)、洗瓶、吸水球、乳胶管、毛刷、去污粉、特种铅笔、厘米纸、角(或塑料)勺、聚乙烯桶、聚乙烯试剂瓶。

(2)试剂配制。

①0.1mol/L 乙二胺四乙酸二钠(EDTA 二钠)标准溶液:准确称取乙二胺四乙酸二钠($C_{10}H_{14}N_2O_8Na_2 \cdot 2H_2O$)37.226g 于 1L 容量瓶中,用微热的无二氧化碳蒸馏水溶解,待全部溶解并冷至室温后,定容至 1000mL。

②10% 氯化铵(NH_4Cl)溶液:将 500g 氯化铵(NH_4Cl)放入 10L 洁净、干燥的聚乙烯桶,加蒸馏水 4500mL,充分振荡,使氯化铵完全溶解。

③1.8%氢氧化钠(含三乙醇胺)溶液:称取18g氢氧化钠(NaOH),放入洁净、干燥的1000mL烧杯,加入1000mL蒸馏水使其完全溶解,待溶液冷却至室温后,加入2L三乙醇胺,搅拌均匀后储存于聚乙烯瓶中。

④钙指示剂:称取钙羧酸钠($C_{21}H_{13}N_2NaO_7S$)0.2g,与预先在105℃环境中烘干1h的硫酸钾(K_2SO_4)20g一起放入玛瑙研钵混合均匀,研成极细粉末,储存于棕色广口瓶中,防止吸潮。

(3)标准曲线绘制。

①从现场取具有代表性的石灰或水泥、土或集料,风干后分别过2mm筛或2.5mm筛,分别测定风干含水率,稳定剂如为水泥,含水率为零。

②混合料组成的计算。

a.干混合试料的质量=湿混合料质量/(1+混合料最佳含水率)。

b.干土的质量=干混合料质量/(1+石灰或水泥剂量)。

c.干石灰(或水泥)质量=干混合料质量-干土质量。

d.风干土质量=干土质量×(1+风干土含水率)。

e.风干石灰的质量=干石灰质量×(1+风干石灰含水率)。

f.应加水的质量=湿混合料质量-风干土质量-风干石灰质量。

③按上述计算混合料组成的方法,分别计算水泥或石灰剂量为0%、设计(最佳)剂量±2%、设计(最佳)剂量±4%,配制五种水泥或石灰剂量混合料试样,每种试样取两份进行平行测定,共10个试样。每份混合料试样质量300g,如为粉土、黏性土,每份混合料试样质量为100g。

将每份干混合料试样分别放在搪瓷杯中,分别加入计算确定的应加水质量的水,使混合料的含水率等于现场预期达到的最佳含水率。土中所加的水应与现场所用的水相同。

④取一个盛有水泥或石灰混合料的搪瓷杯,向搪瓷杯加入两倍速湿混合料质量体积的10%氯化铵(NH_4Cl)溶液(湿混合料质量为300g时,加入10%氯化铵溶液600mL;湿混合料质量100g时,加入10%氯化铵溶液200mL),用搅拌棒以110~120次/min的速度搅拌3min。放置10min,若不澄清应继续放置,直至出现澄清悬液,记录所需时间,所有该种水泥或石灰混合料的试验均应控制相同时间。将上部清液移至300mL烧杯中,盖上表面皿待测。

⑤用移液管吸取上部清液10mL,放入约250mL锥形瓶中,加入1.8%NaOH(含三乙醇胺)溶液50mL(此时溶液可用pH试纸检验,pH值为12.5~13.0),再加入钙指示剂少许,摇匀,此时溶液呈玫瑰红色。用EDTA二钠标准溶液滴定至溶液由玫瑰红色转变为天蓝色,记下EDTA二钠标准溶液的消耗量,精确至0.1mL。滴定过程中应边滴定边摇动,仔细观察溶液颜色的变化,当滴定至溶液变为紫色时,应放慢滴定速度,直至溶液变为纯蓝色。

⑥其他各搪瓷杯中的试样均按本步骤④、⑤同样的方法进行试验,并记录各自的EDTA二钠标准溶液的用量。

⑦以同一水泥或石灰剂量两份混合料试样的EDTA二钠标准溶液消耗量的平均值为纵坐标、以水泥或石灰剂量(%)为横坐标绘制标准曲线(图7-7)。

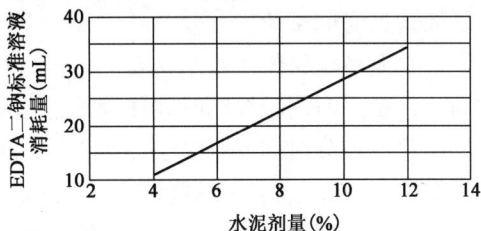

图7-7　标准曲线

⑧如土、水泥或石灰发生改变,应重新进行试验,重新绘制标准曲线。

⑨其他掺合料改良土标准曲线绘制参照本条内容执行。

(4)测定步骤。

将从现场称取的具有代表性的湿混合料试样300g放入搪瓷杯,用搅拌将结块搅散,其余步骤按本试验步骤④、⑤规定操作,测得EDTA二钠标准溶液消耗量。

(5)记录及计算。

①本试验应进行两次平行测定,取算术平均值,精确至0.1L。用标准曲线(图7-7),根据该试样测得EDTA二钠标准溶液消耗量,确定其相对应的混合料中水泥或石灰剂量,精确至0.1%。

②精度和允许差。

本试验应进行两次平行测定,平行测定允许的重复性误差不得大于均值5%,取算术平均值。允许误差不满足要求时,应重新进行试验。

(6)注意事项。

本试验主要参考《铁路工程土工试验规程》(TB 10102—2023),并参照《公路土工试验规程》(JTG 3430—2020)、《公路路面基层施工技术细则》(JTG/T F20—2015)。

①一般规定。

取样的目的是使所采集的样品能代表原材料总体的平均状况,因此,从料堆的不同部位、深度分别随机采取部分样品,然后混合成一个样品。

②击实试验。

a.为了适应路桥专业的击实仪器,依据《公路土工试验规程》(JTG 3430—2020)修改用土量。

b.在浸润后的试样中加入所需外掺料,拌和料应用湿布覆盖,在延时$(H-1)$h内,每0.5h用拌和工具充分搅拌。然后延时$(H-1)$h后在1h内完成击实试验。

③无侧限抗压强度试验。

a.在拌和过程中预留的3%水(细粒土)。

b.每0.5h用拌和工具充分搅拌,然后延时$(H-1)$h后1h内完成试件制备全过程。

c.施加压力直至上下压柱都压入试模,特别注意两端的压柱是否均匀进入。如果发现压柱的一侧已进入试模筒并已与试模筒顶齐平,另一侧未完全进入试模筒,先解除压力,旋转试模筒,然后加压,直到压柱完全进入试模筒,需维持1min后,解除压力。

d.试验过程中,应使试件的变形等速增加,并保持速率约1mm/min。

e.试件的质量损失是指水分的减小,不包括各种条件从试件上掉下的混合料。

④延迟时间试验。

a.水泥稳定材料或水泥粉煤灰稳定材料,宜在2h之内完成碾压成型,取混合料的初凝时间与容许延迟时间较短的时间作为施工控制时间。

b.水泥初凝时间要求大于等于3h,实际水泥一般采用缓凝型水泥,其初凝时间在5~6h。

⑤水泥或石灰的剂量试验(EDAT滴定法)。

a.EDAT滴定法的指示终点。本试验采用钙指示剂,滴定的终点是溶液由红色转变为蓝色,较好辨认;而采用紫脲酸铵指示剂,滴定的终点是溶液由红色转变为紫色,不好辨认。

b. 在待测液中加 1.8% NaOH 与三乙醇胺混合溶液的目的是调节溶液的 pH 值在 11 ~ 12.5 范围内,以满足钙离子的络合条件。

c. 三乙醇胺与 Fe 离子、Al 离子等生成稳定络合物可起到掩蔽作用,消除对滴定终点的干扰。

改良土无侧限抗压强度记录表见表 7-31。

改良土无侧限抗压强度记录表 表 7-31

试验单位:					合同号:					
试样名称:					试验规程:					
试样来源:					试验日期:					
试验人:					审核人:					

制件日期 ____/____ 浸水日期 ____/____ 最大干密度(g/cm³) __2.10__
成型含水率(%) __10.0__ 结合料类型及剂量(%)5(水泥) 试件直径 D(mm) __50__

试件编号	试件成型后养护前		养护后质量(g)	养护前后质量差(g)	试件浸水后			无侧限抗性压强度		
	质量(g)	高度(mm)			质量(g)	高度(mm)	吸水量(g)	应力环读数(10⁻²mm)	破坏荷载 P(kN)	强度值 R_c(MPa)
(1)	(2)	(3)	(4)	(5)	(6)	(7)	(8)	(9)	(10)	(11)
1	206.2	50.8	205.9	0.3	213.0	51.2	7.9	—	5.35	2.7
2	204.8	51.6	204.7	0.1	213.7	52.3	9.0	—	5.30	2.7
3	203.4	51.3	203.0	0.4	211.7	52.0	8.7	—	5.31	2.7
4	204.8	50.6	204.5	0.3	212.0	51.1	7.5	—	4.80	2.4
5	207.9	52.1	207.7	0.2	217.9	52.6	10.2	—	4.84	2.4
6	205.4	51.4	204.7	0.7	214.4	51.6	9.7	—	5.52	2.8
强度平均值 $\bar{R}_c$(MPa)	2.6				应力环读数(10⁻²mm)			—		
标准差 s(MPa)	0.17				变异系数 C_v(%)			6.5		
设计强度值 R_a(MPa)	—				试件数量 n			6		
强度代表值 R_c(MPa)	2.3				保证率系数 Z_a			1.645		

结论:

负责人:　　　　　　　　　　日期:

交流与讨论

表 7-31"(5)"列"养护前后质量差"="(2)"列"试件成型后养生前质量"−"(4)"列"养护后质量",如 206.2 − 205.9 = 0.3,"(8)"列"试件浸水后吸水量"="试件浸水后质量"−

"养生后质量",如 $213.0 - 205.9 = 7.1$,"(11)"列"强度值"="破坏荷载"÷"试件面积",如 $\dfrac{5.35}{\pi(50/2)^2} \times 10^{-3} = 2.7$,强度代表值为 95% 保证率值 $R_{c0.95}$($R_{0.95} = \overline{R_i} - 1.645s$)= $2.6 - 1.645 \times 0.17 = 2.3$

课后思考题

[7-1] 为什么对于含有黏性土粒的砂砾土进行颗粒分析要采用水洗法而不采用干筛法?

[7-2] 击实试验的目是确定土的什么特性? 如果现场压实时填土的含水率显著偏离最佳含水率(过干或过湿),会对压实效果产生什么不利影响?

课后练习题

完成土工试验实训项目操作训练、填写实训报告、数据处理及结果分析。

附　　录

附录 I -1　《土的工程分类标准(附条文说明)》(GB/T 50145—2007)分类法(节选)

1　总则

1.0.1　为统一土的工程分类,便于对土的性状作定性评价,制定本标准。

1.0.2　本标准适用于土的基本分类。各行业在遵守本标准的基础上可根据需要编制专门分类标准。

1.0.3　土的分类指标试验除符合本标准的规定外,尚应符合国家现行有关标准的规定。

2　术语、符号和代号(节选)

2.3.1　基本代号

B——漂石;　C——黏土;　Cb——卵石;　F——细粒土;　G——砾;
H——高液限;　L——低液限;　M——粉土;　O——有机质土;　P——级配不良;
S——砂;　SI——混合土;　W——级配良好。

2.3.2　土的工程分类代号

BSI——混合土漂石;　CbSI——混合土卵石;　CH——高液限黏土;
CHG——含砾高液限黏土;　CHO——有机质高液限黏土;　CHS——含砂高液限黏土;
CL——低液限黏土;　CLG——含砾低液限黏土;　CLO——有机质低液限黏土;
CLS——含砂低液限黏土;　GC——黏性土质砾;　GF——含细粒土砾;
GM——粉土质砾;　GP——级配不良砾;　GW——级配良好砾;
MH——高液限粉土;　MHG——含砾高液限粉土;　MHO——有机质高液限粉土;
MHS——含砂高液限粉土;　ML——低液限粉土;　MLG——含砾低液限粉土;
MLO——有机质低液限粉土;MLS——含砾低液限粉土;　SC——黏土质砂;
SF——含细粒土砂;　SIB——漂石混合土;　SICb——卵石混合土;
SM——粉土质砂;　SP——级配不良砂;　SW——级配良好砂。

3　基本规定

3.0.1　土的分类应根据下列指标确定:

1.土颗粒组成及其特征。

2.土的塑性指标:液限 w_L、塑限 w_P 和塑性指数 I_P。

3. 土中有机质含量。

3.0.2　土的粒组应根据表3.0.2规定的土颗粒粒径范围划分。

表3.0.2

粒组划分

粒组	颗粒名称		粒径 d 的范围（mm）
巨粒	漂石（块石）		$d > 200$
	卵石（碎石）		$60 < d \leqslant 200$
粗粒	砾粒	粗砾	$20 < d \leqslant 60$
		中砾	$5 < d \leqslant 20$
		细砾	$2 < d \leqslant 5$
	砂粒	粗砂	$0.5 < d \leqslant 2$
		中砂	$0.25 < d \leqslant 0.5$
		细砂	$0.075 < d \leqslant 0.25$
细粒	粉粒		$0.005 < d \leqslant 0.075$
	黏粒		$d \leqslant 0.005$

3.0.3　土颗粒级配特征应根据土的不均匀系数 C_u 和曲率系数 C_c 确定，并应符合下列规定：

1. 不均匀系数，应按下式计算：

$$C_u = \frac{d_{60}}{d_{10}} \qquad (3.0.3\text{-}1)$$

2. 曲率系数，应按下式计算：

$$C_c = \frac{d_{30}^2}{d_{60} \times d_{10}} \qquad (3.0.3\text{-}2)$$

式中：d_{10}——土的粒径分布曲线上的某粒径，小于该粒径的土粒质量为总土粒质量的10%；

　　　d_{30}——土的粒径分布曲线上的某粒径，小于该粒径的土粒质量为总土粒质量的30%；

　　　d_{60}——土的粒径分布曲线上的某粒径，小于该粒径的土粒质量为总土粒质量的60%。

3.0.4　土按其不同粒组的相对含量可划分为巨粒类土、粗粒类土和细粒类土，并应符合下列规定：

1. 巨粒类土应按粒组划分。

2. 粗粒类土应按粒组、级配、细粒土含量划分。

3. 细粒类土应按塑性图、所含粗粒类别以及有机质含量划分。

3.0.5　细粒土应根据塑性图分类（图3.0.5）。

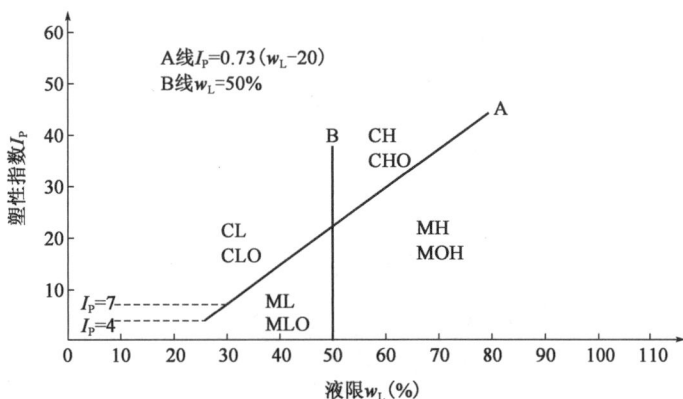

图 3.0.5　塑性图

注:1. 图中横坐标为土的液限 w_L,纵坐标为塑性指数 I_P;

2. 图中的液限 w_L 为用碟式仪测定的液限含水率或用质量76g、锥角为30°的液限仪锥尖入土深度17mm对应的含水率;

3. 图中虚线之间区域为黏土粉土过渡区。

4　土的分类

4.0.1　巨粒土的分类应符合表4.0.1的规定。

巨粒土的分类　　　　　表4.0.1

土类	粒组含量		土类代号	土类名称
巨粒土	巨粒含量 >75%	漂石含量大于卵石含量	B	漂石(块石)
		漂石含量不大于卵石含量	Cb	卵石(碎石)
混合巨粒土	5% <巨粒含量≤75%	漂石含量大于卵石含量	BSI	混合土漂石(块石)
		漂石含量不大于卵石含量	CbSI	混合土卵石(碎石)
巨粒土混合	15% <巨粒含量≤50%	漂石含量大于卵石含量	SIB	漂石(块石)混合土
		漂石含量不大于卵石含量	SICb	卵石(碎石)混合土

注:巨粒混合土可根据所含粗粒或细粒的含量进行细分。

4.0.2　试样中巨粒组含量不大于15%时,可扣除巨粒,按粗粒类土或细粒类土的相应规定分类;当巨粒对土的总体性状有影响时,可将巨粒计入砾粒组进行分类。

4.0.3　试样中粗粒组含量大于50%的土称为粗粒类土,其分类应符合下列规定:

1. 砾粒组含量大于砂粒组含量的土称砾类土。

2. 砾粒组含量不大于砂粒组含量的土称砂类土。

4.0.4　砾类土的分类应符合表4.0.4的规定。

砾类土的分类　　　　　表4.0.4

土类	粒组含量		土类代号	土类名称
砾	细粒含量 <5%	级配 C_u≥5 C_c =1~3	GW	级配良好砾
		级配:不同时满足上述要求	GP	级配不良砾

续上表

土类	粒组含量		土类代号	土类名称
含细粒土砾	5%≤细粒含量<15%		GF	含细粒土砂
细粒土质砾	15%≤细粒含量<50%	细粒组中粉粒含量不大于50%	GC	黏土质砾
		细粒组中粉粒含量大于50%	GM	粉土质砾

4.0.5 砂类土的分类应符合表4.0.5的规定。

砂类土的分类 表4.0.5

土类	粒组含量		土类代号	土类名称
砂	细粒含量<5%	级配 C_u≥5 C_c=1~3	SW	级配良好砂
		级配:不同时满足上述要求	SP	级配不良砂
含细粒土砂	5%≤细粒含量<15%		SF	含细粒土砂
细粒土质砂	15%≤细粒含量<50%	细粒组中粉粒含量不大于50%	SC	黏土质砂
		细粒组中粉粒含量大于50%	SM	粉土质砂

4.0.6 试样中细粒组含量不小于50%的土称为细粒类土。

4.0.7 细粒土应按下列规定划分:

1. 粗粒组含量不大于25%的土称细粒土。

2. 粗粒组含量大于25%且不大于50%的土称含粗粒的细粒土。

3. 有机质含量小于10%且不小于5%的土称有机质土。

4.0.8 细粒土的分类应符合表4.0.8的规定。

细粒土的分类 表4.0.8

土的塑性指数在塑性图的位置		土类代号	土类名称
塑性指数 I_P	液限 w_L		
$I_P≥0.73(w_L-20)$ 和 $I_P≥7$	$w_L≥50\%$	CH	高液限黏土
	$w_L<50\%$	CL	低液限黏土
$I_P<0.73(w_L-20)$ 和 $I_P<4$	$w_L≥50\%$	MH	高液限粉土
	$w_L<50\%$	ML	低液限粉土

注:黏土~粉土过渡区(CL-ML)的土可按相邻土层的类别细分。

4.0.9 含粗粒的细粒土应根据所含细粒土的塑性指标在塑性图中的位置及所含粗粒类别,按下列规定划分:

1. 粗粒中砾粒含量大于砂粒含量,称含砾细粒土,应在细粒土代号后加代号 G。

2. 粗粒中砾粒含量不大于砂粒含量,称含砂细粒土,应在细粒土代号后加代号 S。

4.0.10 有机质土应按表4.0.8划分,在各相应土类代号之后应加代号 O。

4.0.11 土的含量或指标等于界限值时,可根据使用目的按偏于安全的原则分类。

5 土的简易鉴别、分类和描述(节选)

5.1 简易鉴别方法

5.1.1 目测法鉴别:将研散的风干试样摊成一薄层,估计土中巨、粗、细粒组所占的比例确定土的分类。

5.1.2　干强度试验:将一小块土捏成土团,风干后用手指捏碎、掰断及捻碎,并应根据用力的大小进行下列区分:

1.很难或用力才能捏碎或掰断为干强度高。

2.稍用力即可捏碎或掰断为干强度中等。

3.易于捏碎或捻成粉末者为干强度低。

注:当土中含碳酸盐,氧化铁等成分时会使土的强度增大,其余强度宜再将湿土做手捻试验,予以校核。

5.1.3　手捻试验:将稍湿或硬塑的小土块在手中捻捏,然后用拇指和食指将土捏成片状,并应根据手感和土片光滑度进行下列区分:

1.手感滑腻,无砂,捻面光滑为塑性高。

2.稍有滑腻,有砂粒,捻面稍有光滑者为塑性中等。

3.稍有黏性,砂感强,捻面粗糙为塑性低。

5.1.4　搓条试验:将含水率略大于缩限的湿土块在手中揉捏均匀,再在手掌上搓成土条,并应根据土条不断裂而能达到的最小直径进行下列区分:

1.能搓成直径小于1mm土条为塑性高。

2.能搓成直径为1~3mm土条为塑性中等。

3.能搓成直径大于3mm土条为塑性低。

5.1.5　韧性试验:将含水率略大于缩限的土块在手中揉捏均匀,并在手掌中搓成直径为3mm的土条,并应根据再揉成土团和搓条的可能性进行下列区分:

1.能揉成土团,再搓成条,揉而不碎者为韧性高。

2.可再揉成团,捏而不易碎者为韧性中等。

3.勉强或不能再揉成团,稍捏或不捏即碎者为韧性低。

5.1.6　摇震反应试验:将软塑或流动的小土块捏成土球,放在手掌上反复摇晃,并以另一手掌击此手掌。土中自由水将渗出,球面呈现光泽;用两根手指捏土球,放松后水又被吸入,光泽消失。并应根据渗水和吸水反应快慢,进行下列区分:

1.立即渗水及吸水者为反应快。

2.渗水和吸水中等者为反应中等。

3.渗水和吸水慢者为反应慢。

4.不渗水、不吸水者为无反应。

附录 I -2　《岩土工程勘察规范》(GB 50021—2001)(2009 年版)土的分类法(节选)

3.3　土的分类和鉴定

3.3.1　晚更新世 Q_3 及其以前沉积的土,应定为老沉积土;第四纪全新世中近期沉积的土,应定为新近沉积土。根据地质成因,可划分为残积土、坡积土、洪积土、冲积土、淤积土、冰积土和风积土等。土根据有机质含量分类,应按本规范附录 A 表 A.0.5 执行。

3.3.2　粒径大于 2mm 的颗粒质量超过总质量 50% 的土,应定名为碎石土,并按表 3.3.2 进一步分类。

碎石土分类　　　　　　　　　　　表 3.3.2

土的名称	颗粒形状	颗粒级配
漂石	圆形、亚圆形为主	粒径大于 200mm 的颗粒质量超过总质量 50%
块石	棱角形为主	
卵石	圆形、亚圆形为主	粒径大于 20mm 的颗粒质量超过总质量 50%
碎石	棱角形为主	
圆砾	圆形、亚圆形为主	粒径大于 2mm 的颗粒质量超过总质量 50%
角砾	棱角形为主	

注:定名时,应根据颗粒级配由大到小以最先符合者确定。

3.3.3　粒径大于 2mm 的颗粒质量不超过总质量 50% ,粒径大于 0.075mm 的颗粒质量超过总质量 50% 的土,应定名为砂土,并按表 3.3.3 进一步分类。

砂土分类　　　　　　　　　　　表 3.3.3

土的名称	粒组含量
砾砂	粒径大于 2mm 的颗粒质量占总质量 25% ~50%
粗砂	粒径大于 0.5mm 的颗粒质量超过总质量 50%
中砂	粒径大于 0.25mm 的颗粒质量超过总质量 50%
细砂	粒径大于 0.075mm 的颗粒质量超过总质量 85%
粉砂	粒径大于 0.075mm 的颗粒质量超过总质量 50%

注:定名时应根据颗粒级配由大到小以最先符合者确定。

3.3.4　粒径大于 0.075mm 的颗粒质量不超过总质量 50% 的土,且塑性指数等于或小于 10 的土,应定名为粉土。

3.3.5　塑性指数大于 10 的土应定名为黏性土。

黏性土应根据塑性指数分为粉质黏土和黏土。塑性指数大于 10,且小于或等于 17 的应定名为粉质黏土;塑性指数大于 17 的土应定名为黏土。

注:塑性指数应由相应于 76g 圆锥仪沉入土中深度为 10mm 时测定的液限计算而得。

3.3.6　除按颗粒级配或塑性指数定名外,土的综合定名应符合下列规定:

1. 对特殊成因和年代的土类应结合其成因和年代特征定名;

2. 对特殊性土,应结合颗粒级配或塑性指数定名;

3. 对混合土,应冠以主要含有的土类定名;

4. 对同一土层中相间呈韵律沉积,当薄层与厚层的厚度比大于 1/3 时,宜定为"互层";厚度比为 1/10 ~ 1/3 时,宜定为"夹层";厚度比小于 1/10 的土层,且多次出现时,宜定为"夹薄层";

5. 当土层厚度大于 0.5m 时,宜单独分层。

3.3.7　土的鉴定应在现场描述的基础上,结合室内试验的开土记录和试验结果综合确定土的描述应符合下列规定:

1. 碎石土宜描述颗粒级配、颗粒形状、颗粒排列、母岩成分、风化程度、充填物的性质和充填程度、密实度等;

2. 砂土宜描述颜色、矿物组成、颗粒级配、颗粒形状、细粒含量、湿度、密实度等；

3. 粉土宜描述颜色、包含物、湿度、密实度等；

4. 黏性土宜描述颜色、状态、包含物、土的结构等；

5. 特殊性土除应描述上述相应土类规定的内容外，尚应描述其特殊成分和特殊性质；如对淤泥尚应描述嗅味，对填土尚应描述物质成分、堆积年代、密实度和均匀性等；

6. 对具有互层、夹层、夹薄层特征的土，尚应描述各层的厚度和层理特征；

7. 需要时，可用目力鉴别描述土的光泽反应、摇振反应、干强度和韧性，按表 3.3.7 区分粉土和黏性土。

目力鉴别粉土和黏性土　　　　　　　　表 3.3.7

鉴别项目	摇振反应	光泽反应	干强度	韧性
粉土	迅速、中等	无光泽反应	低	低
黏性土	无	有光泽、稍有光泽	高、中等	高、中等

3.3.8　碎石土的密实度可用圆锤动力触探锤击数按表 3.3.8-1 或表 3.3.8-2 确定，表中 $N_{63.5}$ 和 N_{120} 应按本规范附录 B 修正。定性描述可按本规范附录 A 表 A.0.6 的规定执行。

碎石土密实度按 $N_{63.5}$ 分类　　　　　　　表 3.3.8-1

重型动力触探锤击数 $N_{63.5}$	$N_{63.5} \leqslant 5$	$5 < N_{63.5} \leqslant 10$	$10 < N_{63.5} \leqslant 20$	$N_{63.5} > 20$
密实度	松散	稍密	中密	密实

注：本表适于平均粒径等于或小于 50mm，且最大粒径小于 100mm 的碎石土。对于平均粒径大于 50mm，或最大粒径大于等于 100mm 的碎石土，可用超重型动力触探击数或野外观察鉴别。

碎石土密实度按 N_{120} 分类　　　　　　　表 3.3.8-2

超重型动力触探击数 N_{120}	$N_{120} \leqslant 3$	$3 < N_{120} \leqslant 6$	$6 < N_{120} \leqslant 11$	$11 < N_{120} \leqslant 14$	$N_{120} > 14$
密实度	松散	稍密	中密	密实	很密

3.3.9　砂土的密实度应根据标准贯入击数试验实测值 N 值按表 3.3.9 划分为密实、中密、稍密、松散，并应符合表 3.3.9 的规定。当用静力触探探头阻力划分砂土密度时，可根据当地经验确定。

砂土密实度分类　　　　　　　　　　表 3.3.9

标准贯入击数 N	$N \leqslant 10$	$10 < N \leqslant 15$	$15 < N \leqslant 30$	$N > 30$
密实度	松散	稍密	中密	密实

3.3.10　粉土的密实度应根据孔隙比 e 划分为密实、中密、稍密；其湿度应根据天然含水率 $w(\%)$ 划分为稍湿、湿、很湿。密实度和湿度的划分应分别符合表 3.3.10-1 和表 3.3.10-2 的规定。

粉土密实度分类　　　　　　　　　　表 3.3.10-1

孔隙比 e	$e < 0.75$	$0.75 \leqslant e \leqslant 0.9$	$e > 0.9$
密实度	密实	中密	稍密

注：当有经验时，也可用原位测试或其他方法划分粉土的密实度。

粉土湿度分类　　　　　　　　　　　　　　表 3.3.10-2

天然含水率 $w(\%)$	$w < 20$	$20 \leqslant w \leqslant 30$	$w > 30$
湿度	稍湿	湿	很湿

3.3.11　黏性土的软硬状态可根据液性指数 I_L 按表 3.3.11 划分为坚硬、硬塑、可塑、软塑、流塑,并应符合表 3.3.11 的规定。

黏性土的状态分类　　　　　　　　　　　　　　表 3.3.11

液性指数 I_L	$I_L \leqslant 0$	$0 < I_L \leqslant 0.25$	$0.25 < I_L \leqslant 0.75$	$0.75 < I_L \leqslant 1$	$I_L > 1$
状态	坚硬	硬塑	可塑	软塑	流塑

附录 I -3 《公路桥涵地基与基础设计规范》(JTG 3363—2019) 地基岩土分类(节选)

3.1　地基岩土分类

4.1.8　碎石为粒径大于 2mm 的颗粒含量超过总质量 50% 的土。碎石上可按表 4.1.8 分为漂石、块石、卵石、碎石、圆粒和角砾 6 类。

碎石土的分类　　　　　　　　　　　　　　表 4.1.8

土的名称	颗粒形状	粒组含量
漂石	圆形、亚圆形为主	粒径大于 200mm 的颗粒含量超过总质量 50%
块石	棱角形为主	
卵石	圆形、亚圆形为主	粒径大于 20mm 的颗粒含量超过总质量 50%
碎石	棱角形为主	
圆砾	圆形、亚圆形为主	粒径大于 2mm 的颗粒含量超过总质量 50%
角砾	棱角形为主	

注:碎石土分类时应根据粒组含量从大到小以最先符合者确定。

4.1.9　碎石土的密实度可根据重型动力触探锤击数 $N_{63.5}$ 按表 4.1.9 分为松散、稍密、中密、密实 4 级。当缺乏有关试验数据时,碎石土平均粒径大于 50mm 或最大粒径大于 100mm 时,按本规范附录 A0.2 鉴别其密实度。

碎石土密实度　　　　　　　　　　　　　　表 4.1.9

锤击数 $N_{63.5}$	$N_{63.5} \leqslant 5$	$5 < N_{63.5} \leqslant 10$	$10 < N_{63.5} \leqslant 20$	$N_{63.5} > 20$
密实度	松散	稍密	中密	密实

注:1. 本表适于平均粒径等于或小于 50mm 且最大粒径不超过 100mm 的卵石、碎石、圆砾、角砾;
　　2. 表内 $N_{63.5}$ 为经修改后锤击的平均值。

4.1.10　砂土应为粒径大于 2mm 的颗粒含量不超过总质量 50% 且粒径大于 0.075mm 的颗粒超过总质量 50% 的土,砂土可按表 4.1.10 分为砾砂、粗砂、中砂、细砂、粉砂 5 类。

砂土分类 表 4.1.10

土的名称	粒组含量
砾砂	粒径大于 2mm 的颗粒含量占总质量 25% ~ 50%
粗砂	粒径大于 0.5mm 的颗粒含量超过总质量 50%
中砂	粒径大于 0.25mm 的颗粒含量超过总质量 50%
细砂	粒径大于 0.075mm 的颗粒含量超过总质量 85%
粉砂	粒径大于 0.075mm 的颗粒含量超过总质量 50%

注:碎土分类时应根据粒组含量从大到小以最先符合者确定。

4.1.11 砂土的密实度可根据标准贯入锤击数按表 4.1.11 分为松散、稍密、中密、密实 4 级。

砂土的密实度分类 表 4.1.11

标准贯入锤击数 N	$N \leqslant 10$	$10 < N \leqslant 15$	$15 < N \leqslant 30$	$30 < N \leqslant 50$	$N > 50$
密实度	松散	稍密	中密	密实	极密实

4.1.12 粉土为 $I_P \leqslant 10$ 且粒径大于 0.075mm 的颗粒含量占总质量不超过 50% 的土。粉土的密实度和湿度应分别按表 4.1.12-1 和 4.1.12-2 进行分类。

粉土密实度分类 表 4.1.12-1

孔隙比 e	$e < 0.75$	$0.75 \leqslant e \leqslant 0.9$	$e > 0.9$
密实度	密实	中密	稍密

粉土湿度分类 表 4.1.12-2

天然含水率 $w(\%)$	$w < 20$	$20 \leqslant w \leqslant 30$	$w > 30$
湿度	稍湿	湿	很湿

4.1.13 黏性土 $I_P > 10$ 且粒径大于 0.075mm 的颗粒含量不超过占总质量 50% 的土。黏性土根据塑性指数按表 4.1.13 分为黏土和粉质黏土。

黏性土的分类 表 4.1.13

塑性指数 I_P	$I_P > 17$	$10 < I_P \leqslant 17$
土的名称	黏土	粉质黏土

注:缩限和缩限分别按 76g 锥试验确定。

4.1.14 黏性土的软硬状态可根据液性指数按表 4.1.14 分为坚硬、硬塑、可塑、软塑、流塑 5 种状态。

黏性土的状态 表 4.1.14

液性指数 I_L	$I_L \leqslant 0$	$0 < I_L \leqslant 0.25$	$0.25 < I_L \leqslant 0.75$	$0.75 < I_L \leqslant 1$	$I_L > 1$
状态	坚硬	硬塑	可塑	软塑	流塑

4.1.15 黏性土可根据沉积年代按表 4.1.15 分为老黏性土、一般黏性土和新近沉积黏性土。

黏性土的沉积年代分类   表 4.1.15

沉积年代	土的分类
第四纪晚更新世(Q₃)及以前	老黏性土
第四纪全新世(Q₄)	一般黏性土
第四纪全新世(Q₄)以后	新近沉积黏性土

4.1.16　黏性土的压缩性可根据压缩系数值 a_{1-2} 按表 4.1.16 进行分类。

黏性土的压缩性分类   表 4.1.16

压缩系数值 a_{1-2}(MPa^{-1})	土的分类
$a_{1-2} < 0.1$	低压缩性土
$0.1 \leqslant a_{1-2} < 0.5$	中压缩性土
$a_{1-2} \geqslant 0.5$	高压缩性土

4.1.17　具有一些特殊成分、结构和性质的区域性地基土应定为特殊性土,如软土、膨胀土湿陷性土、红黏土、冻土、盐渍土和填土等。

4.1.18　对滨海、湖沼、谷地、河滩等处天然含水率高、天然孔隙比大、抗剪强度低且符合表 4.1.18 的规定的细粒土应定为软土,如淤泥、淤泥质土、泥炭、泥炭质土等。

软土地基鉴别指标   表 4.1.18

指标名称	天然含水率 w(%)	天然孔隙比 e	直剪内摩擦角 φ(°)	十字板剪切强度 C_u(MPa)	压缩系数 a_{1-2}(MPa^{-1})
指标值	≥35 或液限	≥1.0	宜小于 5	<35kPa	宜大于 0.5

4.1.19　在静水或缓慢的流水环境中沉积,并经生物化学作用形成,其天然含水率大于液限、天然孔隙比大于或等于 1.5 的黏性土应定为淤泥。当天然含水率大于液限而天然孔隙比小于 1.5 但大于或等于 1.0 的黏性土或粉土可定为淤泥质土。

4.1.20　土中黏粒成分主要由亲水性矿物组成,同时具有显著的吸水膨胀和失水收缩特性,其自由膨胀率大于或等于 40% 的黏性土应定为膨胀土。

4.1.21　浸水后产生附加沉降且湿陷系数大于或等于 0.015 的土应定为湿陷性土。

4.1.22　碳酸盐岩系的岩石经红土化作用形成的液限大于 50 的高塑性黏土应定为红黏土。红黏土经再搬运后仍保留其基本特征且其液限大于 45 的土应定为次生红黏土。

4.1.23　土中易溶盐含量大于 0.3%,并具有溶陷、盐胀、腐蚀等工程特性的土应定为盐渍土。

4.1.24　填土根据其组成和成因,可分为素填土、压实填土、杂填土、冲填土。

素填土为由碎石土、砂土、粉土、黏性土等组成的填土;经过压实或夯实的素填土为压实填土;杂填土为含有建筑垃圾、工业废料、生活垃圾等杂物的填土;冲填土为由水力冲填泥砂形成的填土。

附录 I-4 《铁路工程岩土分类标准》（TB10077—2019） 土的分类法（节选）

4 土的分类

4.1 一般规定

4.1.1 土按照堆积时代、地质成因、土颗粒的形状、级配或塑性指数等进行如下分类。

1 按照堆积时代可划分为老堆积土（Q_3 及其以前堆积的土层）、一般堆积土（Q_4^1 堆积的土层）、新近堆积土（Q_4^2 堆积的土层）。

2 按照地质成因可划分为残积土、坡积土、崩积土、洪积土、冲积土、海积土、湖积土、冰碛土、冰积土和风积土等。

3 按照土颗粒的形状、级配或塑性指数可划分为碎石类土、砂类土、粉土和黏性土。

4.1.2 呈韵律沉积的土层，薄层与厚层厚度之比为 1/10~1/3 时，宜定名为夹层，厚层的土名写在前面；当厚度之比大于 1/3 时宜定名为互层；当厚度之比小于 1/10，宜定名为夹薄层。

4.1.3 由坡积、洪积、冰水沉积等成因形成的颗粒级配不连续，粗细颗粒混杂的土，应定名为混合土，在土名前冠以主要含有物的名称。当主要含有物的质量占总质量的 5%~25% 时应定名为微含，大于或等于 25% 时应定名为含。

4.2 一般土的分类

4.2.1 土的颗粒分组应符合表 4.2.1 的规定。

土的颗粒分组   表 4.2.1

颗粒名称		粒径 d(mm)
漂石（浑圆、圆棱）或块石（尖棱）	大	$d>800$
	中	$400<d\leqslant800$
	小	$200<d\leqslant400$
卵石（浑圆、圆棱）或碎石（尖棱）	大	$100<d\leqslant200$
	小	$60<d\leqslant100$
粗圆砾（浑圆、圆棱）或粗角砾（尖棱）	大	$40<d\leqslant60$
	小	$20<d\leqslant40$
细圆砾（浑圆、圆棱）或细角砾（尖棱）	大	$10<d\leqslant20$
	中	$5<d\leqslant10$
	小	$2<d\leqslant5$
砂粒	粗	$0.5<d\leqslant2$
	中	$0.25<d\leqslant0.5$
	细	$0.075<d\leqslant0.25$

续上表

颗粒名称	粒径 d (mm)
粉粒	$0.005 \leqslant d \leqslant 0.075$
黏粒	$d < 0.005$

4.2.2　碎石类土的划分应符合下列规定:

1　按照土颗粒形状和级配的划分,应符合表4.2.2-1的规定。

碎石类土的划分　　　　　　　　　　　　　　　　　　表4.2.2-1

土的名称	颗粒形状	土的颗粒级配
漂石土	浑圆或圆棱状为主	粒径大于200mm的颗粒的质量超过总质量的50%
块石土	尖棱状为主	
卵石土	浑圆或圆棱状为主	粒径大于60mm的颗粒的质量超过总质量的50%
碎石土	尖棱状为主	
粗圆砾土	浑圆或圆棱状为主	粒径大于20mm的颗粒的质量超过总质量的50%
粗角砾土	尖棱状为主	
细圆砾土	浑圆或圆棱状为主	粒径大于2mm的颗粒的质量超过总质量的50%
细角砾土	尖棱状为主	

注:定名时应根据粒径分组,由大到小,以最先符合者确定。

2　密实程度定性描述可根据结构特征、地貌、天然坡形态、开挖及钻探情况,按表4.2.2-2确定。

碎石类土密实程度的划分　　　　　　　　　　　　　表4.2.2-2

密实程度	结构特征	天然坡和开挖情况	钻探情况
密实	骨架颗粒交错紧贴连续接触,孔隙填满、密实	天然陡坡稳定,坎下堆积物较少。镐挖掘困难,用撬棍方能松动,坑壁稳定。从坑壁取出大颗粒处,能保持凹面形状	钻进困难。钻探时,钻具跳动剧烈,孔壁较稳定
中密	骨架颗粒排列疏密不匀,部分颗粒不接触,孔隙填满,但不密实	天然坡不易陡立或陡坎下堆积物较多。天然坡大于粗颗粒的安息角。镐可挖掘,坑壁有掉块现象。充填物为砂类土时,坑壁取出大颗粒处,不易保持凹面形状	钻进较难。钻探时,钻具跳动不剧烈,孔壁有坍塌现象
稍密	多数骨架颗粒不接触,孔隙基本填满,但较松散	不易形成陡坎,天然坡略大于粗颗粒的安息角。镐较易挖掘。坑壁易掉块,从坑壁取出大颗粒后易塌落	钻进较难。钻探时,钻具有跳动,孔壁较易坍塌
松散	骨架颗粒间有较大孔隙,充填物少,且松散	锹可以挖掘。天然坡多为主要颗粒的安息角。坑壁易坍塌	钻进较容易。钻进中孔壁易坍塌

3　对于平均粒径等于或小于50mm,且最大粒径小于100mm的碎石土,密实度应采用表4.2.2-3进行定量评价。

碎石类土密实度按 $N_{63.5}$ 分类 表 4.2.2-3

重型动力触探实测击数 $N_{63.5}$	密实度	重型动力触探实测击数 $N_{63.5}$	密实度
$N_{63.5} \leqslant 5$	松散	$10 < N_{63.5} \leqslant 20$	中密
$5 < N_{63.5} \leqslant 10$	稍密	$N_{63.5} > 20$	密实

4 对于平均粒径大于 50mm，或最大粒径大于 100mm 的碎石土，密实度应采用表 4.2.2-4 进行定量评价。

碎石类土密实度按 N_{120} 分类 表 4.2.2-4

特重型动力触探实测击数 N_{120}	密实度	特重型动力触探实测击数 N_{120}	密实度
$N_{120} \leqslant 3$	松散	$11 < N_{120} \leqslant 14$	密实
$3 < N_{120} \leqslant 6$	稍密	$N_{120} > 14$	很密
$6 < N_{120} \leqslant 11$	中密		

5 潮湿程度应根据饱和度按表 4.2.2-5 划分。饱和度 S_r 按下式计算：

$$S_r = \frac{V_w}{V_v} \tag{4.2.2}$$

式中：V_v——水所占的体积；

V_w——孔隙（包括水和气体）部分的体积。

碎石类土潮湿程度的划分 表 4.2.2-5

分级	饱和度 S_r（%）
稍湿	$S_r \leqslant 50$
潮湿	$50 < S_r \leqslant 80$
饱和	$S_r > 80$

4.2.3 砂类土的划分应符合下列规定。

1 按照颗粒级配的划分应符合表 4.2.3-1 的规定。

砂类土的划分 表 4.2.3-1

土的名称	土的颗粒级配
砾砂	粒径大于 2mm 颗粒的质量占总质量的 25%～50%
粗砂	粒径大于 0.5mm 颗粒的质量超过总质量的 50%
中砂	粒径大于 0.25mm 颗粒的质量超过总质量的 50%
细砂	粒径大于 0.075mm 颗粒的质量超过总质量的 85%
粉砂	粒径大于 0.075mm 颗粒的质量超过总质量的 50%

注：定名时应根据颗粒级配，由大到小，以最先符合者确定。

2 密实程度应根据标准贯入实测击数或相对密度按表 4.2.3-2 划分。

相对密度 D_r 按下式计算：

$$D_r = \frac{e_{max} - e}{e_{max} - e_{min}} \tag{4.2.3}$$

式中：e——天然孔隙比；

e_{max}——最大孔隙比；

e_{min}——最小孔隙比。

砂类土密实程度的划分　　　　　　　　　　　　　表 4.2.3-2

密实程度	标准贯入实测击数 N	相对密度 D_r
密实	$N > 30$	$D_r > 0.67$
中密	$15 < N \leqslant 30$	$0.4 < D_r \leqslant 0.67$
稍密	$10 < N \leqslant 15$	$0.33 < D_r \leqslant 0.4$
松散	$N \leqslant 10$	$D_r \leqslant 0.33$

3　潮湿程度应根据饱和度按表 4.2.3-3 划分。饱和度 S_r 按式（4.2.2）计算。

砂类土潮湿程度的划分　　　　　　　　　　　　　表 4.2.3-3

分级	饱和度 S_r（%）
稍湿	$S_r \leqslant 50$
潮湿	$50 < S_r \leqslant 80$
饱和	$S_r > 80$

4.2.4　塑性指数等于或小于 10，且粒径大于 0.075mm 颗粒的质量不超过全部质量 50% 的土，应定名为粉土。

1　粉土密实程度应根据孔隙比按表 4.2.4-1 划分。

粉土密实程度的划分　　　　　　　　　　　　　表 4.2.4-1

密实程度	孔隙比 e 值
密实	$e < 0.75$
中密	$0.75 \leqslant e \leqslant 0.9$
稍密	$e > 0.9$

2　粉土潮湿程度应根据天然含水率按表 4.2.4-2 划分。

粉土潮湿程度的划分　　　　　　　　　　　　　表 4.2.4-2

分级	天然含水率 w（%）
稍湿	$w < 20$
潮湿	$20 \leqslant w \leqslant 30$
饱和	$w > 30$

4.2.5　塑性指数大于 10 的土应定名为黏性土。

1　黏性土应根据塑性指数按表 4.2.5-1 划分。

黏性土的划分　　　　　　　　　　　　　表 4.2.5-1

土的名称	塑性指数 I_p
粉质黏土	$10 < I_p \leqslant 17$
黏土	$I_p > 17$

注：塑性指数 I_p 等于土的液限含水率与塑限含水率之差，液限和塑限采用液塑限联合测定法，液限为 10mm 液限。

2 黏性土压缩性按表4.2.5-2划分。

黏性土压缩性的划分　　　　　　　　　　表4.2.5-2

压缩性分级		压缩系数 $a_{0.1\text{-}0.2}$（MPa^{-1}）
低压缩性		$a_{0.1\text{-}0.2} < 0.1$
中压缩性	中低压缩性	$0.1 \leqslant a_{0.1\text{-}0.2} < 0.3$
	中高压缩性	$0.3 \leqslant a_{0.1\text{-}0.2} < 0.5$
高压缩性		$a_{0.1\text{-}0.2} \geqslant 0.5$

注：$a_{0.1\text{-}0.2}$为 0.1～0.2MPa 压力范围内的压缩系数。

3 黏性土的塑性状态应按表4.2.5-3划分，液性指数 I_L 按下式计算：

$$I_L = \frac{w - w_P}{I_P}$$ （4.2.5）

式中：w——天然含水率；

w_P——塑限含水率；

I_P——塑性指数。

黏性土塑性状态的划分　　　　　　　　　　表4.2.5-3

塑性状态	液性指数 I_L
坚硬	$I_L \leqslant 0$
硬塑	$0 < I_L \leqslant 0.50$
软塑	$0.50 < I_L \leqslant 1$
流塑	$I_L > 1$

附录 I -5 《建筑地基基础设计规范》（GB 50007—2011）土的分类法（节选）

4.1 岩土的分类

4.1.1 作为建筑地基的岩土，可分为岩石、碎石土、砂土、粉土、黏性土和人工填土。

4.1.2 作为建筑物地基的岩石，除应确定岩石的地质名称外，尚应按本规范第 4.1.3 条划分岩石的坚硬程度，按本规范第 4.1.4 条划分岩石的完整程度。岩石的风化程度可分为未风化、微风化、中风化、强风化和全风化。

4.1.3 岩石的坚硬程度应根据岩块的饱和单轴抗压强度 f_{rk} 按表4.1.3分为坚硬岩、较硬岩、较软岩、软岩和极软岩。当缺乏饱和单轴抗压强度资料或不能进行该项试验时，可再通过观察定性划分，划分标准参照本规范附录 A.0.1 执行。

岩石坚硬程度的划分　　　　　　　　　　表4.1.3

坚硬程度类别	坚硬岩	较硬岩	较软岩	软岩	极软岩
饱和单轴抗压强度标准值 f_{rk}（MPa）	$f_{rk} > 60$	$60 \geqslant f_{rk} > 30$	$30 \geqslant f_{rk} > 15$	$15 \geqslant f_{rk} > 5$	$f_{rk} \leqslant 5$

4.1.4 岩石完整程度应按表4.1.4划分为完整、较完整、较破碎、破碎和极破碎。当缺乏经验数据时可按本规范附录A.0.2执行。

岩石完整程度的划分　　　　　　　　　　　　　表4.1.4

完整程度等级	完整	较完整	较破碎	破碎	极破碎
完整性指数	>0.75	0.75~0.55	0.55~0.35	0.35~0.15	<0.15

注:完整性指数为岩体纵波波速与岩块纵波波速之比的平方。选定岩体、岩块波速时应有代表性。

4.1.5 碎石土为粒径大于2mm的颗粒含量超过总重的50%的土。碎石土可按表4.1.5为漂石、块石、卵石、碎石、圆粒和角砾。

碎石土分类　　　　　　　　　　　　　表4.1.5

土的名称	颗粒形状	粒组含量
漂石	圆形、亚圆形为主	粒径大于200mm的颗粒超过全重50%
块石	棱角形为主	
卵石	圆形、亚圆形为主	粒径大于20mm的颗粒超过全重50%
碎石	棱角形为主	
圆砾	圆形、亚圆形为主	粒径大于2mm的颗粒超过全重50%
角砾	棱角形为主	

注:分类时应根据粗组含量栏从上到下以最先符合者确定。

4.1.6 碎石土的密实度,可按表4.1.6分为松散、稍密、中密、密实。

碎石土密实度　　　　　　　　　　　　　表4.1.6

重型圆锤动力触探击数 $N_{63.5}$	$N_{63.5} \leq 5$	$5 < N_{63.5} \leq 10$	$10 < N_{63.5} \leq 20$	$N_{63.5} > 20$
密实度	松散	稍密	中密	密实

注:1. 本表适于平均粒径等于或小于50mm且最大粒径小于100mm卵石、碎石、圆砾、角砾。对于平均粒径大于50mm或最大粒径大于等于100mm碎石土,可按本规范附录B鉴别其密实度。

2. 表内 $N_{63.5}$ 为经综合修正后的平均值。

4.1.7 砂土为粒径大于2mm的颗粒含量不超过全重50%、粒径大于0.075mm的颗粒超过全重50%的土。砂土可按表4.1.7分为砾砂、粗砂、中砂、细砂、粉砂。

砂土分类　　　　　　　　　　　　　表4.1.7

土的名称	粒组含量
砾砂	粒径大于2mm的颗粒含量占全重25%~50%
粗砂	粒径大于0.5mm的颗粒含量超过全重50%
中砂	粒径大于0.25mm的颗粒含量超过全重50%
细砂	粒径大于0.075mm的颗粒含量超过全重85%
粉砂	粒径大于0.075mm的颗粒含量超过全重50%

注:分类时应根据粒组含量栏从上到下以最先符合者确定。

4.1.8 砂土的密实度,可按表4.1.8分为松散、稍密、中密、密实。

砂土的密实度 表 4.1.8

标准贯入试验锤击数 N	$N \leqslant 10$	$10 < N \leqslant 15$	$15 < N \leqslant 30$	$N > 30$
密实度	松散	稍密	中密	密实

注:当用静力触探探头阻力判定砂土的密实度时,可根据当地经验确定。

4.1.9　黏性土应为塑性指数大于 10 的土,可按表 4.1.9 分为黏土和粉质黏土。

黏性土的分类 表 4.1.9

塑性指数 I_P	$I_P > 17$	$10 < I_P \leqslant 17$
土的名称	黏土	粉质黏土

注:塑性指数由相应 76g 圆锥仪沉入土中 10mm 时测定的液限计算而得。

4.1.10　黏性土的状态可根据液性指数按表 4.1.10 分为坚硬、硬塑、可塑、软塑、流塑。

黏性土的状态 表 4.1.10

液性指数 I_L	$I_L \leqslant 0$	$0 < I_L \leqslant 0.25$	$0.25 < I_L \leqslant 0.75$	$0.75 < I_L \leqslant 1$	$I_L > 1$
状态	坚硬	硬塑	可塑	软塑	流塑

注:当用静力触探探头阻力判定黏性土的状态时,可根据当地经验确定。

4.1.11　粉土为介于砂土与黏性土之间,塑性指数 I_P 小于或等于 10 且粒径大于 0.075mm 的颗粒含量不超过全重 50% 的土。

4.1.12　淤泥为在静水或缓慢的流水环境中沉积,并经生物化学作用形成,其天然含水率大于液限、天然孔隙比大于或等于 1.5 的黏性土。当天然含水率大于液限而天然孔隙比小于 1.5 但大于或等于 1.0 的黏性土或粉土为淤泥质土。含有大量未分解的腐殖质有机质含量大于 60% 的土为泥炭,有机质含量大于或等于 10% 且小于 60% 的土为泥炭质土。

4.1.13　红黏土为碳酸盐岩系的岩石经红土化作用形成的高塑性黏土,其液限一般大于 50%,红黏土经再搬运后仍保留其基本特征,其液限大于 45% 的土为次生红黏性土。

4.1.14　人工填土根据其组成和成因,可分为素填土、压实填土、杂填土、冲填土。素填土为由碎石土、砂土、粉土、黏性土等组成的填土。经过压实或夯实的素填土为压实填土。杂填土为含有建筑垃圾、工业废料、生活垃圾等杂物的填土。冲填土由水力冲填泥砂形成的填土。

4.1.15　膨胀土为土中黏粒成分主要为亲水性矿物组成,同时具有显著的吸水膨胀和失水收缩特征,其自由膨胀率大于或等于 40% 的黏性土。

4.1.16　湿陷性土为在一定压力下浸水后产生附加沉降,其湿陷系数大于或等于 0.015 的土。

附录 I -6　《水运工程岩土勘察规范》(JTS 133—2013)
土的分类及土描述(节选)

4.2　土的分类

4.2.1　土的分类根据地质成因可分为残积土、坡积土、洪积土、冲积土、湖积土、海积土、风积土、人工填土和复合成因的土等。

4.2.2　土的分类根据沉积时代可进行下列分类：

1. 老沉积土，即第四纪晚更新世(Q_3)及其以前沉积的土，一般具有较高的强度和较低的压缩性；

2. 一般沉积土，即第四纪全新世(Q_4)文化期以前沉积的土，一般为正常固结土；

3. 新近沉积土，即第四纪全新世(Q_4)文化期以来沉积的土，其中黏性土一般为欠固结土，且具有强度较低和压缩性较高的特征。

4.2.3　土的分类根据颗粒级配和塑性指数可划分为碎石土、砂土、粉土和黏性土，并应符合下列规定。

4.2.3.1　粒径大于2mm的颗粒质量超过总质量50%的土应定名为碎石土。碎石土根据颗粒级配及形状可按表4.2.3-1作进一步分类。

碎石土分类　　　　　　　　　　　　　　表4.2.3-1

土的名称	颗粒形状	颗粒级配
漂石	圆形、亚圆形为主	粒径大于200mm的颗粒质量超过总质量50%
块石	棱角形为主	
卵石	圆形、亚圆形为主	粒径大于20mm的颗粒质量超过总质量50%
碎石	棱角形为主	
圆砾	圆形、亚圆形为主	粒径大于2mm的颗粒质量超过总质量50%
角砾	棱角形为主	

注：定名时应根据颗粒级配由大到小以最先符合者确定。

4.2.3.2　粒径大于2mm的颗粒质量不超过总质量50%，且粒径大于0.075mm的颗粒质量超过总质量50%的土应定名为砂土。砂土可根据颗粒级配可按表4.2.3-2作进一步分类。

砂土分类　　　　　　　　　　　　　　表4.2.3-2

土类名称	粒组含量
砾砂	粒径大于2mm的颗粒质量占总质量25%～50%
粗砂	粒径大于0.5mm的颗粒质量超过总质量50%
中砂	粒径大于0.25mm的颗粒质量超过总质量50%
细砂	粒径大于0.075mm的颗粒质量超过总质量85%
粉砂	粒径大于0.075mm的颗粒质量超过总质量50%

注：定名时根据颗粒级配由大到小以最先符合者确定。

4.2.3.3　粒径大于0.075mm的颗粒质量不超过总质量的50%，且塑性指数小于或等于10的土应定名为粉土。

4.2.3.4　塑性指数大于10的土应定名黏性土。黏性土可按表4.2.3-3分为黏土和粉质黏土。

黏性土的分类　　　　　　　　　　　　表4.2.3-3

土的名称	黏土	粉质黏土
塑性指数 I_P	$I_P > 17$	$10 < I_P \leq 17$

注：塑性指数的液限值由76g圆锥仪沉入土中10mm测定。

4.2.4 在静水或缓慢的流水环境中沉积、天然含水率大于或等于36%且大于液限、天然孔隙比大于或等于1.0的黏性土应定名为淤泥性土。淤泥性土可按表4.2.4进一步划分为淤泥质土、淤泥、流泥。

淤泥性土的分类   表4.2.4

土的名称	淤泥质土	淤泥	流泥
孔隙比 e	$1.0 \leqslant e < 1.5$	$1.5 \leqslant e < 2.4$	$e \geqslant 2.4$
含水率 $w(\%)$	$36 \leqslant w < 55$	$55 \leqslant w < 85$	$w \geqslant 85$

注:淤泥质土可根据塑性指数再划分为淤泥质黏土、淤泥质粉质黏土。

4.2.5 土中有机质含量不小于5%时,可按现行国家标准《岩土工程勘察规范》(GB 50021)划分为有机质土、泥炭质土和泥炭土。

4.2.6 由粗细粒两类土呈混杂状态存在,具有颗粒级配不连续、中间粒组颗粒含量极少、级配曲线中间段极为平缓等特征的土应定名为混合土。定名时应将主要土类列在名称前部,次要土类列在名称后部,中间以"混"字联结。混合土按不同土类的含量可分为淤泥和砂的混合土、黏性土和砂或碎石的混合土,其分类方法应符合下列规定。

4.2.6.1 淤泥和砂的混合土可分为淤泥混砂或砂混淤泥,并应满足下列要求:
(1)淤泥质量超过总质量的30%时为淤泥混砂。
(2)淤泥质量超过总质量10%且小于或等于总质量的30%时为砂混淤泥。

4.2.6.2 黏性土和砂或碎石的混合土可分为黏性土混砂或碎石、砂或碎石混黏性土,并应满足下列要求:
(1)黏性土质量超过总质量的40%时定名为黏性土混砂或碎石。
(2)黏性土的质量大于10%且小于或等于总质量的40%时定名为砂或碎石混黏性土。

4.2.7 层状构造土定名时应将厚层土列在名称前部,薄层土列在名称后部,根据两类土层厚度比可分为下列三类:
(1)互层土,具互层构造,两类土层厚度相差不大,厚度比一般大于1:3。
(2)夹层土,具夹层构造,两类土层厚度相差较大,厚度比为1:10~1:3。
(3)间层土,常呈黏性土间极薄层粉砂的特点,厚度比小于1:10。

4.2.8 花岗岩残积土应为花岗岩风化的最终产物,并残留在原地未经搬运,除石英外其他矿物均已变为土状的土,根据大于2mm的颗粒含量可按表4.2.8分为黏性土、砂质黏性土和砾质黏性土。

花岗岩残积土分类   表4.2.8

土的名称	黏性土	砂质黏性土	砾质黏性土
大于2mm的颗粒百分含量 $X(\%)$	$X < 55$	$5 \leqslant X \leqslant 20$	$X > 20$

4.2.9 填土应为人类活动堆积的土,根据其物理组成和堆填方式可分下列三类:
(1)冲填土,由水力冲填淤泥性土、砂土和粉土;
(2)素填土,由碎石类土、砂土、粉土、黏性土等堆积的填土;

(3)杂填土,含有建筑垃圾、工业废料、生活垃圾的填土。

4.2.10 碎石土的密实度可用重型或超重型动力触探试验锤击数按表4.2.10-1或表4.2.10-2确定,$N_{63.5}$、N_{120}的实测值应按现行国家标准《岩土工程勘察规范(2019年版)》(GB 50021)的有关规定修正。

碎石土密实度按 $N_{63.5}$ 分类 表4.2.10-1

碎石土密实度	松散	稍密	中密	密实
重型动力触探试验锤击数 $N_{63.5}$	$N_{63.5} \leq 5$	$5 < N_{63.5} \leq 10$	$10 < N_{63.5} \leq 20$	$N_{63.5} > 20$

注:本表适用于平均粒径等于或小于50mm,且最大粒径小于100mm的碎石土。

碎石土密实度按 N_{120} 分类 表4.2.10-2

碎石土密实度	松散	稍密	中密	密实	很密
超重型动力触探试验锤击数 N_{120}	$N_{120} \leq 3$	$3 < N_{120} \leq 6$	$6 < N_{120} \leq 11$	$11 < N_{120} \leq 14$	$N_{120} > 14$

注:本表适用于平均粒径大于50mm或最大粒径大于等于100mm的碎石土。

4.2.11 砂土的密实度可根据标准贯入试验锤击数按表4.2.11判定。

砂土密实度按 N 分类 表4.2.11

砂土密实度	松散	稍密	中密	密实	极密实
标准贯入试验锤击数 N	$N \leq 10$	$10 < N \leq 15$	$15 < N \leq 30$	$30 < N \leq 50$	$N > 50$

注:对地下水位以下的中、粗砂,其 N 值宜按实测锤击数增加5击计。

4.2.12 粉土的密实度和湿度可根据表4.2.12-1及表4.2.12-2进行判定。

粉土密实度按孔隙比分类 表4.2.12-1

粉土密实度	密实	中密	稍密
孔隙比 e	$e \leq 0.75$	$0.75 < e \leq 0.9$	$e > 0.9$

注:当有经验时,也可用原位测试或其他方法划分粉土的密实度。

粉土密实度按含水率分类 表4.2.12-2

粉土湿度	稍湿	湿	很湿
含水率 $w(\%)$	$w < 20$	$20 \leq w \leq 30$	$w > 30$

4.2.13 黏性土状态应根据液性指数按表4.2.13-1确定;黏性土的天然状态可根据标准贯入试验锤击数或锥沉量分别按表4.2.13-2和表4.2.13-3确定。

根据塑性指数确定黏性土的状态 表4.2.13-1

黏性土状态	流塑	软塑	可塑	硬塑	坚硬
液性指数 I_L	$I_L > 1$	$1 \geq I_L > 0.75$	$0.75 \geq I_L > 0.25$	$0.25 \geq I_L > 0$	$I_L \leq 0$

根据标准贯入试验锤击数确定黏性土的天然状态 表4.2.13-2

黏性土天然状态	很软	软	中等	硬	坚硬
标准贯入试验锤击数 N	$N < 2$	$2 \leq N < 4$	$4 \leq N < 8$	$8 \leq N < 15$	$N \geq 15$

根据锥沉量确定性黏性土的天然状态 表 4.2.13-3

黏性土天然状态	很软	软	中等	硬	坚硬
锥沉量 h（mm）	$h \geqslant 7$	$7 > h \geqslant 5$	$5 > h \geqslant 3$	$3 > h \geqslant 2$	$h < 2$

注：锥沉量为76g圆锥仪沉入土中的毫米数。

4.2.14 砂土颗粒组成特征应根据土的不均匀系数和曲率系数确定，并应满足下列要求：

（1）不均匀系数，应按下式计算：

$$C_u = \frac{d_{60}}{d_{10}} \quad\quad\quad (4.2.14-1)$$

（2）曲率系数，应按下式计算：

$$C_c = \frac{d_{30}^2}{d_{60} d_{10}} \quad\quad\quad (4.2.14-2)$$

式中：C_u——不均匀系数，表示级配曲线分布范围的宽窄；

$\quad\ \ C_c$——曲率系数，表示级配曲线分布形态；

$\quad\ \ d_{30}$——在土的粒径分布曲线上的某粒径，小于该粒径的土粒质量为总土粒质量的30%；

$\quad\ \ d_{10}$——有效粒径，在土的粒径分布曲线上的某粒径，小于该粒径的土粒质量为总土粒质量的10%；

$\quad\ \ d_{60}$——限制粒径，在土的粒径分布曲线上的某粒径，小于该粒径的土粒质量为总土粒质量的60%。

（3）当不均匀系数大于等于5，曲率系数1～3时，为级配良好的砂土。

4.3 岩土描述（节选）

4.3.2 土的描述应满足下列要求：

（1）碎石土：名称、成分、均匀程度、颗粒形状、磨圆度、排列、风化程度、密实程度、胶结程度、含量百分比、充填物及充填程度。

（2）砂土：名称、颜色、湿度、密实度、包含物颗粒形状、粒径均匀程度、成因类型等。

（3）粉土：名称、颜色、湿度、密实度、包含物等。

（4）黏性土：名称、颜色、状态、均匀程度、湿度、塑性、嗅味、斑纹、虫孔、结构性、包含物等。

（5）填土：类型、厚度、均匀程度、物质成分、填龄、压实程度和分布范围。

（6）混合土：名称、颜色、颗粒组成、类别、均匀程度、状态、成因类型、主要土类量的估判。

（7）层状土：名称、颜色、土层的厚度、韵律沉积特征、成因类型、状态、构造特征。

（8）残积土：名称、颜色、颗粒组成、状态、母岩的岩性等。

附录Ⅱ-1 《公路桥涵地基与基础设计规范》（JTG 3363—2019） 地基承载力

3.0.7 地基承载力抗力系数 γ_R 可按表 3.0.7-1 取值。单桩承载力抗力系数 γ_R 可按表 3.0.7-2 取值。

地基承载力抗力系数 γ_R 表 3.0.7-1

受荷阶段		作用组合或地基条件	f_a(kPa)	γ_R
使有阶段	频遇组合	永久作用与或可变作用组合	≥150	1.25
			<150	1.00
		仅计结构自重、预加力、土的重力、土侧压力和汽车荷载、人群荷载	—	1.00
		偶然组合	≥150	1.25
			<150	1.00
		多年压实未遭破坏的非岩石旧桥基	≥150	1.5
			<150	1.25
		岩石旧桥基	—	1.00
施工阶段		不承受单向推力	—	1.25
		承受单向推力	—	1.5

注:表中 f_a 为修正后的地基承载力特征值。

单桩承载力抗力系数 γ_d 表 3.0.7-2

受荷阶段		作用组合	γ_d
使有阶段	频遇组合	永久作用与可变作用组合	1.25
		仅计结构自重、预加力、土的重力、土侧压力和汽车荷载、人群荷载	1.00
施工阶段		偶然组合	1.25
		施工荷载组合	1.25

4.3 地基承载力

4.3.1 桥涵地基承载力的验算应以修正后的地基承载力特征值 f_{a0} 乘以地基承载力抗力系数 γ_R 控制,并应符合下列要求:

1. 修正后的地基承载力特征值 f_a 基于地基承载力特征值 f_{a0},根据基础基底埋深、宽度及地基土的类别按本规范第 4.3.4 条规定修正确定。

2. 软土地基承载力特征值可按本规范第 4.3.5 条规定确定。

3. 地基承载力抗力系数 γ_R 可按本规范第 3.0.7 条规定确定。

4. 其他特殊性岩土地基的承载力特征值及抗力系数应根据各地区经验或标准规范确定。

4.3.2 地基承载力特征值 f_{a0} 宜由载荷试验或其他原位测试方法实测取得,其值不应大于极限承载力的 1/2。对中小桥、涵洞,当受现场条件限制或开展载荷试验和其他原位测试确有困难时,也可按本规范第 4.3.3 条有关规定确定。

4.3.3 根据岩土类别、状态、物理力学特性指标及工程经验确定地基承载力特征值 f_{a0} 时,可按表 4.3.3-1 ~ 表 4.3.3-7 进行:

1. 一般岩石地基可根据强度等级、节理按表 4.3.3-1 确定承载力特征值 f_{a0}。对于复杂的岩层(如溶洞、断层、软弱夹层、易溶岩石、崩解性岩石、软化岩石等)应按各项因素综合确定。

岩石地基承载力特征值 f_{a0}（kPa）

表 4.3.3-1

坚硬程度	节理发育程度		
	节理不发育	节理发育	节理很发育
坚硬岩、较硬岩	>3000	3000~2000	2000~1500
较软岩	3000~1500	1500~1000	1000~800
软岩	1200~1000	1000~800	800~500
极软岩	500~400	400~300	300~200

2. 碎石土地基可根据其类别和密实程度按表 4.3.3-2 确定承载力特征值 f_{a0}。

碎石土地基承载力特征值 f_{a0}（kPa）

表 4.3.3-2

土名	密实程度			
	密实	中密	稍密	松散
卵石	1200~1000	1000~650	650~500	500~300
碎石	1000~800	800~550	550~400	400~200
圆砾	800~600	600~400	400~300	300~200
角砾	700~500	500~400	400~300	300~200

注:1. 由硬质岩组成,填充砂土者取高值;由软质岩组成,填充黏性土者取低值。
　　2. 半胶结的碎石土可按密实的同类土提高 10%~30%。
　　3. 松散的碎石土在天然河床中很少遇见,需特别注意鉴定。
　　4. 漂石、块石可参照卵石、碎石取值并适当提高。

3. 砂土地基可根据土的密实度和水位情况按表 4.3.3-3 确定承载力特征值 f_{a0}。

砂土地基承载力特征值 f_{a0}

表 4.3.3-3

土名	湿度	密实程度			
		密实	中密	稍密	松散
砾砂、粗砂	与湿度无关	550	430	370	200
中砂	与湿度无关	450	370	330	150
细砂	水上	350	270	230	100
	水下	300	210	190	—
粉砂	水上	300	210	190	—
	水下	200	110	90	—

4. 粉土地基可根据土的天然孔隙比 e 和天然含水率 w（%）按表 4.3.3-4 确定承载力基本特征值 f_{a0}。

粉土地基承载力特征值 f_{a0}

表 4.3.3-4

e	w（%）					
	10	15	20	25	30	35
0.5	400	380	355	—	—	—
0.6	300	290	280	270	—	—
0.7	250	235	225	215	205	—

续上表

e	$w(\%)$					
	10	15	20	25	30	35
0.8	200	190	180	170	165	—
0.9	160	150	145	140	130	125

5. 老黏性土地基可根据压缩模量 E_s 按表 4.3.3-5 确定承载力特征值 f_{a0}。

老黏性土地基承载力特征值 f_{a0}　　　　表 4.3.3-5

E_s(MPa)	10	15	20	25	30	35	40
f_{a0}(kPa)	380	430	470	510	550	580	620

注:当老黏性土 $E_s < 10$MPa 时,承载力特征 f_{a0} 按一般黏性土(表 4.3.3-6)确定。

6. 一般黏性土可根据液性指数 I_L 和天然孔隙比 e 按表 4.3.3-6 确定地基承载力特征值 f_{a0}。

一般黏性土地基承载力特征值 f_{a0}　　　　表 4.3.3-6

e	I_L												
	0	0.1	0.2	0.3	0.4	0.5	0.6	0.7	0.8	0.9	1.0	1.1	1.2
0.5	450	440	430	420	400	380	350	310	270	240	220	—	—
0.6	420	410	400	380	360	340	310	280	250	220	200	180	
0.7	400	370	350	330	310	290	270	240	220	190	170	160	150
0.8	380	330	300	280	260	240	230	210	180	160	150	140	130
0.9	320	280	260	240	220	210	190	180	160	140	130	120	100
1.0	250	230	220	210	190	170	160	150	140	120	110	—	—
1.1	—	—	160	150	140	130	120	110	100	90	—	—	—

注:1. 土中含有粒径大于 2mm 的颗粒质量超过总质量 30% 以上者,f_{a0} 可适当提高。

2. 当 $e < 0.5$ 时,取 $e = 0.5$;当 $I_L < 0$ 时,取 $I_L = 0$。此外,超过表列范围的一般黏性土,$f_{a0} = 57.22E_0^{0.57}$。

3. 一般黏性土地基承载力特征值 f_{a0} 取值大于 300kPa 时,应有原位测试数据做依据。

7. 新近沉积黏性土地基可根据液性指数 I_L 和天然孔隙比 e 按表 4.3.3-7 确定承载力特征值 f_{a0}。

新近沉积黏性土地基承载力特征值 f_{a0}　　　　表 3.3.3-7

e	I_L		
	≤ 0.25	0.75	1.25
≤ 0.8	140	120	100
0.9	130	110	90
1.0	120	100	80
1.1	110	90	—

4.3.4　修正后的地基承特征值 f_a 按式(4.3.4)确定。当基础位于水中不透水地层上时,f_a 按平均常水位至一般冲刷线的水深即 10kPa/m 提高。

$$f_a = f_{a0} + k_1\gamma_1(b - 2) + k_2\gamma_2(h - 3) \qquad (4.3.4)$$

式中:f_a——修正后的地基承载力特征值,kPa;

b——基础底面的最小边宽，m，当 $b<2$m，取 $b=2$m，当 $b>10$m，取 $b=10$m；

h——基底埋置深度，m，从自然地面起算，有水流冲刷时自一般冲刷线起算，当 $h<3$m 时，取 $h=3$m；当 $h/b>4$ 时，取 $h=4b$；

k_1、k_2——基底宽度、深度修正系数，根据基底持力层土的类别按表4.3.4确定；

γ_1——基底持力层土的天然重度，kN/m³，若持力层在水面以下且为透水者，应取浮重度；

γ_2——基底以上土层的加权平均重度，kN/m³，换算时若持力层在水面以下，且不透水时，不论基底以上土的透水性质如何，均取饱和重度，当透水时，水中部分土层则应取浮重度。

地基土承载力宽度、深度修正系数 k_1、k_2 表4.3.4

系数	黏性土				粉土	砂土						碎石土					
	老黏性土	一般黏性土		新近沉积黏性土	—	粉砂		细砂		中砂		砾砂、粗砂		碎石、圆砾、角砾		卵石	
		$I_L\geq0.5$	$I_L<0.5$			中密	密实	中密	密实	中密	密实	中密	密实	中密	密实	中密	密实
k_1	0	0	0	0	0	1.0	1.2	1.5	2.0	2.0	3.0	3.0	4.0	3.0	4.0	3.0	4.0
k_2	2.5	1.5	2.5	1.0	1.5	2.0	2.5	3.0	4.0	4.0	5.5	5.0	6.0	5.0	6.0	6.0	10.0

注：1. 对于稍密和松散状态的砂、碎石土，k_1、k_2 值可采用表列中密值的50%。
    2. 强风化和全风化的岩石，可参照所风化成的相应土类取值；其他状态下的岩石不修正。

4.3.5 软土地基承载力特征值 f_a 按照如下规定确定：

1. 软土地基承载力特征值 f_{a0} 应由载荷试验或其他原位测试取得。载荷试验和原位测试确有困难时，对于中小桥、涵洞基底未经处理的软土地基修正后的地基承载力特征值 f_a 可采用以下两种方法确定：

（1）根据原状土天然含水率 w，按表4.3.5确定软土地基承载力特征值 f_{a0}，然后按公式（4.3.5-1）计算修正后的地基承载力容许值 f_a：

$$f_a = f_{a0} + \gamma_2 h \qquad (4.3.5\text{-}1)$$

式中的 γ_2、h 的意义同公式（4.3.4）。

软土地基承载力特征值 f_{a0} 表4.3.5

天然含水率 $w(\%)$	36	40	45	50	55	65	75
f_{a0}(kPa)	100	90	80	70	60	50	40

（2）根据原状土强度指标确定软土地基修正后的地基承载力特征值 f_{a0}：

$$f_a = \frac{5.14}{m} k_P C_u + \gamma_2 h \qquad (4.3.5\text{-}2)$$

$$k_P = \left(1 + 0.2\frac{b}{l}\right)\left(1 - \frac{0.4H}{blC_u}\right) \qquad (4.3.5\text{-}3)$$

式中：m——抗力修正系数，可视软土灵敏度及基础长宽比等因素选用 1.5 ~ 2.5；

C_u——地基土不排水抗剪强度标准值，kPa；

k_P——系数；

H——由作用（标准值）引起的水平力，kN；

b——基础宽度，m，有偏心作用时取 $b-2e_b$；

l——垂直于 b 边的基础长度,m,有偏心作用时取 $l-2e_1$;

e_b、e_1——偏心作用在宽度和长度方向的偏心距;

γ_2、h——意义同公式(4.3.4)。

2. 经排水固结方法处理的软土地基,其地基承载力特征值 f_{a0} 应通过载荷试验或其他原位测试方法确定;经复合地基方法处理的软土地基,其承载力特征值应通过载荷试验确定,然后按公式(4.3.5-1)计算修正后的软土地基承载力特征值 f_a。

参考文献

[1] 钱建固,袁聚云,赵春风,等.土质学与土力学[M].5 版.北京:人民交通出版社股份有限公司,2015.

[2] 高大钊,袁聚云.土质学与土力学[M].3 版.北京:人民交通出版社,2001.

[3] 钱家欢,殷宗泽.土工原理与计算[M].2 版.北京:中国水利水电出版社,1996.

[4] 郭莹,郭承侃,陆尚谋.土力学[M].2 版.大连:大连理工大学出版社,2003.

[5] 王成华.土力学[M].北京:中国建筑工业出版社,2012.

[6] 李广信,张丙印,于玉贞.土力学[M].2 版.北京:清华大学出版社,2013.

[7] 赵成刚,白冰,王运霞.土力学原理[M].北京:清华大学出版社,2004.

[8] 东南大学,浙江大学,南京工业大学,等.土力学[M].北京:中国电力出版社,2010.

[9] 姚仰平.土力学[M].2 版.北京:高等教育出版社,2011.

[10] 卫振海,王梦恕,张顶立.岩土材料结构分析[M].北京:中国水利水电出版社,2012.

[11] 中华人民共和国住房和城乡建设部.土工试验方法标准:GB/T 50123—2019[S].北京:中国计划出版社,2019.

[12] 中华人民共和国交通运输部.公路土工试验规程:JTG 3430—2020[S].北京:人民交通出版社股份有限公司,2020.

[13] 中华人民共和国国家铁路局.铁路工程土工试验规程:TB 10102—2023[S].北京:中国铁路出版社,2023.

[14] 中华人民共和国交通运输部.水运工程土工试验规程:JTS/T 247—2023[S].北京:人民交通出版社股份有限公司,2023.

[15] 中华人民共和国建设部.土的工程分类标准(附条文说明):GB/T 50145—2007[S].北京:中国计划出版社,2007.

[16] 中华人民共和国住房和城乡建设部.建筑地基基础设计规范:GB 50007—2011[S].北京:中国计划出版社股份有限公司,2012.

[17] 中华人民共和国交通运输部.公路桥涵地基与基础设计规范:JTG 3363—2019[S].北京:人民交通出版社股份有限公司,2019.

[18] 中华人民共和国建设部.岩土工程勘察规范(2009 年版):GB 50021—2001[S].北京:中国建筑工业出版社,2004.

[19] 中华人民共和国交通运输部.公路桥涵设计通用规范:JTG D60—2015[S].北京:人民交通出版社股份有限公司,2015.

[20] 中华人民共和国交通运输部.公路路基施工技术规范:JTG/T 3610—2019[S].北京:人

民交通出版社股份有限公司,2019.

[21] 中华人民共和国交通运输部.水运工程岩土勘察规范:JTS 133—2013[S].北京:人民交通出版社,2014.

[22] 中华人民共和国交通运输部.公路路基设计规范:JTG D30—2015[S].北京:人民交通出版社股份有限公司,2015.